教科書ガイド

中学数学 1 年

日本文教出版 版　完全準拠

JN096302

編集発行

日本教育研究センター

この本の使い方

この本のねらい

このガイドは，日本文教出版発行の「中学数学」教科書の内容にぴったりと合わせて編集しています。教科書を徹底して理解するために，教科書に出ている問題を１題１題わかりやすく解説しています。そのため，

(1)　数学の予習・復習（日常の学習）が効果的にできる。

(2)　数学の基礎学力がつき，重要なことがらがよく理解できる。

ように考えてつくられています。

ガイドを活用して楽しく学習し，学力アップをめざしましょう。

この本の展開

教科書の展開に合わせ，『基本事項ノート』➡『問題解説』の順にくり返しています。

『基本事項ノート』　学習する内容の基本事項とその例や注意事項などを簡潔にまとめて解説しています。また，大切なことや，覚えていないとつまずきの原因となることもまとめています。

『問題解説』　学習のまとめやテストの前にも活用してください。

教科書の問題を 考え方→ ▶解答 の順に，くわしく解説しています。

❗注 では，▶解答 の中で，まちがいやすい点について説明しています。

効果的な使い方

次の手順で，教科書の問題をマスターしてください。

(1)　教科書の問題を解くとき，最初はガイドをみないで，まず，自分の力で解いてみましょう。そして，ガイドの ▶解答 と自分の解答と合わせてみましょう。自分の解答がまちがっていたら，自分の解き方のどこが，なぜまちがっていたのかを考えるようにしましょう。

(2)　問題解決の糸口がつかめないときは，考え方 をみて解き方のヒントを知り，あらためて自分の力で解いてみましょう。それでもできないときは，▶解答 をみて，そのままかきうつすのではなく，その解き方を自分で理解することがたいせつです。理解さえすれば，その次は，かならず自分の力で解けるようになります。

目次

次の章を学ぶ前に

1　次の数を表す点を，例にならって下の数直線に示しましょう。

(1)　2.3　　(2)　$\frac{4}{5}$　　(3)　$\frac{5}{2}$

▶解答

2　次の計算をしましょう。

(1)　$\frac{1}{2}+\frac{7}{8}$　　(2)　$\frac{2}{3}-\frac{1}{4}$

(3)　$\frac{2}{7}\times\frac{21}{8}$　　(4)　$\frac{2}{5}\div\frac{7}{15}$

▶解答

(1)　$\frac{1}{2}+\frac{7}{8}$

$=\frac{4}{8}+\frac{7}{8}$

$=\mathbf{\frac{11}{8}}$

(2)　$\frac{2}{3}-\frac{1}{4}$

$=\frac{8}{12}-\frac{3}{12}$

$=\mathbf{\frac{5}{12}}$

(3)　$\frac{2}{7}\times\frac{21}{8}$

$=\frac{2\times21}{7\times8}$

$=\mathbf{\frac{3}{4}}$

(4)　$\frac{2}{5}\div\frac{7}{15}$

$=\frac{2\times15}{5\times7}$

$=\mathbf{\frac{6}{7}}$

3　次の計算をしましょう。

(1)　5×4+18÷3　　(2)　15÷(12−7)

考え方　(1)　乗法，除法を先に計算する。

(2)　かっこの中の計算を先にする。

▶解答

(1)　5×4+18÷3

=20+6

=**26**

(2)　15÷(12−7)

=15÷5

=**3**

4　次の□にあてはまる数をかき入れましょう。

(1)　8×13=13×□

(2)　9×7+9×3=□×(7+3)

▶解答　(1)　**8**　　(2)　**9**

1章 正の数と負の数

この章について

小学校では，0と自然数を基本とした正の数の範囲で，計算のしかたやそのしくみなどを学習しました。ここでは，数直線を利用して，小数，分数をふくめた負の数を学習します。小学校の算数から中学校の数学に移るのですが，はじめは小学校の算数とは印象がかなりちがうので，とまどいを感じるでしょう。しかし，教科書にしたがって順に学習していけばだいじょうぶです。

1節 正の数と負の数

1 反対の性質をもつ数量

基本事項ノート

➔反対の性質をもつ数量の表し方

たがいに反対の性質をもつ数量を，＋(プラス)と－(マイナス)で表す。収入と支出で，収入を正の数で表すと100円の収入は＋100円，200円の支出は－200円となる。

問1 次の温度を，＋，－を使って表しなさい。

(1)　0℃より7.5℃高い温度　　(2)　0℃より12℃低い温度

考え方 0℃より高い温度には＋を，0℃より低い温度には－をつける。

▶解答 (1)　**＋7.5℃**　　(2)　**－12℃**

問2 海面を基準の0mとして，次の高さや深さを，＋，－を使って表しなさい。

(1)　竹田城跡(たけだじょうせき)…標高354m　　(2)　関門(かんもん)トンネル人道…海面下58m

考え方 海面が基準の0mだから，海面より高いものには＋を，海面より低いものには－をつける。

▶解答 (1)　**＋354m**　　(2)　**－58m**

問3 **例2**で，＋6km，－2kmは，それぞれ，どのようなことを表していますか。

考え方 東へ進むことを＋，西へ進むことを－とする。

▶解答 ＋6km…**東へ6km進むこと**　　－2km…**西へ2km進むこと**

問4 次の数量を，＋，－を使って表しなさい。

(1)　500円の利益を＋500円と表すときの，800円の損失

(2)　今から10分前を－10分と表すときの，今から30分後

(3)　水そうの中の水が3L増えることを＋3Lと表すときの，水そうの中の水が2L減ること

▶解答　(1)　**−800円**　　(2)　**+30分**　　(3)　**−2L**

2 正の数と負の数

基本事項ノート

➔正の数…0より大きい数。正の符号(+)で表す。例　+2，+4.6
➔負の数…0より小さい数。負の符号(−)で表す。例　−1，−3.5
注　0は正の数でも負の数でもないので，符号はつけない。
➔数直線…数直線で，0を表す点を原点という。
数直線の右の方向を正の方向，左の方向を負の方向という。

Q　0を基準にして，0より3大きい数を+3と表すとき，0より5小さい数はどのように表せばよいでしょうか。

▶解答　**−5**

問1　次の数を正の符号，負の符号を使って表しなさい。
(1)　0より2小さい数　　(2)　0より1.5大きい数
(3)　0より8.5小さい数　　(4)　0より$\frac{1}{4}$小さい数

考え方　0より大きい数には+を，0より小さい数には−をつける。

▶解答　(1)　**−2**　　(2)　**+1.5**　　(3)　**−8.5**　　(4)　$-\frac{1}{4}$

問2　次の数直線で，点A，B，C，D，Eの表す数を答えなさい。

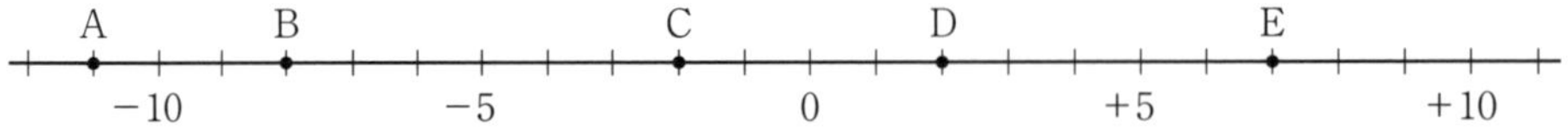

考え方　0より右側にあれば+，左側にあれば−をつけて表す。
▶解答　A…**−11**　　B…**−8**　　C…**−2**　　D…**+2**　　E…**+7**

問3　次の数を表す点を，下の数直線に示しなさい。
(1)　+4　　(2)　−7　　(3)　−3.5　　(4)　+6.5　　(5)　$-\frac{1}{2}$

考え方　+がついていれば0より右側に，−がついていれば0より左側にかく。
▶解答

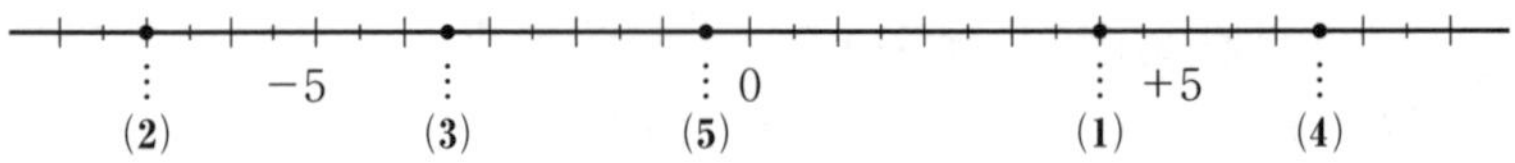

3　数の大小

基本事項ノート

➔絶対値…数直線上で，ある数を表す点と原点との距離を，その数の絶対値という。

例　+2の絶対値は2
−3の絶対値は3
0の絶対値は0

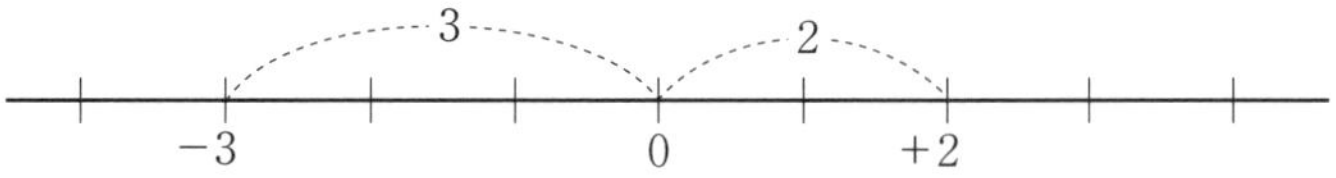

注　結果的には正の数，負の数から，+，−の符号をとった数になっている。

➔正の数，負の数の大小
正の数は0より大きく，負の数は0より小さい。
正の数では，絶対値が大きいほど大きい。
負の数では，絶対値が大きいほど小さい。

➔不等号…数の大小を表す＜，＞を不等号という。

Q　次の数を表す点を，下の数直線に示しましょう。

+2，−2，+1.5，−1.5

原点から，この4つの点までの距離を比べると，どんなことがいえるでしょうか。

考え方　ある数と原点との距離は，ある数の符号をとった数となる。

▶解答

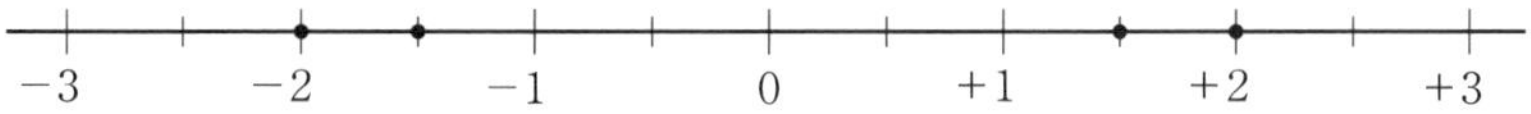

符号をとった数どうしの原点からの距離は等しい。

問1　次の数の絶対値を答えなさい。

(1)　−8　　(2)　+4.5　　(3)　−0.7　　(4)　$-\dfrac{2}{3}$

考え方　絶対値は，+や−を無視して大きさだけを答えればよいから，+や−をとるだけでよい。

▶解答　(1)　**8**　　(2)　**4.5**　　(3)　**0.7**　　(4)　$\boldsymbol{\dfrac{2}{3}}$

問2　絶対値が5である数をすべて答えなさい。

▶解答　**+5，−5**

問3　次の各組の数の大小を，不等号を使って表しなさい。

(1)　+3，　−3　　(2)　−5，　0　　(3)　−7，　−8

▶解答　(1)　**+3＞−3**　　(2)　**−5＜0**　　(3)　**−7＞−8**

問4　次の各組の数の大小を，不等号を使って表しなさい。

(1)　0，+4，−1　　(2)　−2，−9，−5

考え方　負の数<0<正の数　　負の数は絶対値が大きいほど小さい。

▶解答　(1)　**−1<0<+4　または　+4>0>−1**

(2)　**−9<−5<−2　または　−2>−5>−9**

基本の問題

1　南北に通じる道路があり，ある地点を基準に，北へ2km進むことを+2kmと表すとき，次の問いに答えなさい。

(1)　南へ4km進むことを，同じように符号のついた数で表しなさい。

(2)　−15kmは，どのようなことを表していますか。

考え方　北へ進むことを+で表しているので，南に進むことは−で表す。

▶解答　(1)　**−4km**　　(2)　**南へ15km進むこと**

2　次の数を正の符号，負の符号を使って表しなさい。

(1)　0より3小さい数　　(2)　0より2.1小さい数

(3)　0より1.7大きい数　　(4)　0より$\frac{4}{5}$小さい数

考え方　0より大きい数が正の数で+をつける。0より小さい数が負の数で−をつける。

▶解答　(1)　**−3**　　(2)　**−2.1**　　(3)　**+1.7**　　(4)　$\mathbf{-\frac{4}{5}}$

3　次の数直線で，点A，B，Cの表す数を答えなさい。

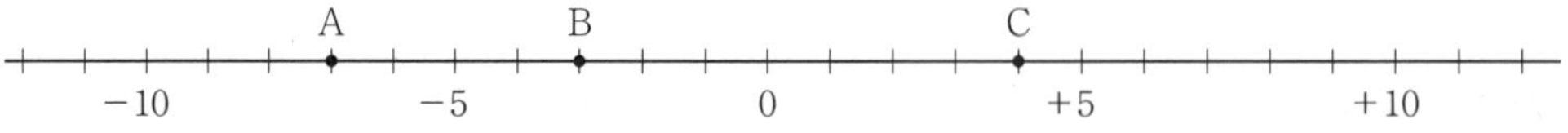

▶解答　A…**−7**　　B…**−3**　　C…**+4**

4　次のD，E，Fの数を表す点を，下の数直線に示しなさい。

D　+6　　E　−9　　F　−2

▶解答

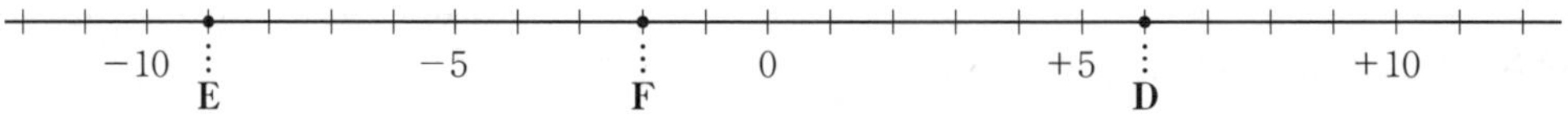

5　絶対値が8である数をすべて答えなさい。

考え方　絶対値が同じ数は正の数と負の数と2つある。

▶解答　**+8，−8**

6　次の各組の数の大小を，不等号を使って表しなさい。

(1)　0，-1　　(2)　-7，-6

(3)　$+0.2$，-2　　(4)　-2，-3.4，-1.8

考え方　負の数＜0＜正の数　　負の数は絶対値が大きいほど小さい。

▶解答　(1)　$\mathbf{0 > -1}$　　(2)　$\mathbf{-7 < -6}$

(3)　$\mathbf{+0.2 > -2}$　　(4)　$\mathbf{-3.4 < -2 < -1.8}$

数学のたんけん――身のまわりの正の数と負の数

1　身のまわりで，＋，－を使って表されている数量をさがしましょう。

▶解答　(例)**利益と損失，ゴルフのスコア，Jリーグのリーグ戦での得失点差**　など

2節　加法と減法

1　同じ符号の数の加法

基本事項ノート

➔加法(1)

同じ符号の2数の和…2数の絶対値の和に2数と同じ符号をつける。

例　$(+3)+(+2)=+(3+2)=+5$

$(-3)+(-2)=-(3+2)=-5$

Q　O地点から東へ3m進み，さらに東へ2m進むと，どこにいるでしょうか。

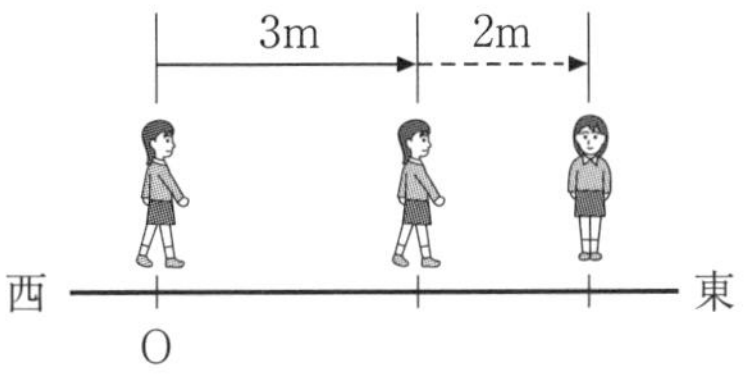

▶解答　**O地点から東へ5m進んだ地点**

問1　下の数直線を使って，次の計算をしなさい。

(1)　$(+4)+(+3)$　　(2)　$(+1)+(+5)$

考え方　(1)　0から$+4$のところまで右へ矢線をかき，そこから，3つ分右へ矢線をかく。

(2)　0から$+1$のところまで右へ矢線をかき，そこから，5つ分右へ矢線をかく。

▶解答　(1)　(+4)+(+3)= **+7**

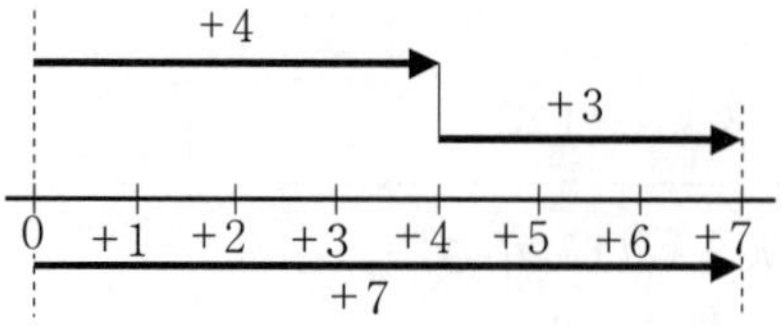

(2)　(+1)+(+5)= **+6**

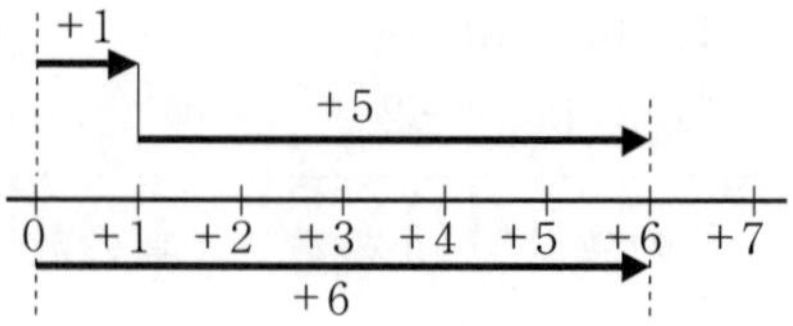

問2　下の数直線を使って，次の計算をしなさい。

(1)　(−2)+(−4)　　(2)　(−3)+(−1)

考え方　(1)　0から−2のところまで左へ矢線をかき，そこから，4つ分左へ矢線をかく。

(2)　0から−3のところまで左へ矢線をかき，そこから，1つ分左へ矢線をかく。

▶解答　(1)　(−2)+(−4)= **−6**

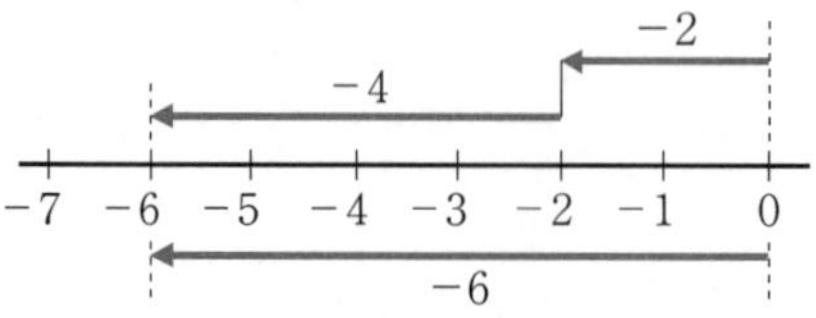

(2)　(−3)+(−1)= **−4**

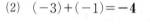

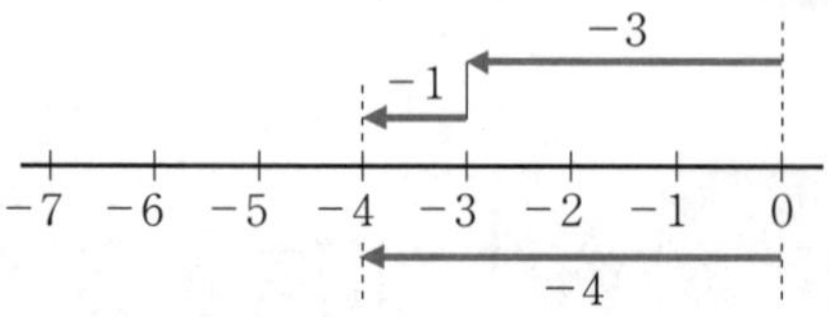

問3　次の計算をしなさい。

(1)　(+3)+(+6)　　(2)　(+14)+(+9)

(3)　(−2)+(−9)　　(4)　(−7)+(−7)

(5)　(+11)+(+6)　　(6)　(+20)+(+30)

(7)　(−18)+(−3)　　(8)　(−9)+(−21)

▶解答

(1)　(+3)+(+6)
　=+(3+6)
　= **+9**

(2)　(+14)+(+9)
　=+(14+9)
　= **+23**

(3)　(−2)+(−9)
　=−(2+9)
　= **−11**

(4)　(−7)+(−7)
　=−(7+7)
　= **−14**

(5)　(+11)+(+6)
　=+(11+6)
　= **+17**

(6)　(+20)+(+30)
　=+(20+30)
　= **+50**

(7)　(−18)+(−3)
　=−(18+3)
　= **−21**

(8)　(−9)+(−21)
　=−(9+21)
　= **−30**

チャレンジ　(1)　(+54)+(+48)　　(2)　(+181)+(+39)

(3)　(−27)+(−77)　　(4)　(−66)+(−115)

▶解答

(1)　(+54)+(+48)
　=+(54+48)
　= **+102**

(2)　(+181)+(+39)
　=+(181+39)
　= **+220**

(3)　(−27)+(−77)
　=−(27+77)
　= **−104**

(4)　(−66)+(−115)
　=−(66+115)
　= **−181**

2 異なる符号の数の加法

基本事項ノート

➔加法(2)

異なる符号の2数の和…絶対値の大きい方から小さい方をひき，それに絶対値の大きい方の符号をつける。

例　(+2)+(−5)=−(5−2)=−3

注　(+2)+(−5)を数直線で考えると0から+2進み，さらに−5進むので全体では−3進む。

➔絶対値が等しく，符号の異なる2数の和は，0である。

注　(+4)+(−4)=0

Q　O地点から西へ3m進み，次に，東へ5m進むと，どこにいるでしょうか。

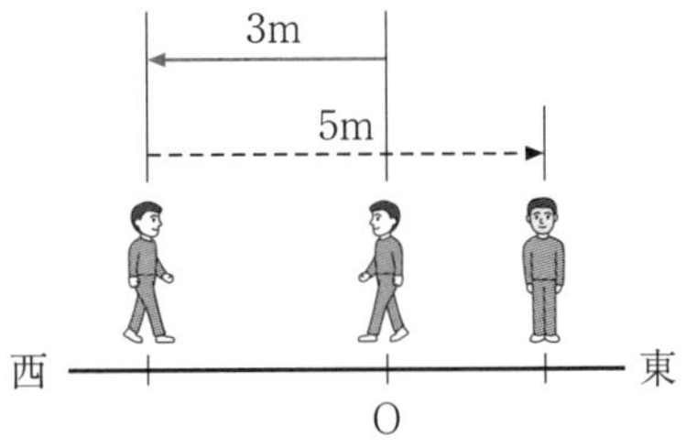

▶解答　**O地点から東へ2m進んだ地点**

問1　下の数直線を使って，次の計算をしなさい。

(1)　(−2)+(+4)　　(2)　(−6)+(+2)

考え方　(1)　0から−2のところまで左へ矢線をかき，そこから，4つ分右へ矢線をかく。

(2)　0から−6のところまで左へ矢線をかき，そこから，2つ分右へ矢線をかく。

▶解答　(1)　(−2)+(+4)=**+2**　　(2)　(−6)+(+2)=**−4**

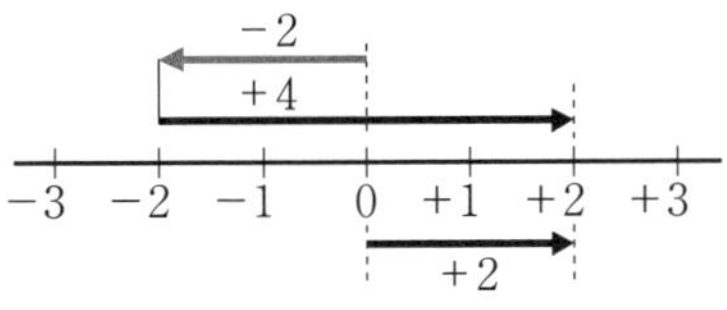

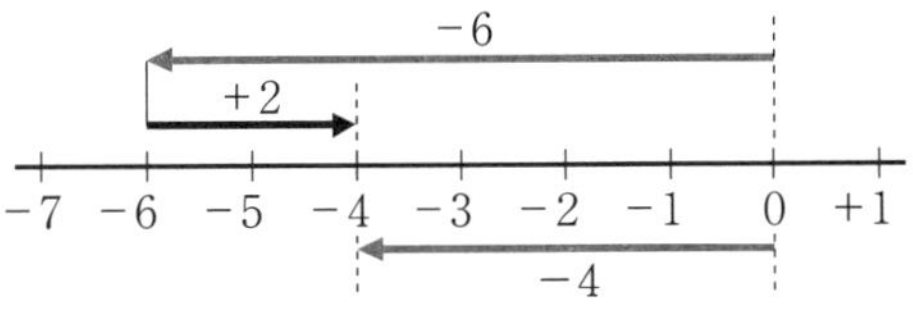

問2　下の数直線を使って，次の計算をしなさい。

(1)　(+1)+(−6)　　(2)　(+7)+(−3)

▶解答　(1)　(+1)+(−6)=**−5**　　(2)　(+7)+(−3)=**+4**

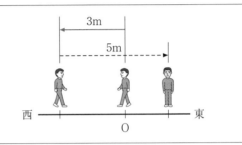

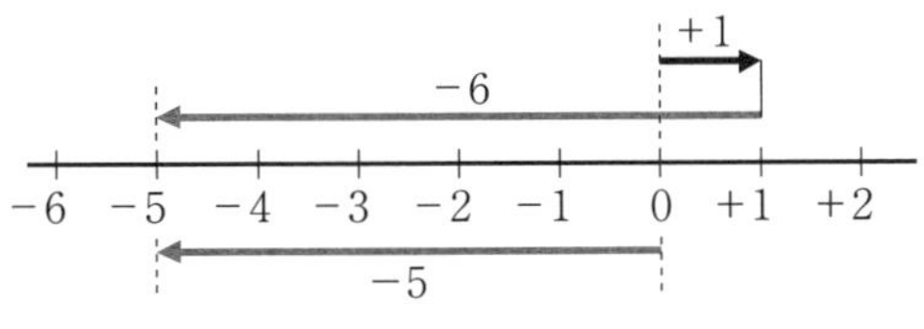

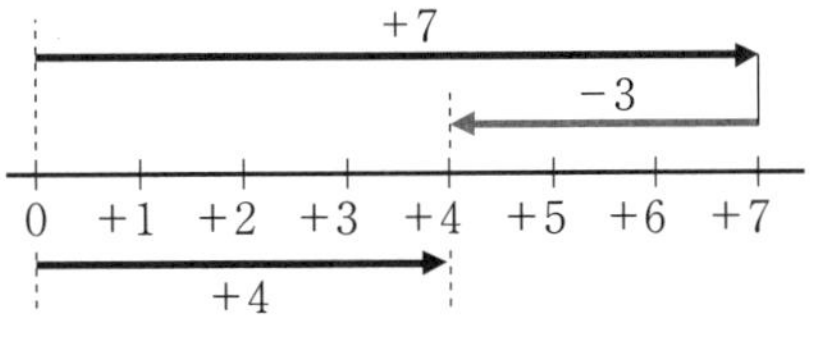

問3 次の計算をしなさい。

(1) $(-3)+(+8)$　(2) $(-9)+(+4)$
(3) $(+1)+(-4)$　(4) $(+10)+(-2)$
(5) $(-40)+(+50)$　(6) $(+15)+(-24)$

考え方 (1) $8-3$ (2) $9-4$ (3) $4-1$ (4) $10-2$ (5) $50-40$ (6) $24-15$を計算して，絶対値の大きい方の符号をつける。

▶解答 (1) $\mathbf{+5}$ (2) $\mathbf{-5}$ (3) $\mathbf{-3}$ (4) $\mathbf{+8}$ (5) $\mathbf{+10}$ (6) $\mathbf{-9}$

チャレンジ1 (1) $(-120)+(+30)$　(2) $(+217)+(-45)$
(3) $(-394)+(+7)$

考え方 (1) $120-30$ (2) $217-45$ (3) $394-7$を計算して，絶対値の大きい方の符号をつける。

▶解答 (1) $\mathbf{-90}$ (2) $\mathbf{+172}$ (3) $\mathbf{-387}$

問4 次の計算をしなさい。

(1) $(+7)+(-7)$　(2) $(-16)+(+16)$

考え方 絶対値が等しく，符号が異なる2数の和は，0である。

▶解答 (1) **0** (2) **0**

チャレンジ2 ある数と$+12$の和が0であるとき，ある数を求めなさい。

▶解答 $\mathbf{-12}$

問5 次の計算をしなさい。

(1) $0+(-3)$　(2) $(-6)+0$

▶解答 (1) $\mathbf{-3}$ (2) $\mathbf{-6}$

計算の練習1 次の2数の間に＋の記号を入れて，計算をしなさい。(教科書P.44)

▶解答
(1) $(+3)+(+1)=\mathbf{+4}$　(2) $(+1)+(+6)=\mathbf{+7}$
(3) $(+6)+(+8)=\mathbf{+14}$　(4) $(-3)+(+2)=\mathbf{-1}$
(5) $(-6)+(+3)=\mathbf{-3}$　(6) $(-8)+(+9)=\mathbf{+1}$
(7) $(+4)+(-3)=\mathbf{+1}$　(8) $(+5)+(-2)=\mathbf{+3}$
(9) $(+5)+(-8)=\mathbf{-3}$　(10) $(+2)+(-10)=\mathbf{-8}$
(11) $(-4)+(-7)=\mathbf{-11}$　(12) $(-6)+(-8)=\mathbf{-14}$
(13) $(-5)+(-4)=\mathbf{-9}$　(14) $(-9)+(-4)=\mathbf{-13}$
(15) $(+2)+(+7)=\mathbf{+9}$　(16) $(-5)+(+2)=\mathbf{-3}$
(17) $(+5)+(-5)=\mathbf{0}$　(18) $(+6)+(-1)=\mathbf{+5}$
(19) $(+3)+(-9)=\mathbf{-6}$　(20) $(-6)+(-9)=\mathbf{-15}$

(21)　$(-8)+(-1)=\mathbf{-9}$　(22)　$(+9)+(+7)=\mathbf{+16}$
(23)　$(+7)+(+8)=\mathbf{+15}$　(24)　$(-4)+(+10)=\mathbf{+6}$
(25)　$(+5)+(-7)=\mathbf{-2}$　(26)　$(-4)+(-4)=\mathbf{-8}$
(27)　$(-8)+(-5)=\mathbf{-13}$　(28)　$(-7)+(-3)=\mathbf{-10}$
(29)　$(+4)+(-7)=\mathbf{-3}$　(30)　$(+5)+0=\mathbf{+5}$
(31)　$0+(-8)=\mathbf{-8}$　(32)　$(+6)+(+6)=\mathbf{+12}$
(33)　$(-3)+(-11)=\mathbf{-14}$　(34)　$(-12)+(+3)=\mathbf{-9}$
(35)　$(-7)+(+7)=\mathbf{0}$　(36)　$(+8)+(-12)=\mathbf{-4}$
(37)　$(+8)+(+9)=\mathbf{+17}$　(38)　$(-7)+(-9)=\mathbf{-16}$
(39)　$(-14)+(+6)=\mathbf{-8}$　(40)　$(+15)+(-6)=\mathbf{+9}$

3　加法の交換法則と結合法則

基本事項ノート

➔加法の交換法則（こうかんほうそく）…$a+b=b+a$（計算の順序を変えても結果は同じ）

例　$(+5)+(-2)=(-2)+(+5)$

➔加法の結合法則（けつごう）…$(a+b)+c=a+(b+c)$（組み合わせを変えても結果は同じ）

例　$\{(+7)+(+3)\}+(-9)=+1$　　$(+7)+\{(+3)+(-9)\}=+1$

注　かっこを2重に使うとき，内側のかっこを(　)，外側のかっこを{　}とかいて区別する。

Q　(略)

問1　次の計算をしなさい。

(1)　$(+6)+(+5)+(-4)$　(2)　$(+3)+(-9)+(+5)$
(3)　$(-2)+(-13)+(+13)$　(4)　$(-11)+(-14)+(-6)$
(5)　$(-7)+(+9)+(+3)+(-11)$　(6)　$(+3)+(-6)+(+8)+(-5)$
(7)　$(-12)+(-4)+(+30)+(-6)$　(8)　$(+9)+(-2)+(-19)+(+2)$

考え方　たす順序を変えたり，組をつくったりして計算する。

▶解答

(1)　$(+6)+(+5)+(-4)$
$=\{(+6)+(+5)\}+(-4)$
$=(+11)+(-4)$
$=\mathbf{+7}$

(2)　$(+3)+(-9)+(+5)$
$=\{(+3)+(+5)\}+(-9)$
$=(+8)+(-9)$
$=\mathbf{-1}$

(3)　$(-2)+(-13)+(+13)$
$=(-2)+\{(-13)+(+13)\}$
$=(-2)+0$
$=\mathbf{-2}$

(4)　$(-11)+(-14)+(-6)$
$=-(11+14+6)$
$=\mathbf{-31}$

(5)　$(-7)+(+9)+(+3)+(-11)$
$=\{(+9)+(+3)\}+\{(-7)+(-11)\}$
$=(+12)+(-18)$
$=\mathbf{-6}$

(6)　$(+3)+(-6)+(+8)+(-5)$
$=\{(+3)+(+8)\}+\{(-6)+(-5)\}$
$=(+11)+(-11)$
$=\mathbf{0}$

(7)　$(-12)+(-4)+(+30)+(-6)$
$=(+30)+\{(-12)+(-4)+(-6)\}$
$=(+30)+(-22)$
$=\mathbf{+8}$

(8)　$(+9)+(-2)+(-19)+(+2)$
$=\{(+9)+(-19)\}+\{(-2)+(+2)\}$
$=(-10)+0$
$=\mathbf{-10}$

4　減法

基本事項ノート

➡ある数をひくことは，その数の符号を変えた数をたすことと同じである。

例　$(+3)-(+5)=(+3)+(-5)=-2$　+5をひくことは，−5をたすことと同じ。
　　$(+2)-(-4)=(+2)+(+4)=+6$　−4をひくことは，+4をたすことと同じ。

➡絶対値が等しく，符号が同じ2数の差は，0である。

例　$(+7)-(+7)=(+7)+(-7)=0$　　$(-2)-(-2)=(-2)+(+2)=0$

Q　次の式の□にあてはまる数は，どんな計算で求められるでしょうか。
　　□$+(+3)=+5$　……①

▶解答　$\mathbf{(+5)-(+3)}$

問1　次の減法を加法になおして計算しなさい。
(1)　$(+8)-(+4)$　　(2)　$(+10)-(+9)$
(3)　$(+2)-(+6)$　　(4)　$(+3)-(+11)$
(5)　$(-3)-(+1)$　　(6)　$(-9)-(+9)$

▶解答
(1)　$(+8)-(+4)$
$=(+8)+(-4)$
$=\mathbf{+4}$

(2)　$(+10)-(+9)$
$=(+10)+(-9)$
$=\mathbf{+1}$

(3)　$(+2)-(+6)$
$=(+2)+(-6)$
$=\mathbf{-4}$

(4)　$(+3)-(+11)$
$=(+3)+(-11)$
$=\mathbf{-8}$

(5)　$(-3)-(+1)$
$=(-3)+(-1)$
$=\mathbf{-4}$

(6)　$(-9)-(+9)$
$=(-9)+(-9)$
$=\mathbf{-18}$

チャレンジ1
(1)　$(+19)-(+28)$　　(2)　$(-21)-(+21)$
(3)　$(-33)-(+67)$

▶解答
(1)　$(+19)-(+28)$
$=(+19)+(-28)$
$=\mathbf{-9}$

(2)　$(-21)-(+21)$
$=(-21)+(-21)$
$=\mathbf{-42}$

(3)　$(-33)-(+67)$
$=(-33)+(-67)$
$=\mathbf{-100}$

Q 次の式の□にあてはまる数は，どんな計算で求められるでしょうか。
□＋(－3)＝＋5　……④

▶解答　**＋8**

問2 次の減法を加法になおして計算しなさい。
(1) (＋4)－(－6)　(2) (＋5)－(－10)
(3) (－7)－(－8)　(4) (－1)－(－5)
(5) (－9)－(－2)　(6) (－12)－(－3)

考え方　(1) －6をひくことは＋6をたすことと同じである。

▶解答
(1) (＋4)－(－6)
＝(＋4)＋(＋6)
＝**＋10**

(2) (＋5)－(－10)
＝(＋5)＋(＋10)
＝**＋15**

(3) (－7)－(－8)
＝(－7)＋(＋8)
＝**＋1**

(4) (－1)－(－5)
＝(－1)＋(＋5)
＝**＋4**

(5) (－9)－(－2)
＝(－9)＋(＋2)
＝**－7**

(6) (－12)－(－3)
＝(－12)＋(＋3)
＝**－9**

チャレンジ2
(1) (＋24)－(－13)　(2) (＋61)－(－61)
(3) (－117)－(－18)

▶解答
(1) (＋24)－(－13)
＝(＋24)＋(＋13)
＝**＋37**

(2) (＋61)－(－61)
＝(＋61)＋(＋61)
＝**＋122**

(3) (－117)－(－18)
＝(－117)＋(＋18)
＝**－99**

問3 次の計算をしなさい。
(1) (＋5)－(＋5)　(2) (－1)－(－1)

▶解答
(1) (＋5)－(＋5)
＝(＋5)＋(－5)
＝**0**

(2) (－1)－(－1)
＝(－1)＋(＋1)
＝**0**

問4 次の計算をしなさい。
(1) 0－(＋3)　(2) 0－(－5)
(3) (＋6)－0　(4) (－8)－0

▶解答
(1) 0－(＋3)
＝0＋(－3)
＝**－3**

(2) 0－(－5)
＝0＋(＋5)
＝**＋5**

(3) (＋6)－0
＝**＋6**

(4) (－8)－0
＝**－8**

チャレンジ3　(1)　$0-(-13)$　　(2)　$(-25)-0$

▶解答
(1)　$0-(-13)$
$=0+(+13)=\mathbf{+13}$

(2)　$(-25)-0$
$=\mathbf{-25}$

問5　次の計算をしなさい。

(1)　$(+7)-(+13)$　　(2)　$(+12)-(-8)$　　(3)　$(-4)-(+11)$
(4)　$(-6)-(-15)$　　(5)　$(-17)-(+17)$　　(6)　$(-25)-(-25)$

考え方　ひく数の符号を変えて，たし算と考えて計算する。

▶解答
(1)　$(+7)-(+13)$
$=(+7)+(-13)$
$=\mathbf{-6}$

(2)　$(+12)-(-8)$
$=(+12)+(+8)$
$=\mathbf{+20}$

(3)　$(-4)-(+11)$
$=(-4)+(-11)$
$=\mathbf{-15}$

(4)　$(-6)-(-15)$
$=(-6)+(+15)$
$=\mathbf{+9}$

(5)　$(-17)-(+17)$
$=(-17)+(-17)$
$=\mathbf{-34}$

(6)　$(-25)-(-25)$
$=(-25)+(+25)$
$=\mathbf{0}$

計算の練習2　次の2数の間に－の記号を入れて，計算をしなさい。(教科書P.44)

▶解答
(1)　$(+3)-(+1)=\mathbf{+2}$
(2)　$(+1)-(+6)=\mathbf{-5}$
(3)　$(+6)-(+8)=\mathbf{-2}$
(4)　$(-3)-(+2)=\mathbf{-5}$
(5)　$(-6)-(+3)=\mathbf{-9}$
(6)　$(-8)-(+9)=\mathbf{-17}$
(7)　$(+4)-(-3)=\mathbf{+7}$
(8)　$(+5)-(-2)=\mathbf{+7}$
(9)　$(+5)-(-8)=\mathbf{+13}$
(10)　$(+2)-(-10)=\mathbf{+12}$
(11)　$(-4)-(-7)=\mathbf{+3}$
(12)　$(-6)-(-8)=\mathbf{+2}$
(13)　$(-5)-(-4)=\mathbf{-1}$
(14)　$(-9)-(-4)=\mathbf{-5}$
(15)　$(+2)-(+7)=\mathbf{-5}$
(16)　$(-5)-(+2)=\mathbf{-7}$
(17)　$(+5)-(-5)=\mathbf{+10}$
(18)　$(+6)-(-1)=\mathbf{+7}$
(19)　$(+3)-(-9)=\mathbf{+12}$
(20)　$(-6)-(-9)=\mathbf{+3}$
(21)　$(-8)-(-1)=\mathbf{-7}$
(22)　$(+9)-(+7)=\mathbf{+2}$
(23)　$(+7)-(+8)=\mathbf{-1}$
(24)　$(-4)-(+10)=\mathbf{-14}$
(25)　$(+5)-(-7)=\mathbf{+12}$
(26)　$(-4)-(-4)=\mathbf{0}$
(27)　$(-8)-(-5)=\mathbf{-3}$
(28)　$(-7)-(-3)=\mathbf{-4}$
(29)　$(+4)-(-7)=\mathbf{+11}$
(30)　$(+5)-0=\mathbf{+5}$
(31)　$0-(-8)=\mathbf{+8}$
(32)　$(+6)-(+6)=\mathbf{0}$
(33)　$(-3)-(-11)=\mathbf{+8}$
(34)　$(-12)-(+3)=\mathbf{-15}$
(35)　$(-7)-(+7)=\mathbf{-14}$
(36)　$(+8)-(-12)=\mathbf{+20}$
(37)　$(+8)-(+9)=\mathbf{-1}$
(38)　$(-7)-(-9)=\mathbf{+2}$
(39)　$(-14)-(+6)=\mathbf{-20}$
(40)　$(+15)-(-6)=\mathbf{+21}$

数学のたんけん――減法のいろいろな見方

1　ひかれる数が同じである減法の式で，ひく数が1大きくなると，その差はどうなりますか。また，ひく数が1小さくなると，その差はどうなりますか。

▶解答

(+2)－　0　＝+2
(+2)－(+1)＝+1
(+2)－(+2)＝ **0**
(+2)－(+3)＝ **－1**
(+2)－(+4)＝ **－2**

(+2)－(+2)＝ **0**
(+2)－(+1)＝+1
(+2)－　0　＝+2
(+2)－(－1)＝ **+3**
(+2)－(－2)＝ **+4**

2　(－6)－(+2)を(－6)+(－2)になおすことができる理由を，同じように説明してみましょう。

考え方　トランプを使って(+3)－(－5)を(+3)+(+5)になおすことができる理由を説明したように，(－6)－(+2)を，－6のカードから+2のカードをとることと考えて説明する。

▶解答　(例)**－6のカードを1枚持っているだけでは，+2のカードをとれないので，まず+2と－2のカードを追加する。－6，+2，－2の3枚のカードのうち+2のカードをとると，－6と－2の2枚のカードが残る。**
以上より，(－6)－(+2)は，(－6)+(－2)になおすことができる。

5　かっこを省いた式

基本事項ノート

➔項…加法だけの式(+5)+(－2)+(+3)+(－4)で，+5，－2，+3，－4を項(こう)といい，+5，+3を正の項，－2，－4を負の項という。

➔かっこを省いた式の計算

例　(+5)－(+2)+(+3)+(－4)
＝(+5)+(－2)+(+3)+(－4)　← 加法だけの式になおす。
＝5－2+3－4　← 加法の記号+とかっこを省く。
＝5+3－2－4　← 正の項，負の項をそれぞれまとめる。
＝8－6　← 正の項，負の項それぞれの和を求める。
＝2

注　減法のあるところは，すべて符号を変えて加法になおす。
加法だけにした式では，加法の記号+とかっこを省いて表すことができる。
式のはじめの項が正の数の場合は，正の符号+を省くことができる。

例　(+6)+(－9)＝6－9
計算の結果が正の数の場合は，答えの正の符号+を省くことができる。

例　－2+8＝6

Q　(略)

問1　次の式を，かっこを省いた式にしなさい。

(1)　$(+3)+(+6)-(+8)$

(2)　$(-7)+(-4)-(+10)-(-6)$

考え方　加法だけにした式の加法の記号＋とかっこを省いて，項だけを並べた式で表す。

▶解答　(1)　$(+3)+(+6)-(+8)$
$=(+3)+(+6)+(-8)$
$=\mathbf{3+6-8}$

(2)　$(-7)+(-4)-(+10)-(-6)$
$=(-7)+(-4)+(-10)+(+6)$
$=\mathbf{-7-4-10+6}$

注　加法の式をかかないで，次のようにしてかっこを省いた式をかいてもよい。

(ア)　＋のときはそのままかっこをとる。

(イ)　－のときはかっこ内の数の符号を変えてかっこをとる。

問2　次の式の正の項と負の項をそれぞれ答えなさい。また，式の計算をしなさい。

(1)　$-3-7$　　(2)　$-4+9$

(3)　$-8+5$　　(4)　$2-6$

(5)　$19-27$　　(6)　$-30+30$

▶解答　(1)　正の項…**なし**　負の項…**－3，－7**
$-3-7=\mathbf{-10}$

(2)　正の項…**＋9**　負の項…**－4**
$-4+9=\mathbf{5}$

(3)　正の項…**＋5**　負の項…**－8**
$-8+5=\mathbf{-3}$

(4)　正の項…**＋2**　負の項…**－6**
$2-6=\mathbf{-4}$

(5)　正の項…**＋19**　負の項…**－27**
$19-27=\mathbf{-8}$

(6)　正の項…**＋30**　負の項…**－30**
$-30+30=\mathbf{0}$

注　正の項の符号＋は省いてもよい。

問3　次の式の正の項と負の項をそれぞれ答えなさい。また，式の計算をしなさい。

(1)　$3-5-9$　　(2)　$-19+12-2$

(3)　$1-4-6+10$　　(4)　$14-5-11+8$

(5)　$65-16+5-14$　　(6)　$29+7-8-29$

▶解答
(1)　正の項…**＋3**　負の項…**－5，－9**　$3-5-9=\mathbf{-11}$
(2)　正の項…**＋12**　負の項…**－19，－2**　$-19+12-2=\mathbf{-9}$
(3)　正の項…**＋1，＋10**　負の項…**－4，－6**　$1-4-6+10=\mathbf{1}$
(4)　正の項…**＋14，＋8**　負の項…**－5，－11**　$14-5-11+8=\mathbf{6}$
(5)　正の項…**＋65，＋5**　負の項…**－16，－14**　$65-16+5-14=\mathbf{40}$
(6)　正の項…**＋29，＋7**　負の項…**－8，－29**　$29+7-8-29=\mathbf{-1}$

注　正の項の符号＋は省いてもよい。

補充問題1　次の計算をしなさい。（教科書P.279）

(1)　$-7+6$　　(2)　$5-11$

(3)　$3+5-9$　　(4)　$10-19+17-4$

▶解答

(1) $-7+6$
$=\mathbf{-1}$

(2) $5-11$
$=\mathbf{-6}$

(3) $3+5-9$
$=8-9$
$=\mathbf{-1}$

(4) $10-19+17-4$
$=10+17-19-4$
$=27-23$
$=\mathbf{4}$

6 加法と減法のいろいろな計算

基本事項ノート

➔かっこがある式の加法と減法

例　$-4+(3-8)=-4+(-5)=-9$

注　かっこの中の計算を先にする。

➔負の小数，負の分数の加法と減法

例　$-5.3+2.1=-3.2$

$$-\frac{2}{5}-\left(-\frac{3}{4}\right)=-\frac{2}{5}+\frac{3}{4}=-\frac{8}{20}+\frac{15}{20}=\frac{7}{20}$$

注　計算の結果が約分できる分数であるときは，約分をして答えとする。
計算の結果が仮分数になるときは，帯分数になおさず，仮分数のまま答えとする。

問1　次の計算をしなさい。

(1) $5-(-6)-1$　(2) $4-(+7)-2$
(3) $-12-(-3)+(+4)$　(4) $-9+(-5)-(+3)$
(5) $-8+(-10)-(-13)+5$　(6) $6-(-1)-(-8)-20$

▶解答

(1) $5-(-6)-1$
$=5+(+6)-1$
$=5+6-1$
$=11-1$
$=\mathbf{10}$

(2) $4-(+7)-2$
$=4+(-7)-2$
$=4-7-2$
$=4-9$
$=\mathbf{-5}$

(3) $-12-(-3)+(+4)$
$=-12+(+3)+(+4)$
$=-12+3+4$
$=-12+7$
$=\mathbf{-5}$

(4) $-9+(-5)-(+3)$
$=-9+(-5)+(-3)$
$=-9-5-3$
$=\mathbf{-17}$

(5) $-8+(-10)-(-13)+5$
$=-8+(-10)+(+13)+5$
$=-8-10+13+5$
$=-18+18$
$=\mathbf{0}$

(6) $6-(-1)-(-8)-20$
$=6+(+1)+(+8)-20$
$=6+1+8-20$
$=15-20$
$=\mathbf{-5}$

問2 次の計算をしなさい。

(1) $10+(6-9)$　(2) $-2+(8-1)$

(3) $6-(-3+18)$　(4) $-14-(5-12)$

(5) $-7+(2-6)-3$　(6) $3-(-28)-(4-7)$

考え方 かっこの中を先に計算する。

▶解答

(1) $10+(6-9)$
$=10+(-3)$
$=10-3$
$=\mathbf{7}$

(2) $-2+(8-1)$
$=-2+7$
$=\mathbf{5}$

(3) $6-(-3+18)$
$=6-(+15)$
$=6-15$
$=\mathbf{-9}$

(4) $-14-(5-12)$
$=-14-(-7)$
$=-14+7$
$=\mathbf{-7}$

(5) $-7+(2-6)-3$
$=-7+(-4)-3$
$=-7-4-3$
$=\mathbf{-14}$

(6) $3-(-28)-(4-7)$
$=3-(-28)-(-3)$
$=3+28+3$
$=\mathbf{34}$

補充問題2 次の計算をしなさい。(教科書P.279)

(1) $2+(-6)-(-1)$　(2) $1-(-16)+(-7)-(+9)$

(3) $5-(3+7)$　(4) $4-(1-8)-2$

▶解答

(1) $2+(-6)-(-1)$
$=2-6+1$
$=2+1-6$
$=3-6$
$=\mathbf{-3}$

(2) $1-(-16)+(-7)-(+9)$
$=1+16-7-9$
$=1-7-9+16$
$=17-16$
$=\mathbf{1}$

(3) $5-(3+7)$
$=5-10$
$=\mathbf{-5}$

(4) $4-(1-8)-2$
$=4-(-7)-2$
$=4+7-2$
$=\mathbf{9}$

Q 次の計算をしましょう。

(1) $1.4+2.8$　(2) $4.9-1.5$

(3) $\frac{2}{3}+\frac{5}{6}$　(4) $\frac{7}{6}-\frac{1}{9}$

▶解答

(1) $1.4+2.8$
$=\mathbf{4.2}$

(2) $4.9-1.5$
$=\mathbf{3.4}$

(3) $\dfrac{2}{3}+\dfrac{5}{6}$

$=\dfrac{4}{6}+\dfrac{5}{6}$

$=\dfrac{9}{6}=\mathbf{\dfrac{3}{2}}$

(4) $\dfrac{7}{6}-\dfrac{1}{9}$

$=\dfrac{21}{18}-\dfrac{2}{18}$

$=\mathbf{\dfrac{19}{18}}$

問3 次の計算をしなさい。

(1) $-4.7+2.1$　(2) $-6.4-2.6$

(3) $3.4-(-2.7)$　(4) $-9.1+(-0.9)$

(5) $-\dfrac{3}{5}+\dfrac{4}{5}$　(6) $-\dfrac{3}{2}-\dfrac{2}{7}$

(7) $\dfrac{1}{9}+\left(-\dfrac{1}{5}\right)$　(8) $-\dfrac{9}{2}-\left(-\dfrac{5}{3}\right)$

考え方 負の小数や負の分数の計算も，今までの整数と同じ計算の方法でできる。

▶解答

(1) $-4.7+2.1$

$=\mathbf{-2.6}$

(2) $-6.4-2.6$

$=\mathbf{-9}$

(3) $3.4-(-2.7)$

$=3.4+2.7$

$=\mathbf{6.1}$

(4) $-9.1+(-0.9)$

$=-9.1-0.9$

$=\mathbf{-10}$

(5) $-\dfrac{3}{5}+\dfrac{4}{5}$

$=\mathbf{\dfrac{1}{5}}$

(6) $-\dfrac{3}{2}-\dfrac{2}{7}$

$=-\dfrac{21}{14}-\dfrac{4}{14}$

$=\mathbf{-\dfrac{25}{14}}$

(7) $\dfrac{1}{9}+\left(-\dfrac{1}{5}\right)$

$=\dfrac{1}{9}-\dfrac{1}{5}=\dfrac{5}{45}-\dfrac{9}{45}$

$=\mathbf{-\dfrac{4}{45}}$

(8) $-\dfrac{9}{2}-\left(-\dfrac{5}{3}\right)$

$=-\dfrac{9}{2}+\dfrac{5}{3}=-\dfrac{27}{6}+\dfrac{10}{6}$

$=\mathbf{-\dfrac{17}{6}}$

チャレンジ (1) $-8+5.1$　(2) $\dfrac{1}{6}-\dfrac{3}{8}$　(3) $-\dfrac{1}{4}-\left(+\dfrac{5}{6}\right)$

▶解答

(1) $-8+5.1$

$=\mathbf{-2.9}$

(2) $\dfrac{1}{6}-\dfrac{3}{8}$

$=\dfrac{4}{24}-\dfrac{9}{24}$

$=\mathbf{-\dfrac{5}{24}}$

(3) $-\dfrac{1}{4}-\left(+\dfrac{5}{6}\right)$

$=-\dfrac{1}{4}-\dfrac{5}{6}$

$=-\dfrac{3}{12}-\dfrac{10}{12}$

$=\mathbf{-\dfrac{13}{12}}$

補充問題3　次の計算をしなさい。(教科書P.279)

(1)　$-2.7+1.5$　　(2)　$0.8-1.3$

(3)　$-\frac{5}{6}+\left(-\frac{1}{3}\right)$　　(4)　$\frac{1}{4}-\left(-\frac{2}{3}\right)$

▶解答

(1)　$-2.7+1.5$
$=\mathbf{-1.2}$

(2)　$0.8-1.3$
$=\mathbf{-0.5}$

(3)　$-\frac{5}{6}+\left(-\frac{1}{3}\right)$
$=-\frac{5}{6}-\frac{1}{3}$
$=-\frac{5}{6}-\frac{2}{6}$
$=\mathbf{-\frac{7}{6}}$

(4)　$\frac{1}{4}-\left(-\frac{2}{3}\right)$
$=\frac{1}{4}+\frac{2}{3}$
$=\frac{3}{12}+\frac{8}{12}$
$=\mathbf{\frac{11}{12}}$

基本の問題

1　次の計算をしなさい。

(1)　$(-5)+(-7)$　　(2)　$(-6)+(+12)$

(3)　$(+8)+(-13)$　　(4)　$(-22)+(+14)$

(5)　$(-19)+(+19)$　　(6)　$0+(-5)$

▶解答

(1)　$(-5)+(-7)$
$=-(5+7)$
$=\mathbf{-12}$

(2)　$(-6)+(+12)$
$=+(12-6)$
$=\mathbf{6}$

(3)　$(+8)+(-13)$
$=-(13-8)$
$=\mathbf{-5}$

(4)　$(-22)+(+14)$
$=-(22-14)$
$=\mathbf{-8}$

(5)　$(-19)+(+19)$
$=-19+19$
$=\mathbf{0}$

(6)　$0+(-5)$
$=0-5$
$=\mathbf{-5}$

2　次の計算をしなさい。

(1)　$(+2)-(+8)$　　(2)　$(-6)-(+6)$

(3)　$(+3)-(-17)$　　(4)　$(-25)-(-9)$

(5)　$(-31)-(-31)$　　(6)　$0-(-83)$

考え方　減法は加法になおしてから計算する。

▶解答

(1)　$(+2)-(+8)$
$=(+2)+(-8)$
$=\mathbf{-6}$

(2)　$(-6)-(+6)$
$=(-6)+(-6)$
$=\mathbf{-12}$

(3)　$(+3)-(-17)$
$=(+3)+(+17)$
$=\mathbf{20}$

(4)　$(-25)-(-9)$
$=(-25)+(+9)$
$=\mathbf{-16}$

(5)　$(-31)-(-31)$
$=(-31)+(+31)$
$=\mathbf{0}$

(6)　$0-(-83)$
$=0+(+83)$
$=\mathbf{83}$

3　式$6-8-5+2$の正の項と負の項をそれぞれ答えなさい。

▶解答　正の項…**+6，+2**　負の項…**−8，−5**

注　正の項の符号＋は省いてもよい。

4　次の計算をしなさい。

(1)　$-10-4$　(2)　$-2+9$
(3)　$8-15+3$　(4)　$-1+4-7+9$

▶解答
(1)　$-10-4$
$=\mathbf{-14}$

(2)　$-2+9$
$=\mathbf{7}$

(3)　$8-15+3$
$=8+3-15$
$=11-15$
$=\mathbf{-4}$

(4)　$-1+4-7+9$
$=-1-7+4+9$
$=-8+13$
$=\mathbf{5}$

5　次の計算をしなさい。

(1)　$2-(+5)-(+8)$　(2)　$10+(-7)-(-4)+6$
(3)　$7-(6-7)$　(4)　$-9-(16+5)+30$
(5)　$-9.8+4.5$　(6)　$-\frac{2}{5}-\left(-\frac{1}{4}\right)$

考え方　加法を表す記号＋を省き，かっこがあるものは，かっこの中から順に計算する。

▶解答
(1)　$2-(+5)-(+8)$
$=2+(-5)+(-8)$
$=2-5-8$
$=2-13$
$=\mathbf{-11}$

(2)　$10+(-7)-(-4)+6$
$=10+(-7)+(+4)+6$
$=10-7+4+6$
$=10+4+6-7$
$=20-7$
$=\mathbf{13}$

(3)　$7-(6-7)$
$=7-(-1)$
$=7+1$
$=\mathbf{8}$

(4)　$-9-(16+5)+30$
$=-9-21+30$
$=-30+30$
$=\mathbf{0}$

(5)　$-9.8+4.5$
$=\mathbf{-5.3}$

(6)　$-\frac{2}{5}-\left(-\frac{1}{4}\right)$
$=-\frac{2}{5}+\frac{1}{4}=-\frac{8}{20}+\frac{5}{20}$
$=\mathbf{-\frac{3}{20}}$

まちがえやすい問題

右の答案は，$2+(-4+7)-(+6)$を計算したものですが，まちがっています。まちがっているところを見つけなさい。また，正しい計算をしなさい。

✕ まちがいの例

$2+(-4+7)-(+6)$
$=2+(-3)+(-6)$
$=2-3-6$
$=2-9$
$=-7$

▶解答　**かっこの中の計算がまちがっている。**

$2+(\underset{\sim\sim\sim}{-4+7})-(+6)$
$=2+(\underset{\sim\sim}{+3})+(-6)$
$=2+3-6$
$=5-6=\mathbf{-1}$

数学のたんけん――湖面の高さと湖の深さ

1　海面を基準の0mとして，琵琶湖(びわこ)の湖面の高さを+85mと表すとき，琵琶湖の最も深い所の高さを負の符号(ふごう)－を使って表しましょう。

▶解答　$(+85)+(-104)=-19$　　　答　**－19m**

2　**1**と同じように海面を基準の0mとして，チチカカ湖，バイカル湖，死海(しかい)の3つの湖の最も深い所の高さを，正の符号＋，負の符号－を使って表しましょう。

▶解答　チチカカ湖…**＋3531m**　　バイカル湖…**－1285m**　　死海…**－826m**

3節　乗法と除法

1　乗法①

基本事項ノート

➔(正の数)×(正の数)，(正の数)×(負の数)

(正の数)×(正の数)では，それぞれの数の絶対値の積に正の符号をつける。

(正の数)×(負の数)では，それぞれの数の絶対値の積に負の符号をつける。

例　$(+2)\times(+3)=+(2\times3)=+6$，$(+3)\times(-2)=-(3\times2)=-6$

Q　東へ向かって時速4kmで歩いている人が，現在O地点を通っています。この人の2時間後，2時間前の位置は，それぞれどのように考えれば求められるでしょうか。

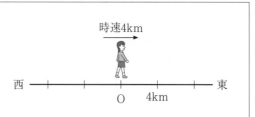

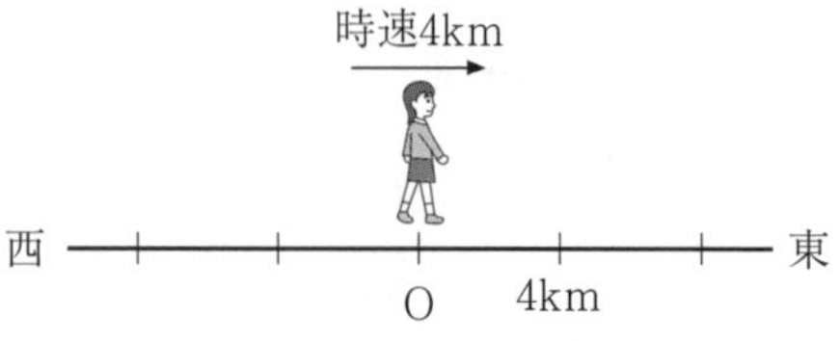

▶解答　2時間後　**O地点から東に8kmの地点**
2時間前　**O地点から西に8kmの地点**

問1　上のことがらについて，2時間後のことを+2時間と表すことにします。右の表の空(くう)らんにあてはまる位置は，それぞれどのように表されますか。

時間(時間)	位置(km)
+2	+8
+1	+4
0	0
−1	**−4**
−2	**−8**

考え方　(道のり)=(速さ)×(時間)

▶解答　−1時間…**−4(km)**
−2時間…**−8(km)**

問2　正の数と負の数を使って，教科書40ページの時間と道のりの関係を式で表すと，次のようになります。下の(1)，(2)の問いに答えましょう。

(速さ)×(時間)=(道のり)
(+4)×(+2)=+8
(+4)×(+1)=+4
(+4)×　0　=　0
(+4)×(−1)=□
(+4)×(−2)=□

(1)　上の式の□にあてはまる数をかき入れましょう。
(2)　(+4)×(−3)を計算すると，どうなるでしょうか。

▶解答　(1)　(上から)**−4，　−8**
(2)　(+4)×(−3)=**−12**

問3　次の計算をしなさい。

(1)　(+6)×(+2)　　(2)　(+3)×(+3)
(3)　(+12)×(+3)　　(4)　(+1)×(−7)
(5)　(+8)×(−1)　　(6)　(+4)×(−11)
(7)　(+2)×(−15)　　(8)　(+9)×0

考え方　正の数と負の数との積は，絶対値の積に負の符号をつければよい。

▶解答　(1)　**+12**　(2)　**+9**　(3)　**+36**　(4)　**−7**
(5)　**−8**　(6)　**−44**　(7)　**−30**　(8)　**0**

チャレンジ　(1)　(+13)×(+4)　(2)　(+5)×(−18)　(3)　(+20)×(−10)

▶解答　(1)　**+52**　(2)　**−90**　(3)　**−200**

2 乗法②

基本事項ノート

➔(負の数)×(正の数), (負の数)×(負の数)

(負の数)×(正の数)では，それぞれの数の絶対値の積に負の符号をつける。

(負の数)×(負の数)では，それぞれの数の絶対値の積に正の符号をつける。

例　たがいに反対の性質をもつ数量を，＋(プラス)と－(マイナス)で表す。収入と支出

例　$(-3)\times(+4)=-(3\times4)=-12$, $(-3)\times(-4)=+(3\times4)=+12$

どんな数に0をかけても，また，0にどんな数をかけても，積は0になる。

例　$(+3)\times0=0$, $(-3)\times0=0$, $0\times(+4)=0$, $0\times(-2)=0$

Q　西へ向かって時速4kmで歩いている人が，現在O地点を通っています。この人の2時間後，2時間前の位置は，それぞれどのように考えれば求められるでしょうか。

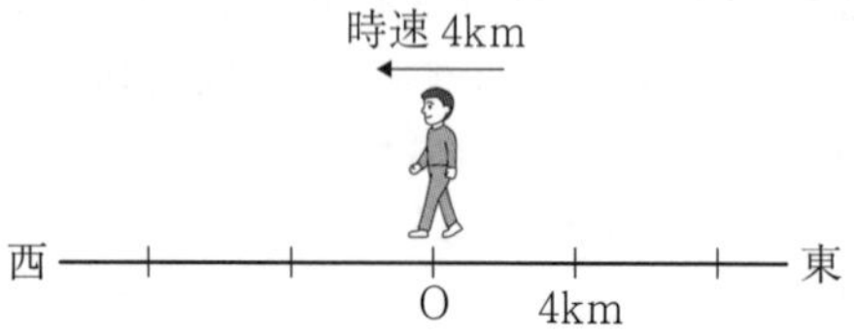

▶解答　2時間後　**O地点から西に8kmの地点**

2時間前　**O地点から東に8kmの地点**

問1　次の計算をしなさい。

(1)　$(-6)\times(+5)$　　(2)　$(-8)\times(-4)$

(3)　$(-12)\times(-5)$　　(4)　$(-3)\times0$

考え方　どの計算もそれぞれの絶対値の積を計算してから，(負の数)×(正の数)には負の符号を，(負の数)×(負の数)には正の符号をつければよい。ただし，0には何もつけない。

▶解答　(1)　**−30**　(2)　**+32**　(3)　**+60**　(4)　**0**

チャレンジ1　(1)　$(-15)\times(+7)$　　(2)　$(-30)\times(-3)$

▶解答　(1)　**−105**　(2)　**+90**

問2　次の計算をしなさい。

(1)　$\left(-\frac{1}{3}\right)\times(+12)$　　(2)　$\left(-\frac{1}{2}\right)\times\left(-\frac{8}{5}\right)$

▶解答

(1)　$\left(-\frac{1}{3}\right)\times(+12)$

$=-\left(\frac{1\times12}{3}\right)$

$=\mathbf{-4}$

(2)　$\left(-\frac{1}{2}\right)\times\left(-\frac{8}{5}\right)$

$=+\left(\frac{1\times8}{2\times5}\right)$

$=\mathbf{+\frac{4}{5}}$

チャレンジ2　$\left(-\frac{3}{2}\right)\times\left(-\frac{10}{3}\right)$

▶解答　$\left(-\frac{3}{2}\right)\times\left(-\frac{10}{3}\right)=+\left(\frac{3\times10}{2\times3}\right)=\mathbf{+5}$

問3　次の計算をしなさい。
(1)　$0\times(+6)$　　(2)　$0\times(-9)$

▶解答　(1)　**0**　　(2)　**0**

計算の練習3　次の2数の間に×の記号を入れて，計算をしなさい。(教科書P.44)

▶解答
(1)　$(+3)\times(+1)=\mathbf{+3}$
(2)　$(+1)\times(+6)=\mathbf{+6}$
(3)　$(+6)\times(+8)=\mathbf{+48}$
(4)　$(-3)\times(+2)=\mathbf{-6}$
(5)　$(-6)\times(+3)=\mathbf{-18}$
(6)　$(-8)\times(+9)=\mathbf{-72}$
(7)　$(+4)\times(-3)=\mathbf{-12}$
(8)　$(+5)\times(-2)=\mathbf{-10}$
(9)　$(+5)\times(-8)=\mathbf{-40}$
(10)　$(+2)\times(-10)=\mathbf{-20}$
(11)　$(-4)\times(-7)=\mathbf{+28}$
(12)　$(-6)\times(-8)=\mathbf{+48}$
(13)　$(-5)\times(-4)=\mathbf{+20}$
(14)　$(-9)\times(-4)=\mathbf{+36}$
(15)　$(+2)\times(+7)=\mathbf{+14}$
(16)　$(-5)\times(+2)=\mathbf{-10}$
(17)　$(+5)\times(-5)=\mathbf{-25}$
(18)　$(+6)\times(-1)=\mathbf{-6}$
(19)　$(+3)\times(-9)=\mathbf{-27}$
(20)　$(-6)\times(-9)=\mathbf{+54}$
(21)　$(-8)\times(-1)=\mathbf{+8}$
(22)　$(+9)\times(+7)=\mathbf{+63}$
(23)　$(+7)\times(+8)=\mathbf{+56}$
(24)　$(-4)\times(+10)=\mathbf{-40}$
(25)　$(+5)\times(-7)=\mathbf{-35}$
(26)　$(-4)\times(-4)=\mathbf{+16}$
(27)　$(-8)\times(-5)=\mathbf{+40}$
(28)　$(-7)\times(-3)=\mathbf{+21}$
(29)　$(+4)\times(-7)=\mathbf{-28}$
(30)　$(+5)\times0=\mathbf{0}$
(31)　$0\times(-8)=\mathbf{0}$
(32)　$(+6)\times(+6)=\mathbf{+36}$
(33)　$(-3)\times(-11)=\mathbf{+33}$
(34)　$(-12)\times(+3)=\mathbf{-36}$
(35)　$(-7)\times(+7)=\mathbf{-49}$
(36)　$(+8)\times(-12)=\mathbf{-96}$
(37)　$(+8)\times(+9)=\mathbf{+72}$
(38)　$(-7)\times(-9)=\mathbf{+63}$
(39)　$(-14)\times(+6)=\mathbf{-84}$
(40)　$(+15)\times(-6)=\mathbf{-90}$

3　除法

基本事項ノート

➔正の数，負の数の除法

(正の数)÷(正の数)では，絶対値の商に正の符号をつける。　例　$(+10)\div(+2)=+5$
(正の数)÷(負の数)では，絶対値の商に負の符号をつける。　例　$(+10)\div(-2)=-5$
(負の数)÷(正の数)では，絶対値の商に負の符号をつける。　例　$(-10)\div(+2)=-5$
(負の数)÷(負の数)では，絶対値の商に正の符号をつける。　例　$(-10)\div(-2)=+5$

注 0を正または負の数でわった商は0である。除法では，0でわることは考えない。

➡積が1になる2数の一方を，他方の逆数(ぎゃくすう)という。
ある数でわるには，その数の逆数をかければよい。

注 0にどんな数をかけても積は0だから，0の逆数はない。

例　$(+10)\div(+2)=(+10)\times\left(+\frac{1}{2}\right)=+5$

Q 次の式で，□にあてはまる数を求めましょう。
(1)　$\square\times(+3)=-12$　　(2)　$\square\times(-3)=-12$

▶解答
(1)　$(-4)\times(+3)=-12$だから　$\square=\mathbf{-4}$
(2)　$(+4)\times(-3)=-12$だから　$\square=\mathbf{+4}$

問1 次の計算をしなさい。
(1)　$(+15)\div(+3)$　　(2)　$(-28)\div(-4)$
(3)　$(+8)\div(-8)$　　(4)　$(-45)\div(+5)$
(5)　$(-21)\div(+6)$　　(6)　$0\div(-2)$

考え方　わられる数とわる数の符号が同じ場合は商の符号は＋，異なる場合は商の符号は－となる。

▶解答
(1)　**5**　(2)　**7**　(3)　**−1**　(4)　**−9**
(5)　$(-21)\div(+6)=-\frac{21}{6}=\mathbf{-\frac{7}{2}}$　(6)　**0**

問2 次の数の逆数を求めなさい。
(1)　6　(2)　−8　(3)　$\frac{1}{10}$　(4)　$-\frac{4}{5}$

考え方　逆数は，その数との積が1になる数のことだから，符号は同じで，分母，分子を入れかえた数になる。整数の場合は，分母を1として考える。

▶解答
(1)　$6\times\frac{1}{6}=1$だから，6の逆数は$\mathbf{\frac{1}{6}}$
(2)　$(-8)\times\left(-\frac{1}{8}\right)=1$だから，−8の逆数は$\mathbf{-\frac{1}{8}}$
(3)　$\frac{1}{10}\times10=1$だから，$\frac{1}{10}$の逆数は**10**
(4)　$\left(-\frac{4}{5}\right)\times\left(-\frac{5}{4}\right)=1$だから，$-\frac{4}{5}$の逆数は$\mathbf{-\frac{5}{4}}$

問3 次の㋐，㋑の計算をして答えを比べると，どんなことがわかりますか。
㋐　$(+6)\div(-3)$　　㋑　$(+6)\times\left(-\frac{1}{3}\right)$

考え方　計算をすると㋐の商は−2，㋑の積は−2になる。

▶解答　㋐　**−2**　　㋑　**−2**

（わかったこと）
負の数でわるときも，正の数でわるときと同じように，わる数の逆数をかければよい。

問4　次の除法を乗法になおして計算しなさい。

(1)　$\left(+\frac{1}{5}\right)\div(-3)$　　(2)　$(+15)\div\left(-\frac{3}{2}\right)$

(3)　$\left(-\frac{4}{7}\right)\div\left(+\frac{1}{4}\right)$　　(4)　$\left(-\frac{4}{3}\right)\div\left(-\frac{2}{9}\right)$

考え方　わる数を逆数にして，2数の積を計算すればよい。

▶解答

(1)　$\left(+\frac{1}{5}\right)\div(-3)$

$=\left(+\frac{1}{5}\right)\times\left(-\frac{1}{3}\right)$

$=\boldsymbol{-\frac{1}{15}}$

(2)　$(+15)\div\left(-\frac{3}{2}\right)$

$=(+15)\times\left(-\frac{2}{3}\right)$

$=\boldsymbol{-10}$

(3)　$\left(-\frac{4}{7}\right)\div\left(+\frac{1}{4}\right)$

$=\left(-\frac{4}{7}\right)\times(+4)$

$=\boldsymbol{-\frac{16}{7}}$

(4)　$\left(-\frac{4}{3}\right)\div\left(-\frac{2}{9}\right)$

$=\left(-\frac{4}{3}\right)\times\left(-\frac{9}{2}\right)$

$=\boldsymbol{6}$

補充問題4　次の計算をしなさい。（教科書P.279）

(1)　$(-49)\div(-7)$　　(2)　$(-6)\div(+3)$

(3)　$(+18)\div(-2)$　　(4)　$(+48)\div(+6)$

(5)　$(-4)\div(+7)$　　(6)　$(-18)\div(+4)$

▶解答

(1)　$(-49)\div(-7)=\boldsymbol{7}$　　(2)　$(-6)\div(+3)=\boldsymbol{-2}$

(3)　$(+18)\div(-2)=\boldsymbol{-9}$　　(4)　$(+48)\div(+6)=\boldsymbol{8}$

(5)　$(-4)\div(+7)=\boldsymbol{-\frac{4}{7}}$　　(6)　$(-18)\div(+4)=-\frac{18}{4}=\boldsymbol{-\frac{9}{2}}$

4　乗法と除法

基本事項ノート

➔いくつかの数の積

負の数が奇数（きすう）個あるとき…積の符号は負（－）

負の数が偶数（ぐうすう）個あるとき…積の符号は正（＋）

例　$(+2)\times(-3)\times(-5)\times(-1)=-30$，$(+2)\times(-3)\times(-5)=+30$

注　乗法では，0が1つでもあれば，積は0である。

➔乗法の交換法則…$a\times b=b\times a$

➔乗法の結合法則…$(a\times b)\times c=a\times(b\times c)$

例　$3\times2=2\times3$，$(3\times2)\times5=3\times(2\times5)$

➔「2乗」または「平方」,「3乗」または「立方」

例　5×5を5^2と表し,「5の2乗(にじょう)」または「5の平方(へいほう)」と読む。
5×5×5を5^3と表し,「5の3乗」または「5の立方(りっぽう)」と読む。
上のように,同じ数をいくつかかけ合わせたものを累乗(るいじょう)という。
5^2, 5^3のように,右かたに小さくかいた数を指数(しすう)といい,同じ数をかけ合わせた個数を示している。

Q　+2に−1を1個かけると,積の符号は−になります。では,+2に−1を2個かけると符号はどうなりますか。また,3個かけるとどうなりますか。

▶解答　2個かける…+　　3個かける…−

問1　次の計算をしなさい。
(1)　(−3)×(+4)×(−5)　　(2)　(−6)×(−6)×(−2)
(3)　(−2)×(+6)×(−1)×(−4)　　(4)　(+7)×(−8)×(+2)×0

考え方　絶対値の積を計算し,負の数の個数によって符号を決めればよい。

▶解答
(1)　(−3)×(+4)×(−5)=+(3×4×5)=**60**
(2)　(−6)×(−6)×(−2)=−(6×6×2)=**−72**
(3)　(−2)×(+6)×(−1)×(−4)=−(2×6×1×4)=**−48**
(4)　(+7)×(−8)×(+2)×0=**0**

注　(4)では,0が1つでもあれば,積は0になる。

問2　くふうして,次の計算をしなさい。
(1)　2×(−18)×5　　(2)　(−25)×7×(−4)
(3)　(−5)×(−13)×0.2　　(4)　12×(−2.5)×4

考え方　乗法の交換法則,結合法則を使って計算しやすい方法を考える。

▶解答
(1)　2×(−18)×5=−(2×18×5)=−(2×5×18)=−(10×18)=**−180**
(2)　(−25)×7×(−4)=25×7×4=25×4×7=100×7=**700**
(3)　(−5)×(−13)×0.2=5×13×0.2=5×0.2×13=1×13=**13**
(4)　12×(−2.5)×4=−(12×2.5×4)=−{12×(2.5×4)}=−(12×10)=**−120**

問3　次の乗法の式を,累乗の指数を使って表しなさい。
(1)　15×15　　(2)　(−7)×(−7)×(−7)
(3)　2.4×2.4　　(4)　$\left(-\frac{2}{3}\right)\times\left(-\frac{2}{3}\right)$

考え方　かけ合わせる数を1つかき,その右かたに小さくかけ合わせた個数を表す数をかく。

▶解答　(1)　$\mathbf{15^2}$　　(2)　$\mathbf{(-7)^3}$　　(3)　$\mathbf{2.4^2}$　　(4)　$\mathbf{\left(-\frac{2}{3}\right)^2}$

問4 次の計算をしなさい。

(1) 4^2　(2) $(-2)^2$　(3) $(-3)^3$

(4) -6^2　(5) $\left(-\frac{1}{5}\right)^2$　(6) $(-1)^5$

考え方 (4) 6を2個かけた答えに負の符号をつける。

▶解答 (1) $4^2=4\times4=\mathbf{16}$　(2) $(-2)^2=(-2)\times(-2)=\mathbf{4}$

(3) $(-3)^3=(-3)\times(-3)\times(-3)=\mathbf{-27}$　(4) $-6^2=-(6\times6)=\mathbf{-36}$

(5) $\left(-\frac{1}{5}\right)^2=\left(-\frac{1}{5}\right)\times\left(-\frac{1}{5}\right)=\mathbf{\frac{1}{25}}$　(6) $(-1)^5=\mathbf{-1}$

チャレンジ1 (1) -2^4　(2) $(-0.3)^2$

▶解答 (1) $-2^4=-(2\times2\times2\times2)=\mathbf{-16}$　(2) $(-0.3)^2=(-0.3)\times(-0.3)=\mathbf{0.09}$

問5 次の計算をしなさい。

(1) $3^2\times5$　(2) $-7\times(-2)^2$

(3) $(-2)^3\times(-9)$　(4) $2\times(-5^2)$

▶解答 (1) $3^2\times5=9\times5=\mathbf{45}$　(2) $-7\times(-2)^2=(-7)\times4=\mathbf{-28}$

(3) $(-2)^3\times(-9)=(-8)\times(-9)=\mathbf{72}$　(4) $2\times(-5^2)=2\times(-25)=\mathbf{-50}$

チャレンジ2 (1) $-4\times(-1)^3$　(2) $(-3)^2\times3^2$

▶解答 (1) $-4\times(-1)^3=-4\times(-1)=\mathbf{4}$　(2) $(-3)^2\times3^2=9\times9=\mathbf{81}$

問6 次の計算をしなさい。

(1) $(-6)\times(-7)\div3$　(2) $15\div(-6)\div5$

(3) $(-2)\div(-8)\times(-6)$　(4) $\left(-\frac{5}{6}\right)\times4\div\left(-\frac{5}{3}\right)$

考え方 乗除の混じった計算は乗法だけにして，結果の符号を先に決め，絶対値の計算をする。

▶解答 (1) $(-6)\times(-7)\div3=(-6)\times(-7)\times\frac{1}{3}=+\left(6\times7\times\frac{1}{3}\right)=\mathbf{14}$

(2) $15\div(-6)\div5=15\times\left(-\frac{1}{6}\right)\times\frac{1}{5}=-\left(15\times\frac{1}{6}\times\frac{1}{5}\right)=\mathbf{-\frac{1}{2}}$

(3) $(-2)\div(-8)\times(-6)=(-2)\times\left(-\frac{1}{8}\right)\times(-6)=-\left(2\times\frac{1}{8}\times6\right)=\mathbf{-\frac{3}{2}}$

(4) $\left(-\frac{5}{6}\right)\times4\div\left(-\frac{5}{3}\right)=\left(-\frac{5}{6}\right)\times4\times\left(-\frac{3}{5}\right)=+\left(\frac{5}{6}\times4\times\frac{3}{5}\right)=\mathbf{2}$

チャレンジ3 (1) $4\div\left(-\frac{1}{3}\right)\times\left(-\frac{1}{6}\right)$　(2) $\left(-\frac{1}{5}\right)\div\frac{1}{2}\div\left(-\frac{2}{3}\right)$

▶解答 (1) $4\div\left(-\frac{1}{3}\right)\times\left(-\frac{1}{6}\right)$
$=4\times(-3)\times\left(-\frac{1}{6}\right)$
$=+\left(4\times3\times\frac{1}{6}\right)$
$=\mathbf{2}$

(2) $\left(-\frac{1}{5}\right)\div\frac{1}{2}\div\left(-\frac{2}{3}\right)$
$=\left(-\frac{1}{5}\right)\times2\times\left(-\frac{3}{2}\right)$
$=+\left(\frac{1}{5}\times2\times\frac{3}{2}\right)$
$=\mathbf{\frac{3}{5}}$

補充問題5 次の計算をしなさい。(教科書P.279)

(1) $(-2)\times(+3)\times(-5)$
(2) $(-3)\times(-8)\times(-3)$
(3) $(+2)\times(-1)\times(+8)\times(-4)$
(4) $(-7)\times(+2)\times0\times(-11)$
(5) -1^2
(6) 7^2
(7) $-4^2\times3$
(8) $(-5)^2\times(-1)$
(9) $(-6)\times3\div(-9)$
(10) $8\div(-4)\times2$
(11) $(-32)\div(-2)\div(-5)$
(12) $\left(-\frac{3}{4}\right)\times6\div\left(-\frac{3}{2}\right)$

▶解答 (1) $(-2)\times(+3)\times(-5)=+(2\times3\times5)=\mathbf{30}$
(2) $(-3)\times(-8)\times(-3)=-(3\times8\times3)=\mathbf{-72}$
(3) $(+2)\times(-1)\times(+8)\times(-4)=+(2\times1\times8\times4)=\mathbf{64}$
(4) $(-7)\times(+2)\times0\times(-11)=\mathbf{0}$
(5) $-1^2=-(1\times1)=\mathbf{-1}$
(6) $7^2=7\times7=\mathbf{49}$
(7) $-4^2\times3=-16\times3=\mathbf{-48}$
(8) $(-5)^2\times(-1)=(-5)\times(-5)\times(-1)=-(5\times5\times1)=\mathbf{-25}$
(9) $(-6)\times3\div(-9)=(-6)\times3\times\left(-\frac{1}{9}\right)=+\left(6\times3\times\frac{1}{9}\right)=\mathbf{2}$
(10) $8\div(-4)\times2=8\times\left(-\frac{1}{4}\right)\times2=-\left(8\times\frac{1}{4}\times2\right)=\mathbf{-4}$
(11) $(-32)\div(-2)\div(-5)=(-32)\times\left(-\frac{1}{2}\right)\times\left(-\frac{1}{5}\right)=-\left(32\times\frac{1}{2}\times\frac{1}{5}\right)=\mathbf{-\frac{16}{5}}$
(12) $\left(-\frac{3}{4}\right)\times6\div\left(-\frac{3}{2}\right)=\left(-\frac{3}{4}\right)\times6\times\left(-\frac{2}{3}\right)=+\left(\frac{3}{4}\times6\times\frac{2}{3}\right)=\mathbf{3}$

5 四則の混じった計算

基本事項ノート

➔加法，減法，乗法，除法をまとめて四則(しそく)という。

➔四則の混じった式，指数とかっこをふくむ式の計算の順序

(1) 累乗のある式は，累乗の計算を先にする。
(2) かっこのある式は，かっこの中の計算を先にする。
(3) 加減と乗除の混じった式は，乗除の計算を先にする。

例　$4^2\times(-3)+5-6\div2$
$=16\times(-3)+5-3$
$=-48+2$
$=\mathbf{-46}$

$-18-5\times(12-4^2)$
$=-18-5\times(12-16)$　累乗の計算を先にする。
$=-18-5\times(-4)$　かっこの中の計算を先にする。
$=-18+20$　乗法の計算を先にする。
$=\mathbf{2}$

➔分配法則（ぶんぱい）　$(a+b)\times c=a\times c+b\times c$,　$a\times(b+c)=a\times b+a\times c$

例　$(3+5)\times2=3\times2+5\times2$,　$3\times(5+2)=3\times5+3\times2$

問1　次の計算をしなさい。
(1)　$4+6\times(-3)$　　(2)　$-7\times2-9$
(3)　$12\div(-6)+9$　　(4)　$3\times4-(-2)\times8$

考え方　負の数が混じった計算でも，これまでの計算と順序は変わらない。

▶解答
(1)　$4+6\times(-3)=4+(-18)=\mathbf{-14}$
(2)　$-7\times2-9=-14-9=\mathbf{-23}$
(3)　$12\div(-6)+9=-2+9=\mathbf{7}$
(4)　$3\times4-(-2)\times8=12-(-16)=\mathbf{28}$

チャレンジ1　(1)　$-3\times(-5)-10\div2$　　(2)　$20\div(-5)+(-6)\div3$

▶解答
(1)　$-3\times(-5)-10\div2=15-5=\mathbf{10}$
(2)　$20\div(-5)+(-6)\div3=-4+(-2)=\mathbf{-6}$

問2　次の計算をしなさい。
(1)　$5-2^2\times(-1)$　　(2)　$(-2^3)\div4+1$
(3)　$-7\times\{3-(2-4)\}$　　(4)　$4\times(6-12)\div3$

考え方　(1), (2)では，累乗の計算を先にしてから計算する。(3)では，{　}の中の(　)の中を先に計算する。

▶解答
(1)　$5-2^2\times(-1)=5-4\times(-1)=5+4=\mathbf{9}$
(2)　$(-2^3)\div4+1=-8\div4+1=-2+1=\mathbf{-1}$
(3)　$-7\times\{3-(2-4)\}=-7\times(3+2)=-7\times5=\mathbf{-35}$
(4)　$4\times(6-12)\div3=4\times(-6)\times\frac{1}{3}=-\left(4\times6\times\frac{1}{3}\right)=\mathbf{-8}$

チャレンジ2　(1)　$\{11-(-2+9)\}\div(-2)$　　(2)　$\{-3\times2-(-5)\}\times6$

▶解答
(1)　$\{11-(-2+9)\}\div(-2)=\{11-(+7)\}\div(-2)=(11-7)\div(-2)=4\times\left(-\frac{1}{2}\right)=\mathbf{-2}$
(2)　$\{-3\times2-(-5)\}\times6=\{(-6)+5\}\times6=-1\times6=\mathbf{-6}$

問3　次の計算をしなさい。
(1)　$-2+4\times(-5+2^2)$　　(2)　$5-24\div(1-5^2)$
(3)　$(-1)^3\times(-3+7)$　　(4)　$3\times\{4-(-2^2)\}$

▶解答 (1) $-2+4\times(-5+2^2)=-2+4\times(-5+4)=-2+4\times(-1)=-2-4=\mathbf{-6}$

(2) $5-24\div(1-5^2)=5-24\div(1-25)=5-24\div(-24)=5+1=\mathbf{6}$

(3) $(-1)^3\times(-3+7)=-1\times4=\mathbf{-4}$

(4) $3\times\{4-(-2^2)\}=3\times\{4-(-4)\}=3\times8=\mathbf{24}$

チャレンジ3 (1) $18\div(1+2^3)-(-3)$ (2) $6-\{-3+2^2\times(5-7)\}$

▶解答 (1) $18\div(1+2^3)-(-3)=18\div(1+8)+3=18\div9+3=2+3=\mathbf{5}$

(2) $6-\{-3+2^2\times(5-7)\}=6-\{-3+4\times(-2)\}=6-(-3-8)=6-(-11)=\mathbf{17}$

問4 次の(1), (2)の計算をして答えを比べると，どんなことがわかりますか。

(1) $(6+9)\times(-2)$ と $6\times(-2)+9\times(-2)$

(2) $4\times(3-5)$ と $4\times3+4\times(-5)$

▶解答 (1) $(6+9)\times(-2)=15\times(-2)=\mathbf{-30}$

$6\times(-2)+9\times(-2)=-12-18=\mathbf{-30}$

(2) $4\times(3-5)=4\times(-2)=\mathbf{-8}$

$4\times3+4\times(-5)=12-20=\mathbf{-8}$

(わかったこと)

・(1), (2)ともに，2つの式は同じ答になる。

・小学校で習った $a\times(b+c)=a\times b+a\times c$ は，負の数でも成り立つ。

問5 分配法則を使って，次の計算をしなさい。

(1) $\left(-\frac{3}{5}+\frac{1}{4}\right)\times20$

(2) $91\times(-4)+9\times(-4)$

考え方 (2)のように，和や差でつながっている積の中に同じ数があれば，その数を1つにして，他の数を(　)の中に入れて先に計算する。

(1)は，$(a+b)\times c=a\times c+b\times c$

(2)は，$a\times c+b\times c=(a+b)\times c$

▶解答 (1) $\left(-\frac{3}{5}+\frac{1}{4}\right)\times20=-\frac{3}{5}\times20+\frac{1}{4}\times20=-12+5=\mathbf{-7}$

(2) $91\times(-4)+9\times(-4)=(91+9)\times(-4)=100\times(-4)=\mathbf{-400}$

チャレンジ4 (1) $24\times\left(-\frac{1}{6}-\frac{1}{4}\right)$ (2) $5\times12-5\times62$

▶解答 (1) $24\times\left(-\frac{1}{6}\right)-24\times\frac{1}{4}=-4-6=\mathbf{-10}$

(2) $5\times12-5\times62=5\times(12-62)=5\times(-50)=\mathbf{-250}$

補充問題6　次の計算をしなさい。(教科書P.279)

(1)　$-7-2\times(-5)$　(2)　$(-3)\times6+2$

(3)　$-4\div(-2)+5$　(4)　$12\div(-3)+(-4)\times(-7)$

(5)　$3\times(-2)^2-4$　(6)　$6-4^2\div2$

(7)　$2\times\{-4+(5-9)\}$　(8)　$\{(-10+9)-4\}\div(-5)$

(9)　$(2^2-7)\times9$　(10)　$16\div(3^2-5)-2$

▶解答

(1)　$-7-2\times(-5)=-7+(+10)=\mathbf{3}$

(2)　$(-3)\times6+2=-18+2=\mathbf{-16}$

(3)　$-4\div(-2)+5=2+5=\mathbf{7}$

(4)　$12\div(-3)+(-4)\times(-7)=-4+28=\mathbf{24}$

(5)　$3\times(-2)^2-4=3\times4-4=12-4=\mathbf{8}$

(6)　$6-4^2\div2=6-16\times\frac{1}{2}=6-8=\mathbf{-2}$

(7)　$2\times\{-4+(5-9)\}=2\times(-4-4)=2\times(-8)=\mathbf{-16}$

(8)　$\{(-10+9)-4\}\div(-5)=(-1-4)\times\left(-\frac{1}{5}\right)=(-5)\times\left(-\frac{1}{5}\right)=\mathbf{1}$

(9)　$(2^2-7)\times9=(4-7)\times9=(-3)\times9=\mathbf{-27}$

(10)　$16\div(3^2-5)-2=16\div(9-5)-2=16\div4-2=4-2=\mathbf{2}$

6　数の集合と四則計算

基本事項ノート

➔集合

自然数全体のように，ある条件にあてはまるものをひとまとまりにして考えるとき，それを集合(しゅうごう)という。

自然数全体の集まりを自然数の集合，整数全体の集まりを整数の集合という。整数の集合には，自然数の集合がふくまれ，数全体の集合には，小数や分数がふくまれる。

例　自然数の集合　1，2，3，4，…

例　整数の集合　…−3，−2，−1，0，1，2，3，…

➔自然数どうしの加法と乗法の計算はいつも自然数になるが，自然数どうしの減法と除法の計算はいつも自然数になるとは限らない。ここでは，いろいろな数の集合について計算の可能性を考えていく。ただし，除法では，0でわる場合は除いて考えます。

Q　次の数のうち，約分して整数になるものをすべて選びましょう。

$-\frac{9}{3},\ -\frac{7}{2},\ -\frac{7}{14},\ -\frac{2}{3},\ \frac{1}{2},\ \frac{8}{8},\ \frac{6}{4},\ \frac{25}{5}$

▶解答　約分して整数になるもの…$\mathbf{-\frac{9}{3}}=-3$，$\mathbf{\frac{8}{8}}=1$，$\mathbf{\frac{25}{5}}=5$

問1 次のような計算の結果は，いつも自然数になりますか。計算の結果が自然数になるとは限らない場合は，その例をあげなさい。

(1)　(自然数)＋(自然数)　　(2)　(自然数)－(自然数)

(3)　(自然数)×(自然数)　　(4)　(自然数)÷(自然数)

考え方 あることがらが正しくないことをいうには，ことがらが成り立たない例を1つあげればよい。

▶解答
(1)　**いつも自然数になる。**
(2)　**自然数になるとは限らない。**(例)　$2-5=-3$　など
(3)　**いつも自然数になる。**
(4)　**自然数になるとは限らない。**(例)　$4\div7=\frac{4}{7}$　など

問2 次のような計算の結果は，いつも整数になりますか。計算の結果が整数になるとは限らない場合は，その例をあげなさい。

(1)　(整数)＋(整数)　　(2)　(整数)－(整数)

(3)　(整数)×(整数)　　(4)　(整数)÷(整数)

考え方 整数には正の整数，0，負の整数がある。

▶解答
(1)　**いつも整数になる。**
(2)　**いつも整数になる。**
(3)　**いつも整数になる。**
(4)　**整数になるとは限らない。**(例)　$-5\div3=-\frac{5}{3}$　など

問3 数の範囲が，それぞれ自然数，整数，数全体の集合であるとき，四則計算の中で，いつも計算ができるものには○，計算ができない場合があるものには×を，次の表(表は解答欄)にかき入れなさい。

▶解答

	加法	減法	乗法	除法
自然数	○	×	○	×
整数	○	○	○	×
数	○	○	○	○

7　素因数分解

基本事項ノート

➔素数

1とその数自身の積の形でしか表せない数を素数(そすう)という。ただし，1は素数ではない。

例〉 2，3，5，7はいずれも素数である。

➔素因数分解

自然数を素数だけの積として表すことを素因数分解するという。

注　30＝2×3×5は，30の素因数分解（そいんすうぶんかい）である。

例　右のように，60より小さい素数でわっていくと

60＝2×2×3×5

$=2^2$×3×5

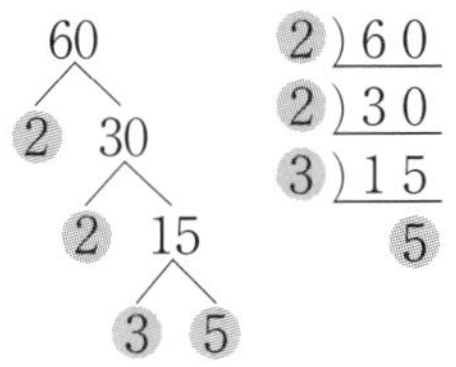

注　素因数分解は，どのような順序で行っても結果は同じである。

Q　16を2つの自然数の積で表すには，右の3通りの表し方があります。これと同じように，12と13を，2つの自然数の積で表してみましょう。それぞれ，どのような表し方がありますか。

16＝1×16
16＝2×8
16＝4×4

㋐　12＝□×□　　㋑　13＝□×□

▶解答　㋐　12＝**1×12**　　㋑　13＝**1×13**
12＝**2×6**
12＝**3×4**

問1　30以下の素数をすべて求めて，右の図(図は解答欄)に○印で示しなさい。

考え方　素数とは，1とその数自身の積の形でしか表せない数である。

▶解答

1	②	③	4	⑤	6
⑦	8	9	10	⑪	12
⑬	14	15	16	⑰	18
⑲	20	21	22	㉓	24
25	26	27	28	㉙	30

注　1は素数ではない。

問2　次の自然数を素因数分解しなさい。

(1)　42　　(2)　75　　(3)　126　　(4)　64

考え方　小さい方の素数からわっていくとよい。

▶解答

(1)
```
2)42
3)21
   7
```
(2)
```
3)75
5)25
   5
```
(3)
```
2)126
3) 63
3) 21
    7
```
(4)
```
2)64
2)32
2)16
2) 8
2) 4
   2
```

42＝**2×3×7**　　75＝**3×5^2**　　126＝**2×3^2×7**　　64＝**2^6**

補充問題7　次の自然数を素因数分解しなさい。(教科書P.280)

(1)　28　　(2)　40

▶解答　(1)
$$\begin{array}{r} 2\,)\underline{\,28\,} \\ 2\,)\underline{\,14\,} \\ 7 \end{array}$$
$28=\mathbf{2^2\times 7}$

(2)
$$\begin{array}{r} 2\,)\underline{\,40\,} \\ 2\,)\underline{\,20\,} \\ 2\,)\underline{\,10\,} \\ 5 \end{array}$$
$40=\mathbf{2^3\times 5}$

問3　3×(自然数)と表すことができる数を，**問2**の(1)～(4)の数の中からすべて選びなさい。

考え方　素因数分解をする。

▶解答
(1)　$42=3\times(2\times7)$　表すことができる。
(2)　$75=3\times(5^2)$　表すことができる。
(3)　$126=3\times(2\times3\times7)$　表すことができる。
(4)　$64=2\times(2^5)$　表すことができない。

答　**(1), (2), (3)**

基本の問題

1　次の計算をしなさい。

(1)　$(+7)\times(-5)$　(2)　$(-3)\times(-13)$
(3)　$\left(+\frac{1}{4}\right)\times(-16)$　(4)　$(-5)\times\left(-\frac{1}{15}\right)$
(5)　$\left(+\frac{7}{3}\right)\times\left(-\frac{1}{21}\right)$　(6)　$0\times(-23)$

▶解答
(1)　$(+7)\times(-5)=\mathbf{-35}$　(2)　$(-3)\times(-13)=\mathbf{39}$
(3)　$\left(+\frac{1}{4}\right)\times(-16)=\mathbf{-4}$　(4)　$(-5)\times\left(-\frac{1}{15}\right)=\mathbf{\frac{1}{3}}$
(5)　$\left(+\frac{7}{3}\right)\times\left(-\frac{1}{21}\right)=\mathbf{-\frac{1}{9}}$　(6)　$0\times(-23)=\mathbf{0}$

2　次の計算をしなさい。

(1)　$(+36)\div(-4)$　(2)　$(-72)\div(-9)$
(3)　$(+4)\div(-16)$　(4)　$(-5)\div(-65)$
(5)　$(+3)\div\left(-\frac{6}{5}\right)$　(6)　$\left(-\frac{3}{5}\right)\div\left(-\frac{9}{10}\right)$

▶解答
(1)　$(+36)\div(-4)=\mathbf{-9}$　(2)　$(-72)\div(-9)=\mathbf{8}$
(3)　$(+4)\div(-16)=-\frac{4}{16}=\mathbf{-\frac{1}{4}}$　(4)　$(-5)\div(-65)=\frac{5}{65}=\mathbf{\frac{1}{13}}$
(5)　$(+3)\div\left(-\frac{6}{5}\right)=-\frac{3\times5}{6}=\mathbf{-\frac{5}{2}}$　(6)　$\left(-\frac{3}{5}\right)\div\left(-\frac{9}{10}\right)=\frac{3\times10}{5\times9}=\mathbf{\frac{2}{3}}$

3　次の計算をしなさい。

(1)　$8\times(-5)\times3$　(2)　$(-6)\times(-1)\times(-3)\times(-2)$
(3)　$(-7)^2$　(4)　-4^3
(5)　$(-56)\div2\div(-7)$　(6)　$(-9)\div12\times4$

▶解答
(1)　$8\times(-5)\times3=-(8\times5\times3)=\mathbf{-120}$
(2)　$(-6)\times(-1)\times(-3)\times(-2)=+(6\times1\times3\times2)=\mathbf{36}$
(3)　$(-7)^2=(-7)\times(-7)=\mathbf{49}$　(4)　$-4^3=-(4\times4\times4)=\mathbf{-64}$
(5)　$(-56)\div2\div(-7)=(-28)\div(-7)=\mathbf{4}$
(6)　$(-9)\div12\times4=-\left(9\times\frac{1}{12}\times4\right)=\mathbf{-3}$

4　次の計算をしなさい。
(1)　$-2\times7-(-3)$　(2)　$-9+(-42)\div(-7)$
(3)　$6\times2^2-(-3)^2$　(4)　$-49\div(-7)^2+(-1^2)$
(5)　$4\times\{-5-(1-3)\}$　(6)　$5\times\{6^2+(1-7)\}$

考え方　四則混合の計算は，乗除を先に計算して加減だけにする。
▶解答
(1)　$-2\times7-(-3)=-14+(+3)=-14+3=\mathbf{-11}$
(2)　$-9+(-42)\div(-7)=-9+(+6)=-9+6=\mathbf{-3}$
(3)　$6\times2^2-(-3)^2=6\times4-9=24-9=\mathbf{15}$
(4)　$-49\div(-7)^2+(-1^2)=-49\div49+(-1)=-49\div49-1=-1-1=\mathbf{-2}$
(5)　$4\times\{-5-(1-3)\}=4\times\{-5-(-2)\}=4\times(-3)=\mathbf{-12}$
(6)　$5\times\{6^2+(1-7)\}=5\times\{36+(-6)\}=5\times(+30)=\mathbf{150}$

5　くふうして，次の計算をしなさい。どんなくふうをしたのかがわかるように，途中(とちゅう)の計算も示しなさい。
(1)　$(-4)\times(-9)\times(-15)$　(2)　$\left(-\frac{5}{8}+\frac{3}{2}\right)\times8$
(3)　$24\times(-17)+24\times(-3)$

考え方　(1)　乗法の交換法則を使って順序を変えて計算する。
(2)，(3)は，分配法則を使って計算する。
▶解答
(1)　$\mathbf{(-4)\times(-9)\times(-15)=-(4\times9\times15)=-(4\times15\times9)=-(60\times9)=-540}$
(2)　$\mathbf{\left(-\frac{5}{8}+\frac{3}{2}\right)\times8=-\frac{5}{8}\times8+\frac{3}{2}\times8=-5+12=7}$
(3)　$\mathbf{24\times(-17)+24\times(-3)=24\times(-17-3)=24\times(-20)=-480}$

6　次の自然数を素因数分解しなさい。
(1)　70　(2)　18　(3)　84

考え方　小さい方の素数からわっていくとよい。
▶解答
(1)
```
2 ) 70
5 ) 35
     7
```
(2)
```
2 ) 18
3 )  9
     3
```
(3)
```
2 ) 84
2 ) 42
3 ) 21
     7
```
$70=\mathbf{2\times5\times7}$　$18=\mathbf{2\times3^2}$　$84=\mathbf{2^2\times3\times7}$

4節 正の数と負の数の活用

1 平均値の求め方をくふうしよう

基本事項ノート

➡数の合計を求めるときや平均を求めるときも，基準の値を決めてそれとの差を正の数と負の数で表すと，絶対値を大きくしないで簡単に計算することができる。

例 111，126，115，124の平均は，120を基準にすると120＋(−9＋6−5＋4)÷4＝120−1＝119

身近なことがら　(111＋126＋115＋124)÷4
＝119

---

❶ まず，昨年行われた4回の参加人数について，次の和也(かずや)さんの考え方で，1回あたりの平均値を求めてみましょう。
和也さん「どの月も100人をこえているから，100人をこえる分の人数の平均値を求めて考えられないかな。」

考え方 基準の100人に，100人をこえている人数の平均を加える。

▶解答
100＋(11＋26＋15＋24)÷4
＝119（人）

---

❷ 基準より多い場合を正の数で表すとします。
基準の人数は自分で決めて，基準との差を次の表にまとめましょう。また，この表の値(あたい)を使って，昨年の参加人数の平均値を求めましょう。

考え方 例えば，基準を111人として平均を求める。

▶解答
111＋(0＋15＋4＋13)÷4
＝119（人）

	1月	2月	4月	5月
昨年(人)	111	126	115	124
基準との差(人)	**0**	**15**	**4**	**13**

---

❸ 各自で考えた求め方について，共通することやちがうところなどを話し合いましょう。
話し合ったことをもとに，今年行われた5回の参加人数について，1回あたりの平均値を求め，昨年の平均値と比べましょう。

考え方 今年の参加人数について，例えば，基準を120人として平均を求める。

▶解答
今年の参加人数の平均は
120＋(9−10＋6−8＋8)÷5
＝121（人）
昨年の参加人数の平均は119人だから，今年は昨年に比べて，1回あたり2人多い。

4 平均値を簡単に求めるために，どんなくふうをしましたか。

▶解答　**計算が簡単になるように，基準となる数を決めて平均を求めた。**

5 右の表は，Aさんが1500m走を3回走った記録です。
この3回の記録の平均値をくふうして求めましょう。

1回目	2回目	3回目
6分52秒	7分12秒	7分8秒

▶解答　（例）7分を基準として計算すると，

$(-8)+(+12)+(+8)=12$　$7\times60\times3+12=1272$

$1272\div3=424$　　答　**7分4秒**

▶別解　基準とのちがいの合計の平均を基準に加えることで平均を求めることができる。

7分を基準とすると，

$7\times60+\{(-8)+(+12)+(+8)\}\div3=424$　　答　**7分4秒**

1章の問題

1　次の数の中から，下の(1)〜(4)にあてはまる数を選びなさい。

-5　　4　　-3　　0.33　　0　　-2.5　　3

(1)　最も大きい数　　(2)　最も大きい負の数

(3)　最も小さい数　　(4)　最も小さい自然数

考え方　(1)　最も大きい数は正の数から選ぶ。

(2)　負の数で最も大きい数は，負の数で絶対値の最も小さい数を選ぶ。

(3)　最も小さい数は負の数の中で，絶対値の最も大きい数を選ぶ。

▶解答　(1)　**4**　　(2)　**-2.5**　　(3)　**-5**　　(4)　**3**

2　次の各組の数の大小を，不等号を使って表しなさい。

(1)　$8,\ -14$　　(2)　$-9,\ -6$　　(3)　$-2,\ 2,\ -5$

考え方　負の数 $<0<$ 正の数　　負の数は絶対値が大きいほど小さい。

▶解答　(1)　$\mathbf{8>-14}$　　(2)　$\mathbf{-9<-6}$

(3)　$\mathbf{-5<-2<2}$　**または**　$\mathbf{2>-2>-5}$

3　次の数を答えなさい。

(1)　絶対値が12である負の数　　(2)　10の符号を変えた数

(3)　-7 の逆数　　(4)　正の数でも負の数でもない整数

▶解答　(1)　**-12**　　(2)　**-10**　　(3)　$\mathbf{-\frac{1}{7}}$　　(4)　**0**

4　-4^2 の意味として正しい式を，次の㋐〜㋒の中から1つ選び，記号で答えなさい。

㋐　$(-4)\times2$　　㋑　$(-4)\times(-4)$　　㋒　$-(4\times4)$

▶解答　**㋒**

5　次の計算をしなさい。

(1)　$(-2)+(+8)$　　(2)　$(-3)-(+9)$　　(3)　$5-14$

(4)　$-5-(-1)$　　(5)　$-8+(-5)-(-10)$　　(6)　$12-(-8-7)$

(7)　$-3.5+2.8$　　(8)　$\frac{1}{2}-\frac{4}{7}$　　(9)　$-\frac{3}{4}-\left(-\frac{1}{9}\right)$

(10)　$(-7)\times(-8)$　　(11)　$(+27)\div(-9)$　　(12)　-5^3

(13)　$(-2)^2\times7$　　(14)　$3\times(-4)\div6$　　(15)　$24\div(-8)-5\times(-3)$

▶解答　(1)　$(-2)+(+8)=\mathbf{6}$　　(2)　$(-3)-(+9)=(-3)+(-9)=\mathbf{-12}$

(3)　$5-14=\mathbf{-9}$　　(4)　$-5-(-1)=-5+(+1)=-5+1=\mathbf{-4}$

(5)　$-8+(-5)-(-10)=-8+(-5)+(+10)=-8-5+10=\mathbf{-3}$

(6)　$12-(-8-7)=12-(-15)=12+15=\mathbf{27}$

(7) $-3.5+2.8=\mathbf{-0.7}$

(8) $\frac{1}{2}-\frac{4}{7}=\frac{7}{14}-\frac{8}{14}=\mathbf{-\frac{1}{14}}$

(9) $-\frac{3}{4}-\left(-\frac{1}{9}\right)=-\frac{3}{4}+\left(+\frac{1}{9}\right)=-\frac{27}{36}+\left(+\frac{4}{36}\right)=\mathbf{-\frac{23}{36}}$

(10) $(-7)\times(-8)=+(7\times8)=\mathbf{56}$

(11) $(+27)\div(-9)=\mathbf{-3}$

(12) $-5^3=-(5\times5\times5)=\mathbf{-125}$

(13) $(-2)^2\times7=4\times7=\mathbf{28}$

(14) $3\times(-4)\div6=3\times(-4)\times\frac{1}{6}=-\left(3\times4\times\frac{1}{6}\right)=\mathbf{-2}$

(15) $24\div(-8)-5\times(-3)=(-3)-(-15)=(-3)+(+15)=\mathbf{12}$

6 ある日の大阪(おおさか)市の最低気温は +0.6℃，富山(とやま)市の最低気温は −3.6℃でした。この日の大阪市の最低気温は，富山市の最低気温より何℃高かったですか。

考え方 大阪市の最低気温が富山市の最低気温より何℃高かったかは，
(大阪市の最低気温)−(富山市の最低気温)で求められる。

▶解答 $(+0.6)-(-3.6)=0.6+3.6=4.2$ 答 **4.2℃**

7 108を素因数分解しなさい。

▶解答

```
2 ) 108
2 )  54
3 )  27
3 )   9
      3
```

$108=\mathbf{2^2\times3^3}$

とりくんでみよう

1 次の計算をしなさい。

(1) $(-18)\div5\div\left(-\frac{9}{10}\right)$

(2) $(-3)^2\times(-4)\div(-12)$

(3) $4-6\times2-27\div3$

(4) $4^3-(-5^2)\times(-2)$

(5) $(6-8)\times10\div(7-3)$

(6) $6+54\div(-3)^2-(-8)$

(7) $\frac{2}{5}\div\left(\frac{1}{3}-\frac{2}{5}\right)$

(8) $(-6)^2\times\frac{5}{9}+0.5\times(-2^5)$

▶解答

(1) $(-18)\div5\div\left(-\frac{9}{10}\right)=(-18)\times\frac{1}{5}\times\left(-\frac{10}{9}\right)=+\left(18\times\frac{1}{5}\times\frac{10}{9}\right)=\mathbf{4}$

(2) $(-3)^2\times(-4)\div(-12)=9\times(-4)\div(-12)=9\times(-4)\times\left(-\frac{1}{12}\right)=+\left(9\times4\times\frac{1}{12}\right)=\mathbf{3}$

(3) $4-6\times2-27\div3=4-12-9=4-21=\mathbf{-17}$

(4) $4^3-(-5^2)\times(-2)=64-(-25)\times(-2)=64-50=\mathbf{14}$

(5) $(6-8)\times10\div(7-3)=(-2)\times10\div4=(-2)\times10\times\frac{1}{4}=-\left(2\times10\times\frac{1}{4}\right)=\mathbf{-5}$

(6) $6+54\div(-3)^2-(-8)=6+54\div9+8=6+6+8=\mathbf{20}$

(7) $\frac{2}{5}\div\left(\frac{1}{3}-\frac{2}{5}\right)=\frac{2}{5}\div\left(\frac{5}{15}-\frac{6}{15}\right)=\frac{2}{5}\div\left(-\frac{1}{15}\right)=\frac{2}{5}\times(-15)=-\left(\frac{2}{5}\times15\right)=\mathbf{-6}$

(8) $(-6)^2\times\frac{5}{9}+0.5\times(-2^5)=36\times\frac{5}{9}+0.5\times(-32)=20-16=\mathbf{4}$

(2) ある学級で空き缶の回収をしました。次の表は，1週間ごとの回収量を，第1週を基準とし，それより多い場合を正の数，少ない場合を負の数で表したものです。下の問いに答えなさい。

週	第1週	第2週	第3週	第4週	第5週
基準との差(kg)	0	−4	+2	−8	+5

(1) 回収量が最も多い週と少ない週との差は何kgですか。
(2) 第1週の回収量は43kgでした。この5週間の回収量の，1週間あたりの平均は何kgですか。

考え方 (2) 基準とした値に，基準とのちがいの平均を加えればよい。

▶解答 (1) $(+5)-(-8)=5+8=13$　　答 **13kg**

(2) 基準とのちがいの平均は，
$\{0+(-4)+(+2)+(-8)+(+5)\}\div5=(0-4+2-8+5)\div5=-1$(kg)
基準は43kgだから，求める平均は，$43+(-1)=42$(kg)　　答 **42kg**

(3) 右の資料は，2018年12月の大分市の人口と世帯数を示しています。この資料から，前年の12月の大分市の人口を求めることができます。

大分市の人口と世帯数
2018年12月現在，(　)は前年同月比
人　口　479097人(−460人)
世帯数　220516世帯(+1933世帯)
[大分市ウェブページより]

大分市の人口は，前年の12月に比べて
460人減り，479097人になった。
このことから，前年の12月の人口は
479097−(−460)
という式の計算で求めることができる。

上の説明を参考にして，前年の12月の世帯数の求め方を説明しなさい。

▶解答 **大分市の世帯数は前年の12月に比べて1933世帯増え，今年の12月は220516世帯になった。このことから，前年の12月の世帯数は，220516−(+1933)という式の計算で求めることができる。**

数学のたんけん ― エラトステネスのふるい

1 次の表(表は解答欄)は上の方法で10までの素数を求めたもので，○印をつけた数が素数です。上の方法で，100までの素数をすべて見つけましょう。

▶解答

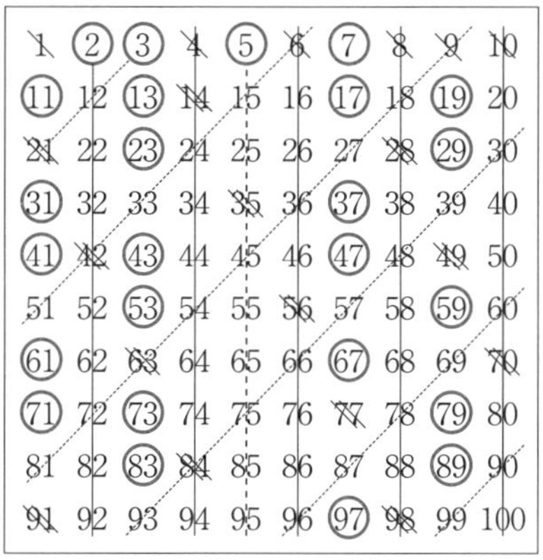

○……素数

│……2の倍数　／……3の倍数

┆……5の倍数　＼＼……7の倍数

答　**2，3，5，7，11，13，17，19，23，29，31，37，41，43，47，53，59，61，67，71，73，79，83，89，97**

次の章を学ぶ前に

1　次の計算をしましょう。

(1)　12＋6×7　　(2)　32＋18×3

(3)　40－25÷5　　(4)　50－45÷9

▶解答

(1)　12＋6×7＝12＋42＝**54**　　(2)　32＋18×3＝32＋54＝**86**

(3)　40－25÷5＝40－5＝**35**　　(4)　50－45÷9＝50－5＝**45**

2　次の数量を求めましょう。

(1)　1個100円のりんご5個と1個80円のみかん3個を買ったときの代金

(2)　1冊120円のノートを6冊買って，1000円札を1枚出したときのおつり

(3)　面積が24cm²で，横の長さが4cmの長方形の縦の長さ

▶解答

(1)　式　**100×5＋80×3**　　答　**740円**

(2)　式　**1000－120×6**　　答　**280円**

(3)　式　**24÷4**　　答　**6cm**

2章 文字と式

この章について

小学校では，x や y などの文字を使って，数量の関係や法則を式に表すことを学習しています。ここでも，a，x などの文字を使って表した式が数と同じように加減乗除の計算ができることを学習します。文字を自由に使いこなせるようになっておきましょう。次に学習する方程式では，このことが基礎となります。

1節 文字と式

1 文字を使った式

基本事項ノート

➔文字式

a や x などの文字を使って表した式を文字式（もじしき）という。

➔数量を文字を使って式で表す。

例　1本 a 円の鉛筆（えんぴつ）3本と1冊 b 円のノート4冊の代金は，$(a\times3+b\times4)$ 円

問1　正方形が6個のとき，必要な棒の本数を表す式を，右の表にかき入れなさい。

▶解答　右の表

正方形の個数(個)	棒の本数(本)
1	1+3×1
2	1+3×2
3	1+3×3
4	1+3×4
5	1+3×5
6	**1+3×6**
⋮	⋮
a	

問2　同じ並べ方で正方形を20個つくるとき，棒は何本必要ですか。

▶解答　$1+3\times20=61$　　答　**61本**

問3　次の数量を，文字式で表しなさい。

(1)　縦が a cm，横が10cmの長方形の面積

(2)　長さ50cmのテープから y cm切り取ったときの残りの長さ

考え方　(2)　50cm－y cmとなるが，ふつう式には単位をつけず，$50-y$ と表し，答えには単位をつけて $(50-y)$ cmとする。

▶解答　(1)　$\boldsymbol{(a\times10)}$ **cm²**　　(2)　$\boldsymbol{(50-y)}$ **cm**

チャレンジ1　現在 x 歳の人の6年後の年齢

▶解答　**$(x+6)$ 歳**

問4　次の数量を，文字式で表しなさい。
(1)　1個150円のりんご x 個と，1個90円のレモン y 個を買ったときの代金
(2)　a g の箱に，1個 b g のあめを5個入れたときの全体の重さ

考え方　(2)　(全体の重さ)＝(箱の重さ)＋(あめの重さ)

▶解答　(1)　**$(150\times x+90\times y)$ 円**　　(2)　**$(a+b\times 5)$ g**

チャレンジ2　1個5gのおもり x 個と，1個10gのおもり y 個の重さの合計

▶解答　**$(5\times x+10\times y)$ g**

2　積の表し方

基本事項ノート

➔積，累乗の表し方
(1)　数と文字の積では，乗法の記号×を省き，数を文字の前にかく。
(2)　いくつかの文字の積は，ふつう，アルファベット順にかく。
(3)　同じ文字の積は累乗の指数を使ってかく。

例　(1)　$a\times 8=8a$　　(2)　$a\times c\times b\times d=abcd$
(3)　$a\times a=a^2$，$a\times b\times a\times b=a^2b^2$

注　$a\times 1=1a$ とかかず，a とかく。
$a\times(-1)=-1a$ とかかず，$-a$ とかく。

Q　右の長方形の面積は，どんな式で表せますか。

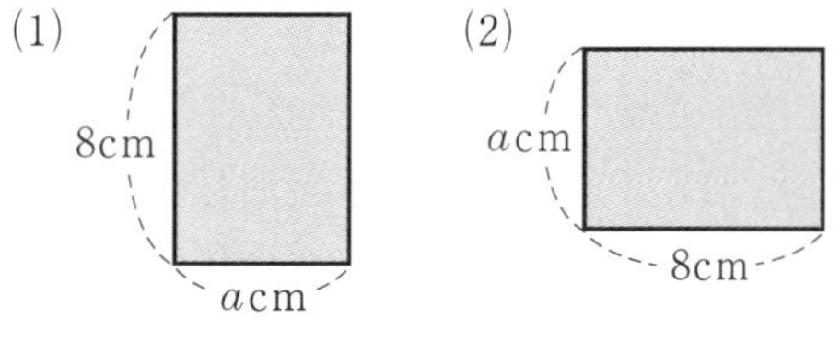

考え方　(長方形の面積)＝(縦の長さ)×(横の長さ)の公式にあてはめる。

▶解答
(1)　$8\times a$　　答　**$(8\times a)\mathrm{cm}^2$**
(2)　$a\times 8$　　答　**$(a\times 8)\mathrm{cm}^2$**

問1　次の式を，×の記号を省いた式にしなさい。
(1)　$6\times x$　　(2)　$y\times(-4)$　　(3)　$x\times m$
(4)　$n\times m\times 9$　　(5)　$9\times(x-1)$　　(6)　$7\times b-a\times 3$

▶解答
(1)　**$6x$**　　(2)　**$-4y$**　　(3)　**mx**
(4)　**$9mn$**　　(5)　**$9(x-1)$**　　(6)　**$7b-3a$**

問2 次の式を，×の記号を省いた式にしなさい。

(1) $x\times y\times 1$　　(2) $a\times(-1)\times x$

(3) $(-0.1)\times a$　　(4) $a\times b\times 0.01$

▶解答 (1) $x\times y\times 1=\boldsymbol{xy}$　　(2) $a\times(-1)\times x=\boldsymbol{-ax}$

(3) $(-0.1)\times a=\boldsymbol{-0.1a}$　　(4) $a\times b\times 0.01=\boldsymbol{0.01ab}$

問3 次の式を，×の記号を省いた式にしなさい。

(1) $3\times x\times x$　　(2) $a\times(-4)\times a$

(3) $b\times b\times 5\times b$　　(4) $a\times 7\times b\times a$

(5) $n\times m\times m\times n$　　(6) $y\times x\times(-1)\times y$

考え方 同じ文字の積は，累乗の指数を使ってかく。

▶解答 (1) $3\times x\times x=\boldsymbol{3x^2}$　　(2) $a\times(-4)\times a=\boldsymbol{-4a^2}$　　(3) $b\times b\times 5\times b=\boldsymbol{5b^3}$

(4) $a\times 7\times b\times a=\boldsymbol{7a^2b}$　　(5) $n\times m\times m\times n=\boldsymbol{m^2n^2}$　　(6) $y\times x\times(-1)\times y=\boldsymbol{-xy^2}$

チャレンジ (1) $x\times x\times x\times x\times x$

(2) $a\times b\times a\times b\times 4\times b$

▶解答 (1) $x\times x\times x\times x\times x=\boldsymbol{x^5}$

(2) $a\times b\times a\times b\times 4\times b=\boldsymbol{4a^2b^3}$

問4 次の数量を，文字式で表しなさい。

(1) 1個80円の消しゴム x 個と，1本50円の鉛筆(えんぴつ) y 本を買ったときの代金

(2) 面積が600cm²である紙から，1辺の長さが a cmである正方形を切り取ったときの残りの面積

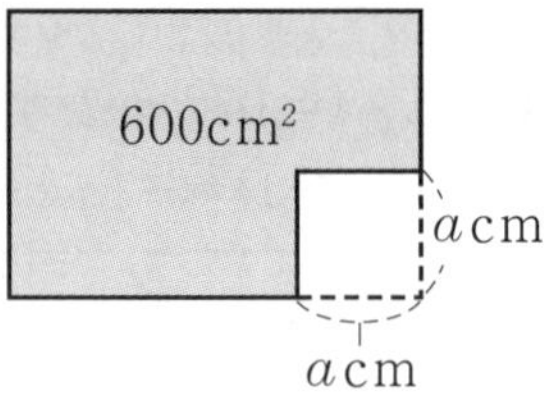

考え方 (1) (全部の代金)＝(消しゴムの代金)＋(鉛筆の代金)

(2) (残りの面積)＝(全体の面積)－(1辺 a cmの正方形の面積)

▶解答 (1) **$(80x+50y)$円**　　(2) **$(600-a^2)$cm²**

問5 次の式を，×を使った式にしなさい。

(1) $3xy$　　(2) $2(m-6)$

(3) $-ab$　　(4) $4a^2x$

▶解答 (1) $\boldsymbol{3\times x\times y}$　　(2) $\boldsymbol{2\times(m-6)}$

(3) $\boldsymbol{(-1)\times a\times b}$　　(4) $\boldsymbol{4\times a\times a\times x}$

3 商の表し方

基本事項ノート

文字式の除法

除法の記号 ÷ を使わないで，分数の形でかく。

例　$x\div 3=\dfrac{x}{3}$　$3a\div b=\dfrac{3a}{b}$　$2a\div 5=\dfrac{2a}{5}$　$b\div a=\dfrac{b}{a}$　$-3\div a=-\dfrac{3}{a}$

$\dfrac{x}{3}$を$\dfrac{1}{3}x$，$\dfrac{2a}{5}$を$\dfrac{2}{5}a$とかいてもよい。

$\dfrac{b}{a}$，$-\dfrac{3}{a}$のように分数の形でかかれた式では，分母は0でない数を表すものとする。

$(x-y)\div 2=\dfrac{x-y}{2}$　$2\times(a+b)\div 5=\dfrac{2(a+b)}{5}$

注　$(x-y)\div 2$を$\dfrac{1}{2}(x-y)$，$2\times(a+b)\div 5$を$\dfrac{2}{5}(a+b)$とかいてもよい。

Q　長さ2mのテープを3等分したときの1本の長さを分数で表しましょう。

▶解答　$2\div 3=\dfrac{2}{3}$　　答　$\dfrac{2}{3}$m

問1　次の式を，÷ を使わない式にしなさい。

(1)　$a\div 6$　(2)　$4x\div(-7)$

(3)　$(-2y)\div 3$　(4)　$(-8)\div a$

考え方　除法を分数で表す場合，＋，－の符号は分数の前にかく。

▶解答

(1)　$a\div 6=\dfrac{a}{6}$　(2)　$4x\div(-7)=-\dfrac{4x}{7}$ または $-\dfrac{4}{7}x$

(3)　$(-2y)\div 3=-\dfrac{2y}{3}$ または $-\dfrac{2}{3}y$　(4)　$(-8)\div a=-\dfrac{8}{a}$

問2　次の式を，×，÷ を使わない式にしなさい。

(1)　$3\times x\div 5$　(2)　$a\div b\times 6$　(3)　$2\div x\div 3$

▶解答　(1)　$\dfrac{3x}{5}$ または $\dfrac{3}{5}x$　(2)　$\dfrac{6a}{b}$　(3)　$\dfrac{2}{3x}$

問3　次の式を，×，÷ を使わない式にしなさい。

(1)　$(x+y)\div 6$　(2)　$(x-7)\div 8$

(3)　$4+m\div 2$　(4)　$x\div 5-y\times y$

▶解答

(1)　$\dfrac{x+y}{6}$　(2)　$\dfrac{x-7}{8}$

(3)　$4+\dfrac{m}{2}$ または $4+\dfrac{1}{2}m$　(4)　$\dfrac{x}{5}-y^2$ または $\dfrac{1}{5}x-y^2$

問4　次の数量を，文字式で表しなさい。

(1)　底辺が$a$cm，高さが$h$cmである三角形の面積

(2)　それぞれxg，yg，zgである3つの荷物の重さの平均値

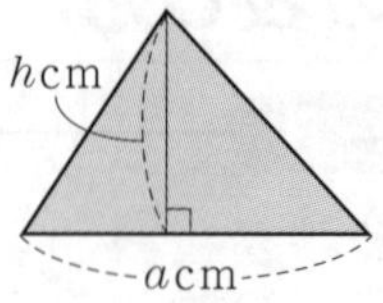

考え方　(1)　(三角形の面積)＝(底辺)×(高さ)÷2

(2)　(平均値)＝(全体の重さ)÷(個数)

▶解答　(1)　$a\times h\div 2=\frac{ah}{2}$または$\frac{1}{2}ah$　　答　$\boldsymbol{\frac{ah}{2}}$**cm²**または$\boldsymbol{\frac{1}{2}ah}$**cm²**

(2)　$(x+y+z)\div 3=\frac{x+y+z}{3}$または$\frac{1}{3}(x+y+z)$

答　$\boldsymbol{\frac{x+y+z}{3}}$**g**または$\boldsymbol{\frac{1}{3}(x+y+z)}$**g**

問5　次の式を，×，÷を使った式にしなさい。

(1)　$\frac{ab}{9}$　　(2)　$\frac{6}{5x}$　　(3)　$\frac{m+n}{5}$　　(4)　$\frac{x}{2}+4y$

▶解答　(1)　$\boldsymbol{a\times b\div 9}$　　(2)　$\boldsymbol{6\div 5\div x}$　　(3)　$\boldsymbol{(m+n)\div 5}$　　(4)　$\boldsymbol{x\div 2+4\times y}$

チャレンジ　(1)　$\frac{1}{7a}$　　(2)　$\frac{-x+y}{3}$

▶解答　(1)　$\boldsymbol{1\div 7\div a}$　　(2)　$\boldsymbol{(-x+y)\div 3}$

4　式の値

基本事項ノート

➔文字をふくむ式に，その文字の代わりに，数をあてはめることを代入(だいにゅう)するという。代入して計算した結果を，式の値(あたい)という。

例　$x=2$，$y=-3$のとき，$3x-2y$の値を求めなさい。

$3x-2y=3\times 2-2\times(-3)=6+6=12$

問1　上の棒の例で，正方形を120個つくるのに必要な棒の本数を求めなさい。

考え方　教科書P.72の棒の例の式に，$a=120$を代入する。

▶解答　$1+3a$に$a=120$を代入すると，$1+3\times 120=361$　　答　**361本**

問2　xの値が4，0，-1のとき，次の式の値をそれぞれ求めなさい。

(1)　$3x+2$　　(2)　$-5x-4$

考え方　代入する値が負の数の場合は，(　)をつけて代入する。

▶解答
(1)　xの値が4のとき　$3\times4+2=$**14**
xの値が0のとき　$3\times0+2=$**2**
xの値が-1のとき　$3\times(-1)+2=$**−1**
(2)　xの値が4のとき　$-5\times4-4=$**−24**
xの値が0のとき　$-5\times0-4=$**−4**
xの値が-1のとき　$-5\times(-1)-4=$**1**

問3　$x=-5$のとき，x^2，$-x^2$，x^3，$-x^3$の値を求めなさい。

▶解答
$x^2=(-5)^2=$**25**　　$-x^2=-(-5)^2=$**−25**
$x^3=(-5)^3=$**−125**　　$-x^3=-(-5)^3=$**125**

問4　$x=4$，$y=-3$のとき，次の式の値を求めなさい。
(1)　$3x+2y$　　(2)　$x-5y$
(3)　$\frac{1}{2}x-\frac{1}{3}y$　　(4)　$-xy$
(5)　x^2+4y　　(6)　$7x-y^2$

▶解答
(1)　$3x+2y=3\times4+2\times(-3)$
$=12-6$
$=$**6**

(2)　$x-5y=4-5\times(-3)$
$=4+15$
$=$**19**

(3)　$\frac{1}{2}x-\frac{1}{3}y=\frac{1}{2}\times4-\frac{1}{3}\times(-3)$
$=2+1$
$=$**3**

(4)　$-xy=-4\times(-3)=$**12**

(5)　$x^2+4y=4^2+4\times(-3)$
$=16-12$
$=$**4**

(6)　$7x-y^2=7\times4-(-3)^2$
$=28-9$
$=$**19**

問5　高度が約10kmまででは，地上の気温がa℃のとき，そこから$b$km上空の気温は
$(a-6b)$℃
であることが知られています。
地上の気温が30℃のとき，2km上空の気温は何℃ですか。

▶解答
$(a-6b)$に$a=30$，$b=2$を代入すると，
$30-6\times2=30-12=18$　　答　**18℃**

補充問題8　$x=3$，$y=-5$のとき，次の式の値を求めなさい。(教科書P.280)
(1)　$7x+4$　　(2)　$8-3y$
(3)　$-x^3$　　(4)　$7x-5y$
(5)　$2xy$　　(6)　$-x+2y^2$

▶解答

(1) $7x+4=7\times3+4$
$=21+4$
$=\mathbf{25}$

(2) $8-3y=8-3\times(-5)$
$=8+15$
$=\mathbf{23}$

(3) $-x^3=-3^3$
$=\mathbf{-27}$

(4) $7x-5y=7\times3-5\times(-5)$
$=21+25$
$=\mathbf{46}$

(5) $2xy=2\times3\times(-5)$
$=\mathbf{-30}$

(6) $-x+2y^2=-3+2\times(-5)^2$
$=-3+50$
$=\mathbf{47}$

5　いろいろな数量の表し方

基本事項ノート

➔いろいろな数量を文字式で表す。

例　縦が$a$cm，横が$b$cmの長方形の面積
(長方形の面積)＝(縦)×(横)だから，$a\times b=ab\text{cm}^2$
長さamのひもから，$b$cmのひもを3本切り取ったときの残りの長さ
amの単位をcmで表すと$a\times100=100a$cm
$b$cmのひも3本分の長さは$3b$cm。したがって，残りの長さは$(100a-3b)$cm

注　単位の異なる2つ以上の数量の和や差を，1つの式で表すときには，単位をそろえる。

Q　400円の3%は何円ですか。また，1200円の7割は何円ですか。

▶解答

$400\times\frac{3}{100}=12$　　答　**12円**

$1200\times\frac{7}{10}=840$　　答　**840円**

問1　次の数量を，文字式で表しなさい。
(1) x円の7%　(2) $x$kgの3割　(3) n枚の90%

▶解答

(1) $x\times\frac{7}{100}=\frac{7}{100}x$または$0.07x$　　答　$\boldsymbol{\frac{7}{100}x}$**円**または$\boldsymbol{0.07x}$**円**

(2) $x\times\frac{3}{10}=\frac{3}{10}x$または$0.3x$　　答　$\boldsymbol{\frac{3}{10}x}$**kg**または$\boldsymbol{0.3x}$**kg**

(3) $n\times\frac{90}{100}=\frac{9}{10}n$または$0.9n$　　答　$\boldsymbol{\frac{9}{10}n}$**枚**または$\boldsymbol{0.9n}$**枚**

チャレンジ1　定価がx円である商品を3割引きで買うときの代金

考え方　x円の3割引きとは，x円の7割と同じことである。

▶解答　$x\times\left(1-\frac{3}{10}\right)=x\times\frac{7}{10}=\frac{7}{10}x$ または $0.7x$　　答　$\boldsymbol{\frac{7}{10}x}$ **円または** $\boldsymbol{0.7x}$ **円**

問2　次の数量を，文字式で表しなさい。
(1)　分速 x m で15分歩いたときの道のり
(2)　x km の道のりを時速5km で歩いたときにかかる時間
(3)　y km の道のりを b 時間で歩いたときの速さ

▶解答
(1)　$x\times15=15x$　　答　$\boldsymbol{15x}$**m**
(2)　$x\div5=\frac{x}{5}$　　答　$\boldsymbol{\frac{x}{5}}$ **時間または** $\boldsymbol{\frac{1}{5}x}$ **時間**
(3)　$y\div b=\frac{y}{b}$　　答　**時速** $\boldsymbol{\frac{y}{b}}$ **km**

問3　家から800m 離(はな)れた駅に向かって，分速60m で歩いています。
家を出発してから t 分後の残りの道のりを，文字式で表しなさい。
また，家を出発してから5分後の残りの道のりを求めなさい。

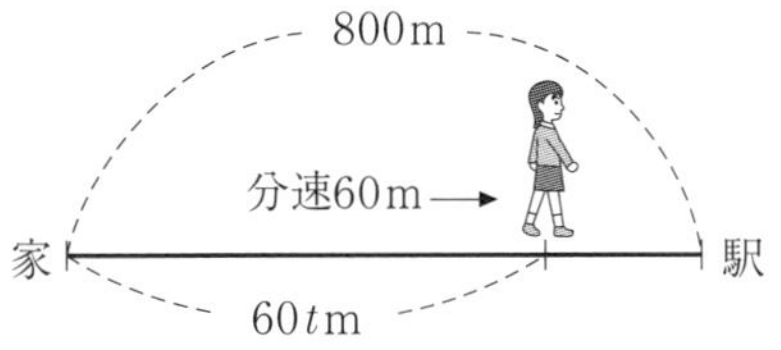

考え方　(道のり)＝(速さ)×(時間)まず家を出発してから t 分後の道のりを求める。
▶解答
t 分後　$800-60\times t=800-60t$　　答　$\boldsymbol{(800-60t)}$**m**
5分後　$800-60\times5=800-300=500$　　答　**500m**

問4　右の図は，底面の半径が r cm，高さが8cm の円柱です。この円柱の体積を，文字式で表しなさい。

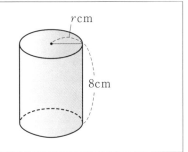

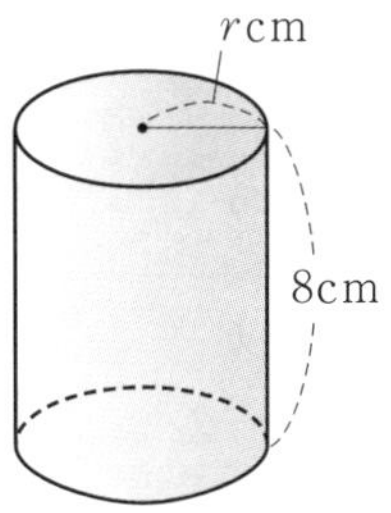

考え方　(円柱の体積)＝(底面の円の面積)×(高さ)
▶解答　$(r\times r\times\pi)\times8=8\pi r^2$　　答　$\boldsymbol{8\pi r^2}$**cm**^{3}
注　円周率は π(パイ) で表す。π は，積の中では，数のあと，ほかの文字の前にかく。

問5　次の数量の和を，〔　〕に示した単位で表しなさい。
(1)　x g と y kg　〔g〕
(2)　a 時間と b 分　〔時間〕

考え方　(1)　1kg＝1000g　　(2)　1分＝$\frac{1}{60}$ 時間

▶解答　(1)　$\boldsymbol{(x+1000y)}$**g**　　(2)　$\boldsymbol{\left(a+\frac{b}{60}\right)}$**時間**

チャレンジ2 **問5**の数量の和を，〔 〕に示した単位で表しなさい。

(1) 〔kg〕　(2) 〔分〕

▶解答 (1) $\left(\frac{x}{1000}+y\right)$**kg**　(2) $(60a+b)$**分**

問6 **例5**の長方形で，$2(a+b)$は何を表していますか。また，この式の単位は何ですか。

▶解答 $2(a+b)$は長方形の縦と横の長さの和の2倍だから，**長方形の周の長さ**を表している。

単位 **cm**

問7 ある遊園地の入園料は，大人1人がa円，中学生1人がb円です。
このとき，次の式は何を表していますか。

(1) $2a$円　(2) $5b$円　(3) $(a+4b)$円

考え方

(1) $2a$ ― a：大人1人の入園料，2：大人の人数

(2) $5b$ ― b：中学生1人の入園料，5：中学生の人数

(3) $(a+4b)$ ― a：大人1人の入園料，$4b$：中学生4人の入園料

▶解答

(1) **大人2人の入園料**

(2) **中学生5人の入園料**

(3) **大人1人と中学生4人の入園料**

問8 nを自然数とするとき，いつも3の倍数になる数を表している式を，次の㋐～㋕の中からすべて選びなさい。

㋐ $n+3$　㋑ $3n$　㋒ $3n+1$

㋓ $3n+2$　㋔ $3(n+1)$　㋕ $3(n+5)$

▶解答 **㋑，㋔，㋕**

基本の問題

1 次の式を，×，÷を使わない式にしなさい。

(1) $x\times(-3)\times a$　(2) $x\times x\times 2\times x$　(3) $9\div a\times b$

(4) $(x-2)\div 5$　(5) $a\times a+b\times 4$　(6) $6\times x-y\div 7$

▶解答

(1) $\boldsymbol{-3ax}$　(2) $\boldsymbol{2x^3}$　(3) $\boldsymbol{\frac{9b}{a}}$

(4) $\boldsymbol{\frac{x-2}{5}}$　(5) $\boldsymbol{a^2+4b}$　(6) $\boldsymbol{6x-\frac{y}{7}}$

2　次の式を，×，÷を使った式にしなさい。

(1)　$-5a^2b$　(2)　$\frac{7}{2x}$　(3)　$2x-3y$

▶解答
(1)　$\boldsymbol{(-5)\times a\times a\times b}$
(2)　$\boldsymbol{7\div 2\div x}$
(3)　$\boldsymbol{2\times x-3\times y}$

3　xの値が-4，0，4のとき，次の式の値をそれぞれ求めなさい。

(1)　$2x+6$　(2)　$-x$　(3)　$-3x-1$　(4)　x^2

▶解答
(1)　$2x+6$　$x=-4$のとき　$2\times(-4)+6=\boldsymbol{-2}$
$x=0$のとき　$2\times0+6=\boldsymbol{6}$
$x=4$のとき　$2\times4+6=\boldsymbol{14}$
(2)　$-x$　$x=-4$のとき　$-(-4)=\boldsymbol{4}$
$x=0$のとき　$\boldsymbol{0}$
$x=4$のとき　$\boldsymbol{-4}$
(3)　$-3x-1$　$x=-4$のとき　$-3\times(-4)-1=\boldsymbol{11}$
$x=0$のとき　$0-1=\boldsymbol{-1}$
$x=4$のとき　$-3\times4-1=\boldsymbol{-13}$
(4)　x^2　$x=-4$のとき　$(-4)^2=\boldsymbol{16}$
$x=0$のとき　$0^2=\boldsymbol{0}$
$x=4$のとき　$4^2=\boldsymbol{16}$

4　次の数量を，文字式で表しなさい。

(1)　品物の定価x円の25%
(2)　時速60kmの自動車でx時間走ったときの道のり

▶解答
(1)　$x\times\frac{25}{100}=\frac{25}{100}x=\frac{1}{4}x$または$0.25x$　答　$\boldsymbol{\frac{1}{4}x}$**円または**$\boldsymbol{0.25x}$**円**
(2)　$60\times x=60x$　答　$\boldsymbol{60x}$**km**

5　$3a+2b$という式で表されることがらを，次の㋐～㋒の中から1つ選びなさい。

㋐　a円の品物2個と，b円の品物3個を買ったときの代金
㋑　3人掛(が)けのいすがa脚(きゃく)と，2人掛けのいすがb脚あるとき，座(すわ)ることができる人数
㋒　3gの封筒(ふうとう)にagの便せん1枚とbgのカード2枚を入れたときの全体の重さ

考え方　それぞれのことがらを文字式に表してみよう。

▶解答
㋐　$a\times2+b\times3=2a+3b$
㋑　$3\times a+2\times b=3a+2b$
㋒　$3+a+b\times2=3+a+2b$　答　㋑

6 Tシャツが1枚a円，ズボンが1本b円で売られています。
このとき，次の式は何を表していますか。
(1) $4a$円　(2) $(3a+b)$円

▶解答 (1) **Tシャツ4枚を買ったときの代金**
(2) **Tシャツ3枚とズボン1本を買ったときの代金**

2節 1次式の計算

1 1次式の項と係数

基本事項ノート

➔1次式
(0でない数)×x　または，(0でない数)×x＋(数)と表される式を，xの1次式(いちじしき)という。

例 $3x+2$，$4x-6$，$-5x+1$，$3x$，$4x$，$-5x$も1次式である。
$3x$，$4x$，$-5x$を1次の項(こう)，$+2$，-6，$+1$を定数項(ていすうこう)という。
$3x$，$4x$，$-5x$の数の部分3，4，-5をxの係数(けいすう)という。

問1 次の1次式について，1次の項とその係数を答えなさい。
(1) $-3x+1$　(2) $a-7$　(3) $5-\frac{2}{3}x$　(4) $-\frac{a}{5}$

▶解答 (1次の項，係数の順に)
(1) $\boldsymbol{-3x,\ -3}$　(2) $\boldsymbol{a,\ 1}$　(3) $\boldsymbol{-\frac{2}{3}x,\ -\frac{2}{3}}$　(4) $\boldsymbol{-\frac{a}{5},\ -\frac{1}{5}}$

問2 次の式の項をまとめなさい。
(1) $2a+3a$　(2) $10x-3x$
(3) $y-4y$　(4) $-5x+x$
(5) $-2a+7a$　(6) $-3y-6y$

考え方 分配法則$ax+bx=(a+b)x$を使って計算する。

▶解答 (1) $2a+3a=(2+3)a=\boldsymbol{5a}$　(2) $10x-3x=(10-3)x=\boldsymbol{7x}$
(3) $y-4y=(1-4)y=\boldsymbol{-3y}$　(4) $-5x+x=(-5+1)x=\boldsymbol{-4x}$
(5) $-2a+7a=(-2+7)a=\boldsymbol{5a}$　(6) $-3y-6y=(-3-6)y=\boldsymbol{-9y}$

チャレンジ1 (1) $7a-a$　(2) $-10x-3x$

▶解答 (1) $7a-a$
$=(7-1)a$
$=\boldsymbol{6a}$

(2) $-10x-3x$
$=(-10-3)x$
$=\boldsymbol{-13x}$

問3　次の式の項をまとめなさい。

(1)　$2x-5+4x$　　(2)　$8-3a-6$

(3)　$5x+7-3x-1$　　(4)　$-2y+5-2y-8$

(5)　$4a-3-4+2a$　　(6)　$3-7x+2x-2$

考え方　1次の項どうし，定数項どうしをそれぞれまとめる。

▶解答

(1)　$2x-5+4x$
$=2x+4x-5$
$=(2+4)x-5$
$=\mathbf{6x-5}$

(2)　$8-3a-6$
$=-3a+8-6$
$=-3a+(8-6)$
$=\mathbf{-3a+2}$

(3)　$5x+7-3x-1$
$=5x-3x+7-1$
$=(5-3)x+(7-1)$
$=\mathbf{2x+6}$

(4)　$-2y+5-2y-8$
$=-2y-2y+5-8$
$=(-2-2)y+(5-8)$
$=\mathbf{-4y-3}$

(5)　$4a-3-4+2a$
$=4a+2a-3-4$
$=(4+2)a+(-3-4)$
$=\mathbf{6a-7}$

(6)　$3-7x+2x-2$
$=-7x+2x+3-2$
$=(-7+2)x+(3-2)$
$=\mathbf{-5x+1}$

チャレンジ2　(1)　$-a-1+7-2a$　　(2)　$3x-5-6x+1$

▶解答

(1)　$-a-1+7-2a$
$=-a-2a-1+7$
$=(-1-2)a+(-1+7)$
$=\mathbf{-3a+6}$

(2)　$3x-5-6x+1$
$=3x-6x-5+1$
$=(3-6)x+(-5+1)$
$=\mathbf{-3x-4}$

補充問題9　次の計算をしなさい。(教科書P.280)

(1)　$6a-2a$　　(2)　$7x+2x+1$

(3)　$3-5y+4$　　(4)　$x-4x-7x$

(5)　$x+6+3x+2$　　(6)　$8x+3-7x-9$

(7)　$b+2-10b+5$　　(8)　$-7a-2+5a-1$

▶解答

(1)　$6a-2a$
$=(6-2)a$
$=\mathbf{4a}$

(2)　$7x+2x+1$
$=(7+2)x+1$
$=\mathbf{9x+1}$

(3)　$3-5y+4$
$=-5y+3+4$
$=-5y+(3+4)$
$=\mathbf{-5y+7}$

(4)　$x-4x-7x$
$=(1-4-7)x$
$=\mathbf{-10x}$

(5)　$x+6+3x+2$
$=x+3x+6+2$
$=(1+3)x+(6+2)$
$=\mathbf{4x+8}$

(6)　$8x+3-7x-9$
$=8x-7x+3-9$
$=(8-7)x+(3-9)$
$=\mathbf{x-6}$

(7)　$b+2-10b+5$
$=b-10b+2+5$
$=(1-10)b+(2+5)$
$=\mathbf{-9b+7}$

(8)　$-7a-2+5a-1$
$=-7a+5a-2-1$
$=(-7+5)a+(-2-1)$
$=\mathbf{-2a-3}$

2　1次式の加法と減法

基本事項ノート

➔1次式の加法

かっこをはずしてから，1次の項どうし，定数項どうしを，それぞれまとめる。

例 (1) $(3x-5)+(-4x+2)$
$=3x-5-4x+2$
$=3x-4x-5+2$
$=-x-3$

(2) $(4a-3)+(-5a-2)$
$=4a-3-5a-2$
$=4a-5a-3-2$
$=-a-5$

➔1次式の減法

ひく式のそれぞれの項をひく。

例 (1) $(2x-3)-(5x-7)$
$=2x-3-5x-(-7)$
$=2x-3-5x+7$
$=2x-5x-3+7$
$=-3x+4$

(2) $(3x-5)-(-7x+8)$
$=3x-5-(-7x)-8$
$=3x-5+7x-8$
$=3x+7x-5-8$
$=10x-13$

Q 兄と妹が，それぞれ次のような買い物をしました。
兄…x円のノート3冊と60円の消しゴム1個
妹…x円のノート2冊と80円の消しゴム1個
このときの代金を1つの式で表してみましょう。

▶解答

	ノートの代金(円)	消しゴムの代金(円)	合計(円)
兄	$3x$	60	$3x+60$
妹	$2x$	80	$2x+80$
合計	$\boldsymbol{5x}$	**140**	$\boldsymbol{5x+140}$

問1 次の計算をしなさい。

(1) $(3a+2)+(2a+5)$　(2) $(5x+1)+(x+3)$
(3) $(2x-3)+(x-2)$　(4) $(4m-6)+(-2m+6)$
(5) $(-7b+4)+(5b-1)$　(6) $(-x-6)+(-7x-3)$

▶解答

(1) $(3a+2)+(2a+5)$
$=3a+2+2a+5$
$=3a+2a+2+5$
$\boldsymbol{=5a+7}$

(2) $(5x+1)+(x+3)$
$=5x+1+x+3$
$=5x+x+1+3$
$\boldsymbol{=6x+4}$

(3) $(2x-3)+(x-2)$
$=2x-3+x-2$
$=2x+x-3-2$
$\boldsymbol{=3x-5}$

(4) $(4m-6)+(-2m+6)$
$=4m-6-2m+6$
$=4m-2m-6+6$
$\boldsymbol{=2m}$

(5) $(-7b+4)+(5b-1)$
$=-7b+4+5b-1$
$=-7b+5b+4-1$
$\boldsymbol{=-2b+3}$

(6) $(-x-6)+(-7x-3)$
$=-x-6-7x-3$
$=-x-7x-6-3$
$\boldsymbol{=-8x-9}$

チャレンジ　$(4y+3)+(2+y)$

▶解答　$(4y+3)+(2+y)$
$=4y+3+2+y$
$=4y+y+3+2$
$=\mathbf{5y+5}$

Q　1000円札を1枚出して200円とa円のパンを1個ずつ買ったときのおつりは，次の㋐の減法の式で表すことができます。

㋐　$1000-(200+a)$

下の㋑～㋓の中に，㋐の式と同じ数量を表している式がもう1つあります。それは，どの式ですか。

㋑　$1000+200-a$　　㋒　$1000-200+a$
㋓　$1000-200-a$

考え方　（おつり）＝1000円－（買い物の代金）になっている式を選ぶ。

▶解答　**㋓**

問2　次の計算をしなさい。

(1)　$(5x+7)-(3x+6)$　　(2)　$(3y+4)-(y+1)$
(3)　$2a-(3a+2)$　　(4)　$(6n+2)-(-n+2)$
(5)　$5y-1-(5y-2)$　　(6)　$(3-2x)-(-2-4x)$

考え方　かっこの前に－がある場合は，かっこ内の各項の符号を変えてかっこをはずす。

▶解答
(1)　$(5x+7)-(3x+6)$
$=5x+7-3x-6$
$=5x-3x+7-6$
$=\mathbf{2x+1}$

(2)　$(3y+4)-(y+1)$
$=3y+4-y-1$
$=3y-y+4-1$
$=\mathbf{2y+3}$

(3)　$2a-(3a+2)$
$=2a-3a-2$
$=\mathbf{-a-2}$

(4)　$(6n+2)-(-n+2)$
$=6n+2-(-n)-2$
$=6n+2+n-2$
$=6n+n+2-2$
$=\mathbf{7n}$

(5)　$5y-1-(5y-2)$
$=5y-1-5y-(-2)$
$=5y-1-5y+2$
$=5y-5y-1+2$
$=\mathbf{1}$

(6)　$(3-2x)-(-2-4x)$
$=3-2x-(-2)-(-4x)$
$=3-2x+2+4x$
$=-2x+4x+3+2$
$=\mathbf{2x+5}$

補充問題10　次の計算をしなさい。(教科書P.280)

(1) $4x+(2x+1)$　(2) $(x+6)+(3x+2)$

(3) $(5y-2)+(y-2)$　(4) $(-6x+12)+(x-5)$

(5) $(4y-1)+(-3y-7)$　(6) $(-a-15)+(-8a+2)$

(7) $(9x+8)-3x$　(8) $(12a-2)-(5a+1)$

(9) $(3x+7)-(4x-2)$　(10) $(2y-1)-(2y-4)$

(11) $(-6x-9)-(-3x-1)$　(12) $(-7a-4)-(-a-8)$

▶解答

(1) $4x+(2x+1)$
$=4x+2x+1$
$=\mathbf{6x+1}$

(2) $(x+6)+(3x+2)$
$=x+6+3x+2$
$=x+3x+6+2$
$=\mathbf{4x+8}$

(3) $(5y-2)+(y-2)$
$=5y-2+y-2$
$=5y+y-2-2$
$=\mathbf{6y-4}$

(4) $(-6x+12)+(x-5)$
$=-6x+12+x-5$
$=-6x+x+12-5$
$=\mathbf{-5x+7}$

(5) $(4y-1)+(-3y-7)$
$=4y-1-3y-7$
$=4y-3y-1-7$
$=\mathbf{y-8}$

(6) $(-a-15)+(-8a+2)$
$=-a-15-8a+2$
$=-a-8a-15+2$
$=\mathbf{-9a-13}$

(7) $(9x+8)-3x$
$=9x+8-3x$
$=9x-3x+8$
$=\mathbf{6x+8}$

(8) $(12a-2)-(5a+1)$
$=12a-2-5a-1$
$=12a-5a-2-1$
$=\mathbf{7a-3}$

(9) $(3x+7)-(4x-2)$
$=3x+7-4x-(-2)$
$=3x+7-4x+2$
$=3x-4x+7+2$
$=\mathbf{-x+9}$

(10) $(2y-1)-(2y-4)$
$=2y-1-2y-(-4)$
$=2y-1-2y+4$
$=2y-2y-1+4$
$=\mathbf{3}$

(11) $(-6x-9)-(-3x-1)$
$=-6x-9-(-3x)-(-1)$
$=-6x-9+3x+1$
$=-6x+3x-9+1$
$=\mathbf{-3x-8}$

(12) $(-7a-4)-(-a-8)$
$=-7a-4-(-a)-(-8)$
$=-7a-4+a+8$
$=-7a+a-4+8$
$=\mathbf{-6a+4}$

3　1次式と数の乗法

基本事項ノート

➡交換法則や結合法則を使って計算する。

例

$3a\times6$
$=3\times a\times6$
$=3\times6\times a$
$=18a$

$(-4)\times8x$
$=(-4)\times8\times x$
$=-32x$

$12y\times\frac{1}{4}$
$=12\times y\times\frac{1}{4}$
$=12\times\frac{1}{4}\times y$
$=3y$

➡分配法則を使って計算する。

例

$2(5x-4)$
$=2\times5x+2\times(-4)$
$=10x-8$

$(7a+2)\times(-3)$
$=7a\times(-3)+2\times(-3)$
$=-21a-6$

Q　右の直方体の体積を式に表してみましょう。

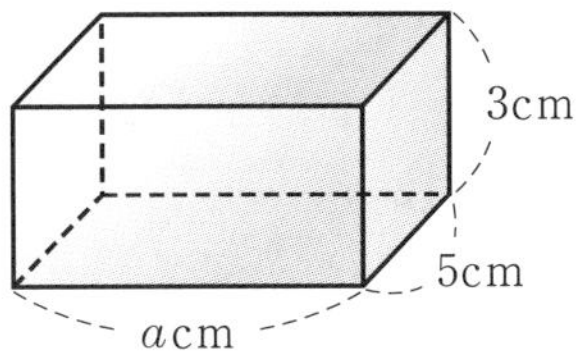

考え方　(直方体の体積)＝(縦)×(横)×(高さ)

▶解答　$5\times a\times3=15a$　　答　$\mathbf{15a}$ **cm**^{3}

問1　次の計算をしなさい。

(1)　$6x\times5$　　(2)　$2a\times(-4)$

(3)　$7\times(-3y)$　　(4)　$(-2)\times(-8x)$

(5)　$4b\times\frac{1}{2}$　　(6)　$(-0.5)\times7a$

考え方　1次式と数の積は，係数と数を計算し，それを新しい係数にする。

▶解答

(1)　$6x\times5$
$=6\times x\times5$
$=6\times5\times x$
$=\mathbf{30x}$

(2)　$2a\times(-4)$
$=2\times a\times(-4)$
$=2\times(-4)\times a$
$=\mathbf{-8a}$

(3)　$7\times(-3y)$
$=7\times(-3)\times y$
$=\mathbf{-21y}$

(4)　$(-2)\times(-8x)$
$=(-2)\times(-8)\times x$
$=\mathbf{16x}$

(5)　$4b\times\frac{1}{2}$
$=4\times b\times\frac{1}{2}$
$=4\times\frac{1}{2}\times b$
$=\mathbf{2b}$

(6)　$(-0.5)\times7a$
$=(-0.5)\times7\times a$
$=\mathbf{-3.5a}$

チャレンジ1　(1)　$100\times(-0.3x)$　(2)　$-\frac{4}{3}n\times(-9)$

▶解答　(1)　$100\times(-0.3x)$
$=100\times(-0.3)\times x$
$=\boldsymbol{-30x}$

(2)　$-\frac{4}{3}n\times(-9)$
$=-\frac{4}{3}\times n\times(-9)$
$=-\frac{4}{3}\times(-9)\times n$
$=\boldsymbol{12n}$

問2　次の計算をしなさい。

(1)　$3(2x+4)$　(2)　$2(a-3)$
(3)　$(1+3x)\times5$　(4)　$(8-a)\times(-2)$
(5)　$\frac{1}{2}(-2x+6)$　(6)　$-3\left(\frac{1}{2}x-2\right)$

考え方　かける数を符号をつけたままそれぞれの項にかける。

▶解答　(1)　$3(2x+4)$
$=3\times2x+3\times4$
$=\boldsymbol{6x+12}$

(2)　$2(a-3)$
$=2\times a+2\times(-3)$
$=\boldsymbol{2a-6}$

(3)　$(1+3x)\times5$
$=1\times5+3x\times5$
$=\boldsymbol{5+15x}$

(4)　$(8-a)\times(-2)$
$=8\times(-2)-a\times(-2)$
$=\boldsymbol{-16+2a}$

(5)　$\frac{1}{2}(-2x+6)$
$=\frac{1}{2}\times(-2x)+\frac{1}{2}\times6$
$=\boldsymbol{-x+3}$

(6)　$-3\left(\frac{1}{2}x-2\right)$
$=(-3)\times\frac{1}{2}x+(-3)\times(-2)$
$=\boldsymbol{-\frac{3}{2}x+6}$

チャレンジ2　(1)　$(-6a+9)\times\frac{2}{3}$　(2)　$\left(\frac{3}{4}x-\frac{1}{6}\right)\times36$

▶解答　(1)　$(-6a+9)\times\frac{2}{3}$
$=(-6a)\times\frac{2}{3}+9\times\frac{2}{3}$
$=\boldsymbol{-4a+6}$

(2)　$\left(\frac{3}{4}x-\frac{1}{6}\right)\times36$
$=\frac{3}{4}x\times36-\frac{1}{6}\times36$
$=\boldsymbol{27x-6}$

問3　次の計算をしなさい。

(1)　$-(3a+8)$　(2)　$-(4x-7)$　(3)　$-(-y-1)$

▶解答　(1)　$-(3a+8)$
$=(-1)\times3a+(-1)\times8$
$=\boldsymbol{-3a-8}$

(2)　$-(4x-7)$
$=(-1)\times4x+(-1)\times(-7)$
$=\boldsymbol{-4x+7}$

(3)　$-(-y-1)$
$=(-1)\times(-y)+(-1)\times(-1)$
$=\boldsymbol{y+1}$

問4　次の計算をしなさい。

(1)　$\dfrac{2x+5}{3}\times6$　(2)　$20\times\dfrac{4y-3}{5}$

(3)　$(-16)\times\dfrac{3a+1}{4}$　(4)　$\dfrac{3x-7}{2}\times(-4)$

考え方　分子にかっこをつけてから約分する。

▶解答

(1)　$\dfrac{2x+5}{3}\times6$

$=\dfrac{(2x+5)\times6}{3}$

$=(2x+5)\times2$

$=2x\times2+5\times2$

$=\mathbf{4x+10}$

(2)　$20\times\dfrac{4y-3}{5}$

$=\dfrac{20\times(4y-3)}{5}$

$=4\times(4y-3)$

$=4\times4y+4\times(-3)$

$=\mathbf{16y-12}$

(3)　$(-16)\times\dfrac{3a+1}{4}$

$=\dfrac{(-16)\times(3a+1)}{4}$

$=(-4)\times(3a+1)$

$=(-4)\times3a+(-4)\times1$

$=\mathbf{-12a-4}$

(4)　$\dfrac{3x-7}{2}\times(-4)$

$=\dfrac{(3x-7)\times(-4)}{2}$

$=(3x-7)\times(-2)$

$=3x\times(-2)-7\times(-2)$

$=\mathbf{-6x+14}$

チャレンジ3　(1)　$\dfrac{-3x-4}{4}\times(-4)$　(2)　$(-14)\times\dfrac{1-2a}{7}$

▶解答

(1)　$\dfrac{-3x-4}{4}\times(-4)$

$=\dfrac{(-3x-4)\times(-4)}{4}$

$=(-3x-4)\times(-1)$

$=(-3x)\times(-1)+(-4)\times(-1)$

$=\mathbf{3x+4}$

(2)　$(-14)\times\dfrac{1-2a}{7}$

$=\dfrac{(-14)\times(1-2a)}{7}$

$=(-2)\times(1-2a)$

$=(-2)\times1+(-2)\times(-2a)$

$=\mathbf{-2+4a}$

問5　次の計算をしなさい。

(1)　$5(a+1)+4(2a-3)$　(2)　$3(-2x+1)-2(x-1)$

(3)　$\dfrac{1}{2}(4x-6)+2(x+3)$　(4)　$-\dfrac{1}{2}(8y+2)-\dfrac{1}{5}(10y-5)$

▶解答

(1)　$5(a+1)+4(2a-3)$

$=5a+5+8a-12$

$=5a+8a+5-12$

$=\mathbf{13a-7}$

(2)　$3(-2x+1)-2(x-1)$

$=-6x+3-2x+2$

$=-6x-2x+3+2$

$=\mathbf{-8x+5}$

(3)　$\frac{1}{2}(4x-6)+2(x+3)$

$=2x-3+2x+6$

$=2x+2x-3+6$

$=\mathbf{4x+3}$

(4)　$-\frac{1}{2}(8y+2)-\frac{1}{5}(10y-5)$

$=-4y-1-2y+1$

$=-4y-2y-1+1$

$=\mathbf{-6y}$

補充問題11　次の計算をしなさい。（教科書P.280）

(1)　$4x\times9$　　(2)　$3\times(-6x)$

(3)　$4(3y-1)$　　(4)　$(4-a)\times(-2)$

(5)　$\frac{5a+2}{3}\times9$　　(6)　$(-18)\times\frac{7x-1}{6}$

(7)　$3(3a-2)+\frac{1}{4}(4a+8)$　　(8)　$-2(x+4)-(4x-6)$

▶解答

(1)　$4x\times9$

$=4\times x\times9$

$=4\times9\times x$

$=\mathbf{36x}$

(2)　$3\times(-6x)$

$=3\times(-6)\times x$

$=\mathbf{-18x}$

(3)　$4(3y-1)$

$=4\times3y+4\times(-1)$

$=\mathbf{12y-4}$

(4)　$(4-a)\times(-2)$

$=4\times(-2)+(-a)\times(-2)$

$=\mathbf{-8+2a}$

(5)　$\frac{5a+2}{3}\times9$

$=\frac{(5a+2)\times9}{3}$

$=(5a+2)\times3$

$=5a\times3+2\times3$

$=\mathbf{15a+6}$

(6)　$(-18)\times\frac{7x-1}{6}$

$=\frac{(-18)\times(7x-1)}{6}$

$=(-3)\times(7x-1)$

$=(-3)\times7x+(-3)\times(-1)$

$=\mathbf{-21x+3}$

(7)　$3(3a-2)+\frac{1}{4}(4a+8)$

$=9a-6+a+2$

$=9a+a-6+2$

$=\mathbf{10a-4}$

(8)　$-2(x+4)-(4x-6)$

$=-2x-8-4x+6$

$=-2x-4x-8+6$

$=\mathbf{-6x-2}$

4　1次式を数でわる計算

基本事項ノート

1次式と数の除法

1次式にわる数の逆数をかける。

例

$9x \div 3$
$= 9x \times \frac{1}{3}$
$= 9 \times x \times \frac{1}{3}$
$= 9 \times \frac{1}{3} \times x$
$= 3x$

$(12x+8) \div 4$
$= (12x+8) \times \frac{1}{4}$
$= 12x \times \frac{1}{4} + 8 \times \frac{1}{4}$
$= 3x+2$

$\frac{6x+18}{6}$
$= \frac{6x}{6} + \frac{18}{6}$
$= x+3$

問1　次の計算をしなさい。

(1)　$28a \div 4$　　(2)　$-15y \div 5$

(3)　$-7x \div (-7)$　　(4)　$\frac{2}{3}a \div 3$

(5)　$4y \div \frac{1}{3}$　　(6)　$-20b \div \frac{5}{6}$

考え方　除法はわる数の逆数をかけると考える。

▶解答

(1)　$28a \div 4$
$= 28a \times \frac{1}{4}$
$= 28 \times a \times \frac{1}{4}$
$= 28 \times \frac{1}{4} \times a$
$\boldsymbol{= 7a}$

(2)　$-15y \div 5$
$= -15y \times \frac{1}{5}$
$= -15 \times y \times \frac{1}{5}$
$= -15 \times \frac{1}{5} \times y$
$\boldsymbol{= -3y}$

(3)　$-7x \div (-7)$
$= -7x \times \left(-\frac{1}{7}\right)$
$= -7 \times x \times \left(-\frac{1}{7}\right)$
$= -7 \times \left(-\frac{1}{7}\right) \times x$
$\boldsymbol{= x}$

(4)　$\frac{2}{3}a \div 3$
$= \frac{2}{3}a \times \frac{1}{3}$
$= \frac{2}{3} \times a \times \frac{1}{3}$
$= \frac{2}{3} \times \frac{1}{3} \times a$
$\boldsymbol{= \frac{2}{9}a}$

(5)　$4y \div \frac{1}{3}$
$= 4y \times 3$
$= 4 \times y \times 3$
$= 4 \times 3 \times y$
$\boldsymbol{= 12y}$

(6)　$-20b \div \frac{5}{6}$
$= -20b \times \frac{6}{5}$
$= -20 \times b \times \frac{6}{5}$
$= -20 \times \frac{6}{5} \times b$
$\boldsymbol{= -24b}$

チャレンジ　(1)　$-\frac{4}{7}a \div (-2)$　　(2)　$-\frac{3}{5}n \div \frac{1}{5}$

▶解答

(1) $-\dfrac{4}{7}a\div(-2)$

$=-\dfrac{4}{7}a\times\left(-\dfrac{1}{2}\right)$

$=-\dfrac{4}{7}\times a\times\left(-\dfrac{1}{2}\right)$

$=-\dfrac{4}{7}\times\left(-\dfrac{1}{2}\right)\times a$

$=\boldsymbol{\dfrac{2}{7}a}$

(2) $-\dfrac{3}{5}n\div\dfrac{1}{5}$

$=-\dfrac{3}{5}n\times5$

$=-\dfrac{3}{5}\times n\times5$

$=-\dfrac{3}{5}\times5\times n$

$=\boldsymbol{-3n}$

問2　次の計算をしなさい。

(1) $(8a+4)\div2$　　(2) $(15y-3)\div(-3)$

(3) $(-2b+1)\div\dfrac{1}{4}$　　(4) $(y+5)\div\left(-\dfrac{1}{3}\right)$

(5) $\dfrac{6x+12}{6}$　　(6) $\dfrac{-8a-6}{2}$

考え方　1次式と数の除法では，それぞれの項にわる数の逆数をかける。

▶解答

(1) $(8a+4)\div2$

$=(8a+4)\times\dfrac{1}{2}$

$=8a\times\dfrac{1}{2}+4\times\dfrac{1}{2}$

$=\boldsymbol{4a+2}$

(2) $(15y-3)\div(-3)$

$=(15y-3)\times\left(-\dfrac{1}{3}\right)$

$=15y\times\left(-\dfrac{1}{3}\right)-3\times\left(-\dfrac{1}{3}\right)$

$=\boldsymbol{-5y+1}$

(3) $(-2b+1)\div\dfrac{1}{4}$

$=(-2b+1)\times4$

$=-2b\times4+1\times4$

$=\boldsymbol{-8b+4}$

(4) $(y+5)\div(-\dfrac{1}{3})$

$=(y+5)\times(-3)$

$=y\times(-3)+5\times(-3)$

$=\boldsymbol{-3y-15}$

(5) $\dfrac{6x+12}{6}$

$=\dfrac{6x}{6}+\dfrac{12}{6}$

$=\boldsymbol{x+2}$

(6) $\dfrac{-8a-6}{2}$

$=-\dfrac{8a}{2}-\dfrac{6}{2}$

$=\boldsymbol{-4a-3}$

補充問題12　次の計算をしなさい。(教科書P.280)

(1)　$-24x \div (-4)$　　(2)　$-6x \div \dfrac{3}{4}$

(3)　$(6y-4) \div 2$　　(4)　$\dfrac{8x+12}{4}$

▶解答

(1)　$-24x \div (-4)$
$= -24x \times \left(-\dfrac{1}{4}\right)$
$= (-24) \times x \times \left(-\dfrac{1}{4}\right)$
$= (-24) \times \left(-\dfrac{1}{4}\right) \times x$
$= \mathbf{6x}$

(2)　$-6x \div \dfrac{3}{4}$
$= -6x \times \dfrac{4}{3}$
$= (-6) \times x \times \dfrac{4}{3}$
$= (-6) \times \dfrac{4}{3} \times x$
$= \mathbf{-8x}$

(3)　$(6y-4) \div 2$
$= (6y-4) \times \dfrac{1}{2}$
$= 6y \times \dfrac{1}{2} - 4 \times \dfrac{1}{2}$
$= \mathbf{3y-2}$

(4)　$\dfrac{8x+12}{4}$
$= \dfrac{8x}{4} + \dfrac{12}{4}$
$= \mathbf{2x+3}$

まちがえやすい問題

右の答案は，$(9a-6) \div 3$を計算したものですが，まちがっています。まちがっているところを見つけなさい。また，正しい計算をしなさい。

✖まちがいの例

$(9a-6) \div 3$
$= \dfrac{9a-6}{3}$
$= 3a-6$

▶解答　まちがっているところ…**分子の6を約分していない。**

正しい計算…　$(9a-6) \div 3$
$= \dfrac{9a-6}{3}$
$= \mathbf{3a-2}$

基本の問題

1　次の1次式について，1次の項とその係数を答えなさい。

(1)　$2x-3$　　(2)　$3a+4$

(3)　$-1+x$　　(4)　$-\dfrac{y}{3}+7$

▶解答　(1次の項，係数の順に)

(1)　$\mathbf{2x,\ 2}$　　(2)　$\mathbf{3a,\ 3}$　　(3)　$\mathbf{x,\ 1}$　　(4)　$\mathbf{-\dfrac{y}{3},\ -\dfrac{1}{3}}$

2　次の計算をしなさい。

(1) $8x-4x$　(2) $6a-3+5a-8$

(3) $(-3y-2)+(2y+3)$　(4) $(9y-4)-(3y-1)$

(5) $8\times(-7y)$　(6) $(3x+2)\times(-5)$

(7) $-(-2a+4)$　(8) $\dfrac{-7a+2}{4}\times 8$

(9) $2(a+1)+3(2a-1)$　(10) $-(3x-4)-(x-3)$

(11) $-4(2y-1)-3(y-2)$　(12) $\dfrac{1}{2}(2x-4)+\dfrac{1}{4}(8x-20)$

(13) $-12x\div 3$　(14) $3y\div\left(-\dfrac{1}{2}\right)$

(15) $(20t-5)\div(-5)$　(16) $\dfrac{16x-4}{2}$

▶解答

(1) $8x-4x$

$=\mathbf{4x}$

(2) $6a-3+5a-8$

$=6a+5a-3-8$

$=\mathbf{11a-11}$

(3) $(-3y-2)+(2y+3)$

$=-3y-2+2y+3$

$=-3y+2y-2+3$

$=\mathbf{-y+1}$

(4) $(9y-4)-(3y-1)$

$=9y-4-3y+1$

$=9y-3y-4+1$

$=\mathbf{6y-3}$

(5) $8\times(-7y)$

$=8\times(-7)\times y$

$=\mathbf{-56y}$

(6) $(3x+2)\times(-5)$

$=3x\times(-5)+2\times(-5)$

$=\mathbf{-15x-10}$

(7) $-(-2a+4)$

$=(-1)\times(-2a)+(-1)\times 4$

$=\mathbf{2a-4}$

(8) $\dfrac{-7a+2}{4}\times 8$

$=\dfrac{(-7a+2)\times 8}{4}$

$=(-7a+2)\times 2$

$=-7a\times 2+2\times 2$

$=\mathbf{-14a+4}$

(9) $2(a+1)+3(2a-1)$

$=2a+2+6a-3$

$=2a+6a+2-3$

$=\mathbf{8a-1}$

(10) $-(3x-4)-(x-3)$

$=-3x+4-x+3$

$=-3x-x+4+3$

$=\mathbf{-4x+7}$

(11)　$-4(2y-1)-3(y-2)$
$=-8y+4-3y+6$
$=-8y-3y+4+6$
$=\boldsymbol{-11y+10}$

(12)　$\frac{1}{2}(2x-4)+\frac{1}{4}(8x-20)$
$=x-2+2x-5$
$=x+2x-2-5$
$=\boldsymbol{3x-7}$

(13)　$-12x\div3$
$=-12x\times\frac{1}{3}$
$=-12\times x\times\frac{1}{3}$
$=-12\times\frac{1}{3}\times x$
$=\boldsymbol{-4x}$

(14)　$3y\div\left(-\frac{1}{2}\right)$
$=3y\times(-2)$
$=3\times y\times(-2)$
$=3\times(-2)\times y$
$=\boldsymbol{-6y}$

(15)　$(20t-5)\div(-5)$
$=(20t-5)\times\left(-\frac{1}{5}\right)$
$=20t\times\left(-\frac{1}{5}\right)-5\times\left(-\frac{1}{5}\right)$
$=\boldsymbol{-4t+1}$

(16)　$\frac{16x-4}{2}$
$=\frac{16x}{2}-\frac{4}{2}$
$=\boldsymbol{8x-2}$

3節　文字式の活用

1　碁石の総数を表す式を求め説明しよう

基本事項ノート

➔見通しをもつ
具体的な場合を考えて規則を見いだし，その規則を文字を使って一般式に表す。

➔考える，説明する
1通りの方法で終わるのではなく，できるだけたくさんの求め方を考えるようにする。考えた方法は，図と式で表現する。

1　彩(あや)さんは，1辺が「5個の場合」や「6個の場合」を考えてから，「n個の場合」を考えることにしました。次に示したのは，彩さんの考えを示したノートの一部です。

[彩さんのノート]

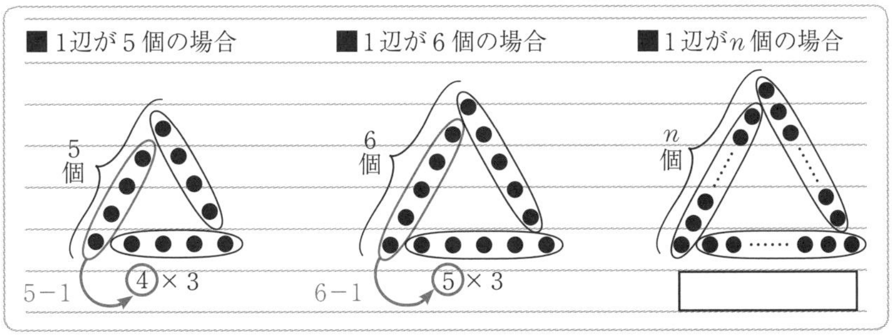

彩さんの考えをもとに，1辺がn個の場合の碁石の総数を式に表しましょう。

考え方　碁石の総数は，正三角形の1辺に並ぶ数より1少ない数の囲いが3個分あると考えている。

▶解答　**$(n-1)\times 3$　または　$3(n-1)$**

❷ 彩(あや)さんとはちがう方法で碁石の総数を表す式を求め，その式の求め方を，303ページの対話シート(対話シートは解答欄)にかきましょう。

▶解答　(例)

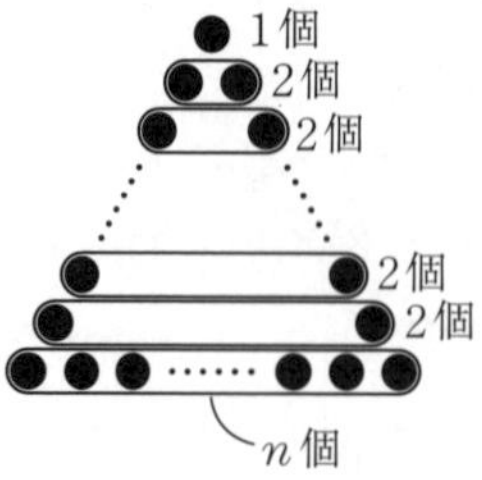

1辺の碁石の数をn個とすると
1番上の段にある碁石の数…1個
1番上と1番下を除いた段にある碁石の総数
{2個ずつ，$(n-2)$段分ある。}
…$2\times(n-2)=2(n-2)$個
1番下の段にある碁石の数…n個
碁石の総数は　**$1+2(n-2)+n$(個)**

❸ (1)　各自で考えた求め方をもとに，どんな求め方があるか，話し合いましょう。

彩さんが考えた図

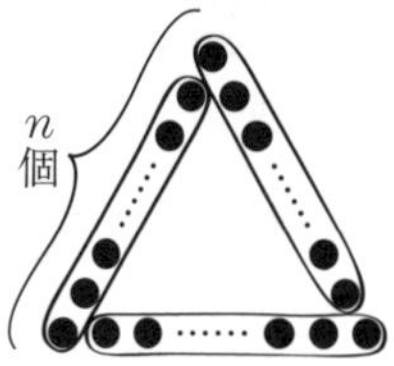

ほかの考えの例

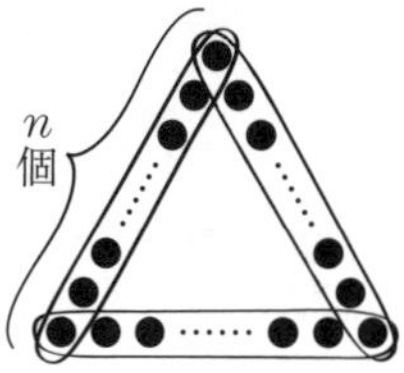

(2)　碁石の総数を表す式の求め方を，下の彩さんのように説明しましょう。

[彩さんの対話シート]

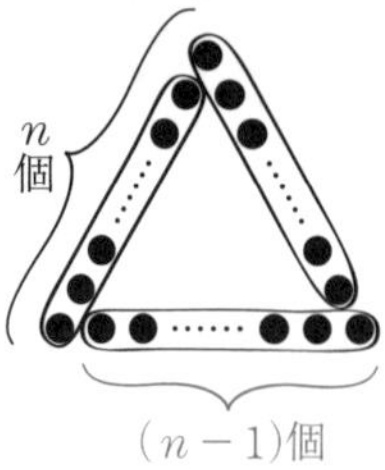

1辺の碁石の数をn個とすると
碁石の総数は　$3(n-1)$個
三角形の辺の数 ― 3
$(n-1)$ ― 1辺の碁石の数から1ひいた数

表現の例

彩さん：正三角形の辺ごとに1つの頂点以外を囲んでいるので，1つのまとまりは$(n-1)$個です。
同じまとまりが3つあるので，碁石の総数は，$3(n-1)$個になります。

考え方　(1)　囲み方のちがいに着目してみる。
(2)　彩さんの表現の例に習って，説明してみる。

▶解答　(1)　**・彩さんの囲み方には重なりがないね。**
・ほかの考え方の例だと，正三角形に並べた碁石の頂点を2回数えているね。
など

(2)　(ほかの例について)
1辺の碁石の総数をn個とすると　碁石の総数は　**$(3n-3)$個**

（説明）
「正三角形の辺ごとに囲んでいるので，1つのまとまりはn個です。
頂点を2回数えているので，碁石の総数は，$(3n-3)$個になります。」
（2の例について）
1辺の碁石の総数をn個とすると　碁石の総数は　**$1+2(n-2)+n$(個)**
（説明）
「正三角形の一番上の頂点から段ごとに囲んでいるので，1番上の段にある碁石の数は1個，1番下の段にある碁石の数はn個，その間にある段には，碁石は2個ずつあります。また，間にある段の数は1番上の段と1番下の段の2段分を除いた数，$(n-2)$段あるので，碁石の総数は，$1+2(n-2)+n$(個)になります。」

問1　次の問いに答えなさい。
(1)　㋐の図，㋑の式，㋒の式からそれぞれの考えを読み取り，図から式，式から図に表しましょう。

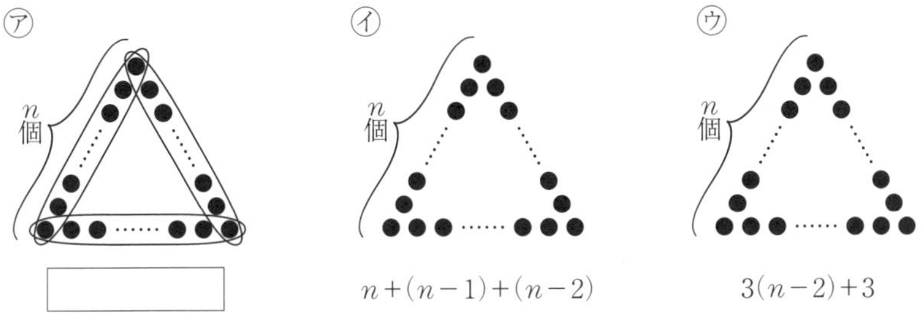

(2)　碁石の総数を表す式は，計算するとどれも同じになることを確かめましょう。
(3)　1辺が20個の場合，碁石の総数は何個になりますか。1辺が100個の場合は，何個になりますか。

考え方　(1)　㋑　n個，$(n-1)$個，$(n-2)$個で囲む。
㋒　3つの頂点を囲まないで後から数える。

▶解答　(1)　㋐　**$3n-3$**

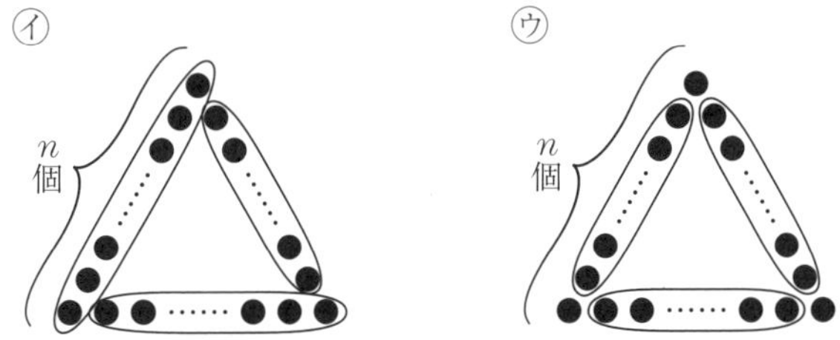

(2)　**㋑の式を計算すると　$n+(n-1)+(n-2)=3n-3$**
㋒の式を計算すると　$3(n-2)+3=3n-6+3=3n-3$
㋑の式も㋒の式も，計算すると㋐の式と同じ$3n-3$になる。
(3)　1辺が20個の場合　$3n-3=3\times20-3=60-3=57$　答　**57個**
1辺が100個の場合　$3n-3=3\times100-3=300-3=297$　答　**297個**

4　この学習では，どんな方法が役に立ちましたか。また，次にどんなことをしてみたいですか。

▶解答
- **まず具体的な数で碁石の総数を考えてみるとよい。**
- **規則性を見つけ出し，それを文字式や図で表すことにより，簡単に表現することができる。**
- **1辺が20個，100個などの場合，碁石の総数を知るためには，文字式を使って求めるとよい。**
- **碁石の総数は，碁石を並べる形と，1辺の個数が関係している。**
- **正三角形以外の正多角形にも適用できると予想できる。**　など

5　**Q**の「正三角形」の部分を別の図形に変えて新しい問題をつくり，**4**でふり返ったことを生かして，碁石の総数を式に表しましょう。

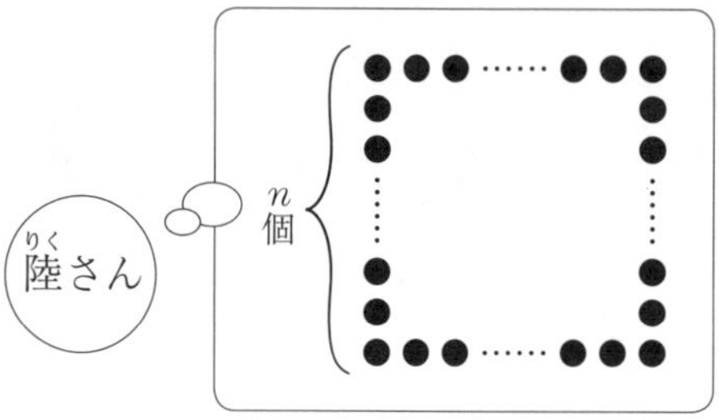

▶解答
(新しい問題の例)

1辺にn個ずつ碁石を並べて正方形の形をつくります。碁石の総数をnの式で表しましょう。

(上の問題の解答例)

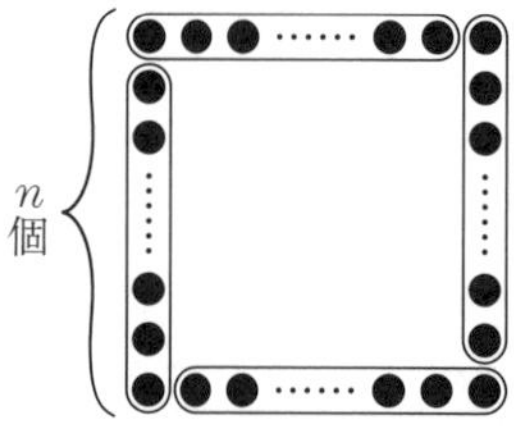

$4(n-1)$

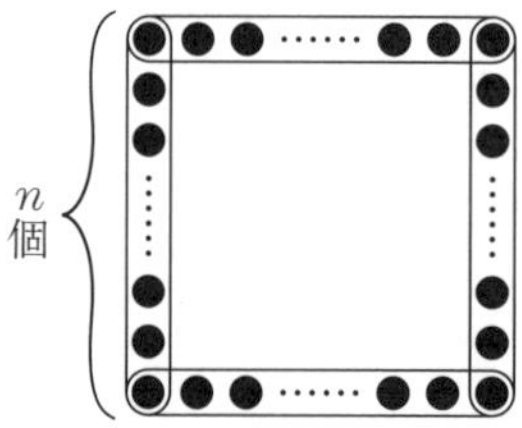

$4n-4$

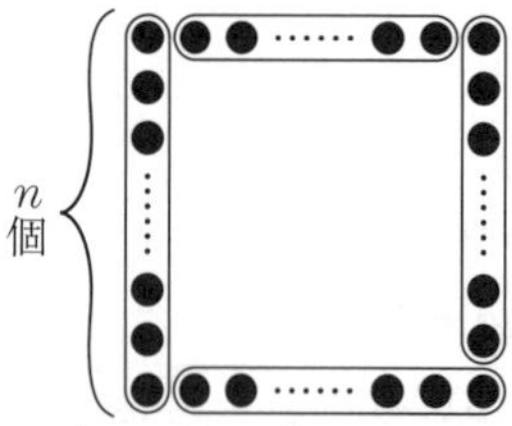

$n+(n-1)+(n-1)+(n-2)$

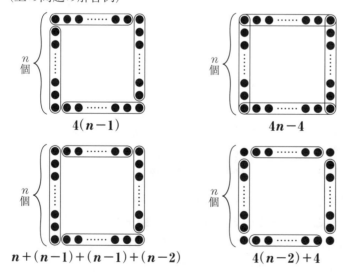

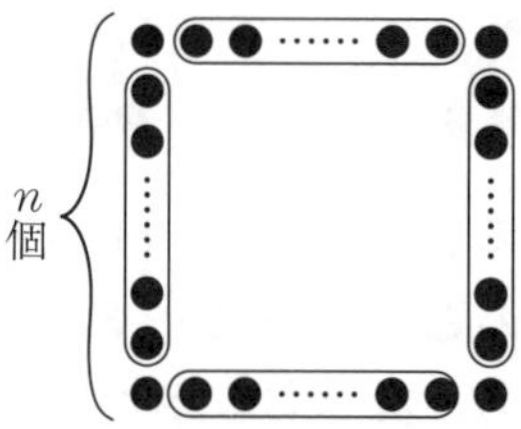

$4(n-2)+4$　　など

6　碁石を並べる形を正a角形，1辺の個数をn個として，碁石の総数をaとnを使った式に表してみましょう。

考え方　正三角形では$3(n-1)$，正四角形では$4(n-1)$と表すことができる。

▶解答　$\boldsymbol{a(n-1)}$，$\boldsymbol{an-a}$　など

2　等しい関係を表す式

基本事項ノート

➔等しい数量の関係

数量の等しい関係を等号を使って表した式を等式（とうしき）という。

等式では，等号の左側にある式を左辺（さへん），右側にある式を右辺（うへん）といい，左辺と右辺を合わせて両辺（りょうへん）という。

例　$6a+5b=250$
（$6a+5b$ が左辺，250 が右辺，左辺と右辺を合わせて両辺）

例　500円持っていて，x円もらったので800円になった。この数量の間の関係を等式で表すと，$500+x=800$になる。

問1　次の数量の間の関係を，等式で表しなさい。

(1)　1個80円のパンをa個と，1本130円の飲み物をb本買ったところ，代金が920円であった。

(2)　ある数xを5倍して7をたすと，yになった。

(3)　400ページの本を1日につきaページずつx日間読んだところ，yページ残った。

考え方
(1)　1個80円のパンをa個→$80a$円　1本130円の飲み物をb本→$130b$円
(2)　ある数xを5倍して7をたす→$5x+7$
(3)　aページずつx日間に読んだページ数→axページ

▶解答　(1)　$\boldsymbol{80a+130b=920}$　(2)　$\boldsymbol{5x+7=y}$　(3)　$\boldsymbol{400-ax=y}$

問2　兄は鉛筆をa本，弟は鉛筆をb本持っています。兄が弟に4本わたすと，兄の持つ本数は，弟の持つ本数のちょうど2倍になります。このことを等式で表しなさい。

考え方
弟に4本わたしたあとの兄の鉛筆の本数　$(a-4)$本
兄に4本もらったあとの弟の鉛筆の本数　$(b+4)$本

▶解答　$\boldsymbol{a-4=2(b+4)}$

問3　次の数量の間の関係を，等式で表しなさい。

(1)　長さ$x$cmのひもから1本$y$cmのひもを3本切り取ったところ，4cm残った。

(2)　長さ$x$cmのひもから$y$cmのひもを1本切り取ろうとしたところ，4cmたりなかった。

▶解答
(1)　$\boldsymbol{x-3y=4}$，$\boldsymbol{x=3y+4}$　など
(2)　$\boldsymbol{x-y=-4}$，$\boldsymbol{x+4=y}$　など

3 大小の関係を表す式

基本事項ノート

➔数量の大小関係

数量の大小関係を不等号を使って表した式を不等式(ふとうしき)という。

不等式でも等式と同じように，不等号の左側にある式を左辺，右側にある式を右辺，左辺と右辺を合わせて両辺という。

例　$3x-2<-2x+8$
　$3x-2$ が左辺，$-2x+8$ が右辺，左辺と右辺を合わせて両辺

例　ある数 x を4倍して5をひくと，12より小さくなった。
この数量の間の関係を不等式で表すと，$4x-5<12$ になる。

問1　ある植物園の入園料は，大人1人が a 円，中学生1人が b 円です。
次の数量の間の関係を，不等式で表しなさい。
(1)　大人2人の入園料は，中学生3人の入園料より高い。
(2)　大人2人と中学生5人の入園料の合計は，2000円より安い。

考え方　(1)　大人2人の入園料は $2a$ 円，中学生3人の入園料は $3b$ 円

▶解答　(1)　$\boldsymbol{2a>3b}$　　(2)　$\boldsymbol{2a+5b<2000}$

問2　x 円持って買い物に行ったところ，持っていたお金で，2000円の辞書を1冊と y 円の漫画(まんが)を2冊買えました。この数量の間の関係を，不等式で表しなさい。

考え方　買い物ができたということは，(所持金)≧(買い物の代金)ということになる。

▶解答　$\boldsymbol{x\geqq 2000+2y}$

問3　ある動物園の入園料は，大人1人が a 円，中学生1人が b 円です。
このとき，次の等式や不等式はどんなことがらを表していますか。
(1)　$2a+3b=1800$　　(2)　$a+3b<1500$
(3)　$a-b=400$　　(4)　$4a+5b\geqq 3000$

考え方　数量の等しい関係，数量の大小関係を式から読み取る。

▶解答
(1)　**大人2人と中学生3人の入園料の合計は，1800円である。**
(2)　**大人1人と中学生3人の入園料の合計は，1500円より安い。**
(3)　**大人1人の入園料は，中学生の入園料より400円高い。**
(4)　**大人4人と中学生5人の入園料の合計は，3000円以上である。**

基本の問題

1　x 個のみかんを，8個ずつ a 人に配ったところ，3個余りました。このことについて，次の問いに答えなさい。
(1)　数量の間の関係を表した右の図(図は解答欄)を完成しなさい。
(2)　数量の間の関係を，等式で表しなさい。

考え方　配ったみかんの数は $8a$ 個

▶解答　(1)

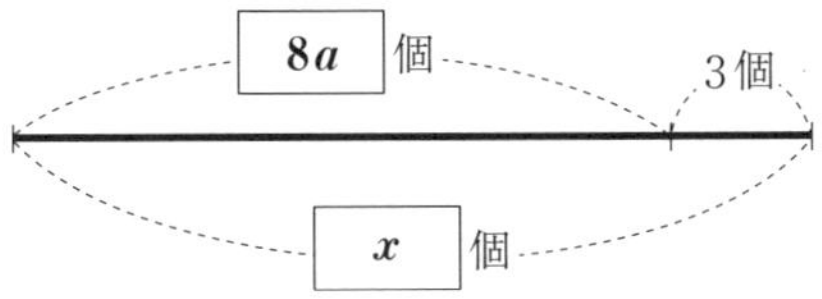

(2)　$\boldsymbol{x-8a=3,\ 8a+3=x}$　など

2　次の数量の間の関係を，等式で表しなさい。

(1)　1本 x 円のジュースを3本買って，1000円札を1枚出したところ，おつりは y 円だった。

(2)　1辺が a cmである正三角形の周の長さと，1辺が b cmである正方形の周の長さが等しい。

考え方　等しい関係にあるのはどの数量か考える。

▶解答　(1)　$\boldsymbol{1000-3x=y}$　　(2)　$\boldsymbol{3a=4b}$

3　次の数量の間の関係を，不等式で表しなさい。

(1)　1枚 a gの封筒に，1枚 b gの便せんを5枚入れて重さをはかったところ，25gより重かった。

(2)　x 円分の図書カードで，1冊 a 円の本を3冊買うことができた。

考え方　(2)　以上，以下の関係であることに注意する。

▶解答　(1)　$\boldsymbol{a+5b>25}$　　(2)　$\boldsymbol{x\geqq 3a}$

4　1個 a 円のりんごと，1個 b 円のももが売られています。
このとき，次の等式や不等式はどんなことがらを表していますか。

(1)　$3a+4b=1500$　　(2)　$2a+3b>1000$

(3)　$b-a=200$　　(4)　$2a+b\leqq 600$

▶解答　(1)　**りんご3個ともも4個の代金は，1500円である。**

(2)　**りんご2個ともも3個の代金は，1000円より高い。**

(3)　**もも1個の値段はりんご1個の値段より200円高い。**

(4)　**りんご2個ともも1個の代金は，600円以下である。**

2章の問題

1　次の式を，×，÷を使わない式にしなさい。

(1)　$b\times a\times 5$　　(2)　$x\times(-1)\times y$

(3)　$(a+1)\times 2$　　(4)　$a\times b\times(-3)\times a$

(5)　$a\div 4\times x$　　(6)　$a\times(-2)+b\div 3$

▶解答　(1)　$\boldsymbol{5ab}$　(2)　$\boldsymbol{-xy}$　(3)　$\boldsymbol{2(a+1)}$　(4)　$\boldsymbol{-3a^2b}$　(5)　$\boldsymbol{\dfrac{ax}{4}}$　(6)　$\boldsymbol{-2a+\dfrac{b}{3}}$

2 次の数量を，文字式で表しなさい。
(1) 洋服の定価a円の1割
(2) 12kmの道のりを，時速$x$kmで歩いたときにかかる時間

▶解答 (1) $\boldsymbol{\frac{a}{10}}$**円または**$\boldsymbol{0.1a}$**円**　(2) $\boldsymbol{\frac{12}{x}}$**時間**

3 $x=-3$のとき，次の式の値を求めなさい。
(1) $5x+2$　(2) $3-6x$

▶解答
(1) $5x+2$
$=5\times(-3)+2$
$=-15+2$
$=\boldsymbol{-13}$

(2) $3-6x$
$=3-6\times(-3)$
$=3+18$
$=\boldsymbol{21}$

4 ある水族館の中学生1人の入館料は，大人1人の入館料より120円安いそうです。この水族館の大人1人の入館料をa円とするとき，次の式は何を表していますか。
(1) $3a$円　(2) $(a-120)$円　(3) $2(a-120)$円

▶解答 (1) **大人3人の入館料**　(2) **中学生1人の入館料**　(3) **中学生2人の入館料**

5 次の計算をしなさい。
(1) $(x-3)+(2x+5)$　(2) $(3x+2)-(7x-1)$
(3) $4(2a-3)$　(4) $3(x+5)+6(2x-3)$
(5) $4(2y-1)-5(y-3)$　(6) $(6x-3)\div(-3)$

▶解答
(1) $(x-3)+(2x+5)$
$=x-3+2x+5$
$=x+2x-3+5$
$=\boldsymbol{3x+2}$

(2) $(3x+2)-(7x-1)$
$=3x+2-7x-(-1)$
$=3x+2-7x+1$
$=3x-7x+2+1$
$=\boldsymbol{-4x+3}$

(3) $4(2a-3)$
$=4\times2a+4\times(-3)$
$=\boldsymbol{8a-12}$

(4) $3(x+5)+6(2x-3)$
$=3x+15+12x-18$
$=3x+12x+15-18$
$=\boldsymbol{15x-3}$

(5) $4(2y-1)-5(y-3)$
$=8y-4-5y+15$
$=8y-5y-4+15$
$=\boldsymbol{3y+11}$

(6) $(6x-3)\div(-3)$
$=(6x-3)\times\left(-\frac{1}{3}\right)$
$=6x\times\left(-\frac{1}{3}\right)-3\times\left(-\frac{1}{3}\right)$
$=\boldsymbol{-2x+1}$

6 縦の長さが$a$cm，横の長さが$b$cmの長方形があるとき，次の数量の間の関係を，等式や不等式で表しなさい。
(1) この長方形の縦の長さは，横の長さより2cm長い。
(2) この長方形の縦と横の長さの和は，18cmより長い。
(3) この長方形の面積は，90cm²以下である。

▶解答 (1) $\boldsymbol{a-b=2,\ a=b+2}$ など (2) $\boldsymbol{a+b>18}$ (3) $\boldsymbol{ab\leqq 90}$

とりくんでみよう

1 $x=-4$，$y=3$のとき，次の式の値を求めなさい。
(1) $-\dfrac{12}{x}$ (2) $5xy$ (3) $-x^2-y$ (4) $\dfrac{1}{6}xy^2$

▶解答
(1) $-\dfrac{12}{x}$
$=-\dfrac{12}{(-4)}$
$=\boldsymbol{3}$

(2) $5xy$
$=5\times(-4)\times3$
$=\boldsymbol{-60}$

(3) $-x^2-y$
$=-(-4)^2-3$
$=-16-3$
$=\boldsymbol{-19}$

(4) $\dfrac{1}{6}xy^2$
$=\dfrac{1}{6}\times(-4)\times3^2$
$=\boldsymbol{-6}$

2 次の計算をしなさい。
(1) $-\dfrac{2}{3}(9x+3)$ (2) $\dfrac{3x-1}{4}\times12$
(3) $(-10)\times\dfrac{6y-3}{5}$ (4) $2(2x-1)-\dfrac{1}{3}(6x-3)$
(5) $(7b-2)\div\dfrac{1}{3}$ (6) $6x+3-\dfrac{4x-10}{2}$

▶解答
(1) $-\dfrac{2}{3}(9x+3)$
$=-\dfrac{2}{3}\times9x-\dfrac{2}{3}\times3$
$=\boldsymbol{-6x-2}$

(2) $\dfrac{3x-1}{4}\times12$
$=\dfrac{(3x-1)\times12}{4}$
$=(3x-1)\times3$
$=3x\times3-1\times3$
$=\boldsymbol{9x-3}$

(3) $(-10)\times\dfrac{6y-3}{5}$
$=\dfrac{-10\times(6y-3)}{5}$
$=-2\times(6y-3)$
$=-2\times6y-2\times(-3)$
$=\boldsymbol{-12y+6}$

(4) $2(2x-1)-\dfrac{1}{3}(6x-3)$
$=4x-2-2x+1$
$=4x-2x-2+1$
$=\boldsymbol{2x-1}$

(5)　$(7b-2)\div\frac{1}{3}$

$=(7b-2)\times3$

$=7b\times3-2\times3$

$\mathbf{=21b-6}$

(6)　$6x+3-\frac{4x-10}{2}$

$=6x+3-\left(\frac{4x}{2}-\frac{10}{2}\right)$

$=6x+3-\frac{4x}{2}+\frac{10}{2}$

$=6x+3-2x+5$

$=6x-2x+3+5$

$\mathbf{=4x+8}$

3　右の図のような半円があります。
次の式は何を表していますか。

(1)　$\frac{1}{2}\pi r^2$　　　(2)　$2r+\pi r$

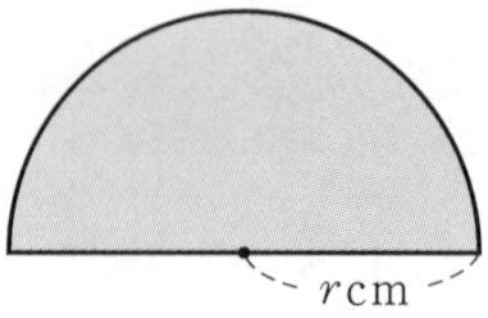

考え方　(1)　(円の面積)＝(半径)×(半径)×π　　　(2)　(円周の長さ)＝(直径)×π

▶解答　(1)　**半円の面積**　　　(2)　**半円の周の長さ**

4　次の数量の間の関係を，等式で表しなさい。

(1)　x個のあめを，a個ずつ9人に配ったところ，2個余った。

(2)　正の整数aを4でわると，商がbで余りが1になる。

▶解答　(1)　$\boldsymbol{x=9a+2,\ 9a=x-2}$　など　　　(2)　$\boldsymbol{a=4b+1,\ \frac{a-1}{4}=b}$　など

5　右の台形の面積の求め方は，図㋐をもとにすると，
次のように説明することができます。

もとの台形を，図㋐ように，縦が$h$cm，横が$a$cmの長方形と，底辺が$(b-a)$cm，高さが$h$cmの三角形に分けると，もとの台形の面積は，次の式で表される。

$ah+\frac{1}{2}(b-a)h$

右の図㋑をもとにした，同じ台形の面積の求め方を，
上と同じように説明しなさい。

㋐
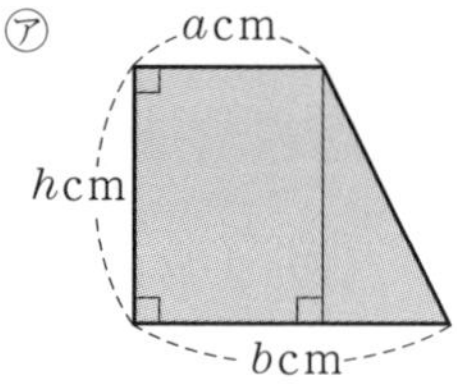

㋑
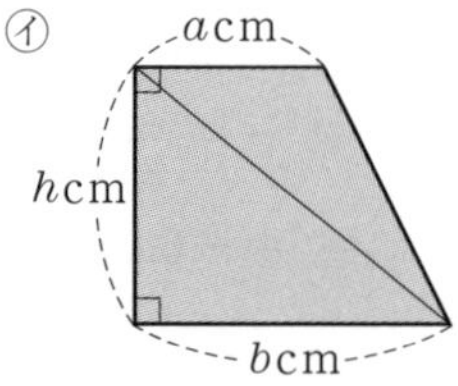

▶解答　**もとの台形を，図㋑のように，底辺が$a$cm，高さが$h$cmの三角形と，底辺が$b$cm，高さが$h$cmの三角形に分けると，もとの台形の面積は，次の式で表される。**

$\boldsymbol{\frac{1}{2}ah+\frac{1}{2}bh}$

次の章を学ぶ前に

1　次の□にあてはまる数を求めましょう。

(1)　□＋11＝15　(2)　9－□＝3　(3)　□－4＝14

(4)　4×□＝16　(5)　□×3＝21　(6)　□÷6＝3

▶解答

(1)　□＝15－11＝4　□＝**4**　(2)　□＝－3＋9＝6　□＝**6**

(3)　□＝14＋4＝18　□＝**18**　(4)　□＝16÷4＝4　□＝**4**

(5)　□＝21÷3＝7　□＝**7**　(6)　□＝3×6＝18　□＝**18**

2　里美（さとみ）さんは，あめを何個か持っていました。兄から18個もらったので，全部で42個になりました。このことがらについて，次の問いに答えましょう。

(1)　里美さんがはじめに持っていたあめの個数を x 個として，数量の関係を等式に表しましょう。

(2)　里美さんがはじめに持っていたあめの個数を求めましょう。

▶解答

(1)　$\boldsymbol{x+18=42}$　など

(2)　$x=42-18=24$　　答　**24個**

3章 方程式

この章について

この章では，未知の数量を文字xなどを用いて1次方程式という等式に表し，xにあてはまる値を等式の性質を使って求めることを学習します。ここで大事なことは，方程式のなかの文字や解の意味を理解し，等式の性質を用いて，筋道を立てて能率よく解けるようになることです。せっかく正しく等式を立てることができても，間違って解いては何にもなりません。

1節 方程式

1 方程式

基本事項ノート

方程式

xの値によって，成り立ったり，成り立たなかったりする等式を，xについての方程式（ほうていしき）という。

解

方程式を成り立たせる文字の値を，その方程式の解（かい）という。

例　$x+5=8$の解は3である。$x=3$とかく。

方程式を解く

解を求めることを，方程式を解く（と）という。

問1　①の等式の左辺$3x-8$のxに1から6までの整数をそれぞれ代入して式の値を求め，右の表(表は解答欄)を完成しなさい。

▶解答

x	左辺 $3x-8$	等号または不等号	右辺 x
0	$3\times0-8=-8$	<	0
1	**$3\times1-8=-5$**	<	1
2	**$3\times2-8=-2$**	<	2
3	**$3\times3-8=1$**	<	3
4	**$3\times4-8=4$**	=	4
5	**$3\times5-8=7$**	>	5
6	**$3\times6-8=10$**	>	6

問2　-2から2までの整数のうち，次の方程式の解はどれですか。下の表(表は解答欄)を使って求めなさい。

(1)　$9+x=11$　　　(2)　$-x-3=4+6x$

▶解答　(1)　**$x=2$**

x	左辺 $9+x$	等号または不等号	右辺 11
-2	**7**	$<$	11
-1	**8**	$<$	11
0	**9**	$<$	11
1	**10**	$<$	11
2	**11**	$=$	11

(2)　**$x=-1$**

x	左辺 $-x-3$	等号または不等号	右辺 $4+6x$
-2	**-1**	$>$	**-8**
-1	**-2**	$=$	**-2**
0	**-3**	$<$	**4**
1	**-4**	$<$	**10**
2	**-5**	$<$	**16**

問3　次の方程式のうち，-2が解であるものを選びなさい。

㋐　$4-3x=-10$　　㋑　$3x=-x+5$

㋒　$2x+6=5x+12$　　㋓　$2(x-7)=1-8x$

考え方　xに-2を代入して，等式が成り立つものをさがす。

▶解答

㋐　(左辺)$=4-3x$
$=4-3\times(-2)$
$=4+6$
$=10$
(右辺)$=-10$

㋑　(左辺)$=3x$
$=3\times(-2)$
$=-6$
(右辺)$=-x+5$
$=-(-2)+5$
$=7$

㋒　(左辺)$=2x+6$
$=2\times(-2)+6$
$=2$
(右辺)$=5x+12$
$=5\times(-2)+12$
$=2$

㋓　(左辺)$=2(x-7)$
$=2\times(-2-7)$
$=2\times(-9)$
$=-18$
(右辺)$=1-8x$
$=1-8\times(-2)$
$=1+16$
$=17$

答　㋒

2　等式の性質

基本事項ノート

➔等式の性質　$A=B$ならば，次の等式が成り立つ。

1　$A+C=B+C$ …両辺に同じ数をたしても成り立つ。

2　$A-C=B-C$ …両辺から同じ数をひいても成り立つ。

3　$AC=BC$ …両辺に同じ数をかけても成り立つ。

4　$\dfrac{A}{C}=\dfrac{B}{C}$ …両辺を同じ数でわっても成り立つ。ただし，$C\neq 0$である。

Q つり合っている天びんに次のような操作をしたとき，天びんはどうなるでしょうか。(図省略)

▶解答 つり合ったてんびんの両方の皿に，同じ重さの物を加えたり，両方の皿から取り除いたりしても，**てんびんはつり合ったままである。**
また，つり合ったてんびんの両方の皿の物を，どちらも同じように何倍かしたり，両方の皿の物を，同じように何分の1かにしても，**てんびんはつり合う。**

問1 次の方程式を解きなさい。

(1) $x-9=6$　(2) $x+7=4$
(3) $x-4=-2$　(4) $10+x=-5$

▶解答
(1) $x-9=6$
$x-9+9=6+9$
$\boldsymbol{x=15}$

(2) $x+7=4$
$x+7-7=4-7$
$\boldsymbol{x=-3}$

(3) $x-4=-2$
$x-4+4=-2+4$
$\boldsymbol{x=2}$

(4) $10+x=-5$
$10+x-10=-5-10$
$\boldsymbol{x=-15}$

チャレンジ1 (1) $x+3=3$　(2) $-5+x=5$

▶解答
(1) $x+3=3$
$x+3-3=3-3$
$\boldsymbol{x=0}$

(2) $-5+x=5$
$-5+x+5=5+5$
$\boldsymbol{x=10}$

問2 次の方程式を解きなさい。

(1) $\frac{1}{4}x=3$　(2) $2x=-16$
(3) $-\frac{1}{6}x=5$　(4) $-3x=-12$
(5) $\frac{1}{12}x=\frac{1}{3}$　(6) $6x=5$

▶解答
(1) $\frac{1}{4}x=3$
$\frac{1}{4}x\times4=3\times4$
$\boldsymbol{x=12}$

(2) $2x=-16$
$\frac{2x}{2}=\frac{-16}{2}$
$\boldsymbol{x=-8}$

(3) $-\frac{1}{6}x=5$
$-\frac{1}{6}x\times(-6)=5\times(-6)$
$\boldsymbol{x=-30}$

(4) $-3x=-12$
$\frac{-3x}{-3}=\frac{-12}{-3}$
$\boldsymbol{x=4}$

(5)　$\frac{1}{12}x=\frac{1}{3}$

$\frac{1}{12}x\times 12=\frac{1}{3}\times 12$

$\boldsymbol{x=4}$

(6)　$6x=5$

$\frac{6x}{6}=\frac{5}{6}$

$\boldsymbol{x=\frac{5}{6}}$

チャレンジ2　(1)　$2x=\frac{4}{5}$　(2)　$\frac{2}{3}x=12$

▶解答

(1)　$2x=\frac{4}{5}$

$\frac{2x}{2}=\frac{4}{5\times 2}$

$\boldsymbol{x=\frac{2}{5}}$

(2)　$\frac{2}{3}x=12$

$\frac{2}{3}x\times\frac{3}{2}=12\times\frac{3}{2}$

$\boldsymbol{x=18}$

補充問題13　次の方程式を解きなさい。(教科書P.281)

(1)　$x-2=-7$　(2)　$9+x=-8$

(3)　$-1+x=3$　(4)　$x+\frac{1}{4}=-\frac{3}{4}$

(5)　$5x=-15$　(6)　$-7x=-56$

(7)　$-\frac{1}{2}x=\frac{3}{2}$　(8)　$\frac{3}{5}x=9$

▶解答

(1)　$x-2=-7$

$x-2+2=-7+2$

$\boldsymbol{x=-5}$

(2)　$9+x=-8$

$9+x-9=-8-9$

$\boldsymbol{x=-17}$

(3)　$-1+x=3$

$-1+x+1=3+1$

$\boldsymbol{x=4}$

(4)　$x+\frac{1}{4}=-\frac{3}{4}$

$x+\frac{1}{4}-\frac{1}{4}=-\frac{3}{4}-\frac{1}{4}$

$\boldsymbol{x=-1}$

(5)　$5x=-15$

$\frac{5x}{5}=\frac{-15}{5}$

$\boldsymbol{x=-3}$

(6)　$-7x=-56$

$\frac{-7x}{-7}=\frac{-56}{-7}$

$\boldsymbol{x=8}$

(7)　$-\frac{1}{2}x=\frac{3}{2}$

$-\frac{1}{2}x\times(-2)=\frac{3}{2}\times(-2)$

$\boldsymbol{x=-3}$

(8)　$\frac{3}{5}x=9$

$\frac{3}{5}x\times\frac{5}{3}=9\times\frac{5}{3}$

$\boldsymbol{x=15}$

3　1次方程式の解き方

基本事項ノート

移項

等式の一方の辺にある項を，符号を変えて他方の辺に移すことを移項(いこう)という。

$2x+3=9$　──移項→　$2x=9-3$

$5x-2=8$　──移項→　$5x=8+2$

➔1次方程式

方程式は，移項して整理すると，(xの1次式)=0の形になる。このような方程式を，xについての1次方程式（いちじほうていしき）という。

例　$5x-7=7x-2$　　$3x+8=2$

Q　右の①の式から②の式を導くのに，等式の性質のどれを使っていますか。

$x-4=2$　……①
$x-4+4=2+4$
$x=2+4$……②
$x=6$

▶解答　**等式の性質[1]　$A=B$ならば$A+C=B+C$**

問1　**例1**のもとの方程式$x+3=-7$で，$x=-10$のとき(左辺)=(右辺)となることを確かめなさい。

▶解答　**(左辺)$=x+3=-10+3=-7$　(右辺)$=-7$**
したがって，$x=-10$のとき，(左辺)=(右辺)となる。

問2　次の方程式を解きなさい。

(1)　$x-6=-5$　　(2)　$x+8=-3$
(3)　$9+x=4$　　(4)　$-27+x=-13$

考え方　$x+b=c$の形だから，bを右辺に移項すればよい。

▶解答
(1)　$x-6=-5$
$x=-5+6$
$\boldsymbol{x=1}$

(2)　$x+8=-3$
$x=-3-8$
$\boldsymbol{x=-11}$

(3)　$9+x=4$
$x=4-9$
$\boldsymbol{x=-5}$

(4)　$-27+x=-13$
$x=-13+27$
$\boldsymbol{x=14}$

チャレンジ1　$x-\dfrac{1}{2}=\dfrac{3}{2}$

▶解答
$x-\dfrac{1}{2}=\dfrac{3}{2}$
$x=\dfrac{3}{2}+\dfrac{1}{2}$
$\boldsymbol{x=2}$

問3　次の方程式を解きなさい。

(1)　$2x+5=13$　　(2)　$7x+4=-10$
(3)　$3x=x+16$　　(4)　$5x=18-x$
(5)　$x=4x-3$　　(6)　$-6x=-5x+7$

考え方　両辺にxがある場合は，移項してxの項を左辺に集めて計算する。

▶解答

(1)
$$2x+5=13$$
$$2x=13-5$$
$$2x=8$$
$$\boldsymbol{x=4}$$

(2)
$$7x+4=-10$$
$$7x=-10-4$$
$$7x=-14$$
$$\boldsymbol{x=-2}$$

(3)
$$3x=x+16$$
$$3x-x=16$$
$$2x=16$$
$$\boldsymbol{x=8}$$

(4)
$$5x=18-x$$
$$5x+x=18$$
$$6x=18$$
$$\boldsymbol{x=3}$$

(5)
$$x=4x-3$$
$$x-4x=-3$$
$$-3x=-3$$
$$\boldsymbol{x=1}$$

(6)
$$-6x=-5x+7$$
$$-6x+5x=7$$
$$-x=7$$
$$\boldsymbol{x=-7}$$

チャレンジ2　(1)　$\frac{1}{3}x-2=4$　(2)　$2x+1=\frac{1}{2}$

▶解答

(1)
$$\frac{1}{3}x-2=4$$
$$\frac{1}{3}x=4+2$$
$$\frac{1}{3}x=6$$
$$\boldsymbol{x=18}$$

(2)
$$2x+1=\frac{1}{2}$$
$$2x=\frac{1}{2}-1$$
$$2x=-\frac{1}{2}$$
$$\boldsymbol{x=-\frac{1}{4}}$$

問4　次の方程式を解きなさい。

(1)　$3x-4=x+2$　(2)　$6x-1=4x-3$

(3)　$-9x-15=-4x-5$　(4)　$-2x-5=5x-12$

(5)　$-3-x=2x+9$　(6)　$8x+1=-2+2x$

考え方　$ax+b=cx+d$の形だから，移項してxの項を左辺に，定数項を右辺に集めてから計算する。

▶解答

(1)
$$3x-4=x+2$$
$$3x-x=2+4$$
$$2x=6$$
$$\boldsymbol{x=3}$$

(2)
$$6x-1=4x-3$$
$$6x-4x=-3+1$$
$$2x=-2$$
$$\boldsymbol{x=-1}$$

(3)
$$-9x-15=-4x-5$$
$$-9x+4x=-5+15$$
$$-5x=10$$
$$\boldsymbol{x=-2}$$

(4)
$$-2x-5=5x-12$$
$$-2x-5x=-12+5$$
$$-7x=-7$$
$$\boldsymbol{x=1}$$

(5) $-3-x=2x+9$
$-x-2x=9+3$
$-3x=12$
$\boldsymbol{x=-4}$

(6) $8x+1=-2+2x$
$8x-2x=-2-1$
$6x=-3$
$\boldsymbol{x=-\frac{1}{2}}$

チャレンジ3 (1) $x-4=2x-11$ (2) $7-x=6x+7$ (3) $-x+5=3x-5$

▶解答

(1) $x-4=2x-11$
$x-2x=-11+4$
$-x=-7$
$\boldsymbol{x=7}$

(2) $7-x=6x+7$
$-x-6x=7-7$
$-7x=0$
$\boldsymbol{x=0}$

(3) $-x+5=3x-5$
$-x-3x=-5-5$
$-4x=-10$
$\boldsymbol{x=\frac{5}{2}}$

補充問題14 次の方程式を解きなさい。(教科書P.281)

(1) $-5+x=13$
(2) $4x+7=-9$
(3) $2x-3=5$
(4) $7x=x+24$
(5) $2x=6x-32$
(6) $-8x=-7x+3$
(7) $x-6=4x$
(8) $5x+3=7x-7$
(9) $6-4x=-15-7x$
(10) $-2x+6=-4x+6$

▶解答

(1) $-5+x=13$
$x=13+5$
$\boldsymbol{x=18}$

(2) $4x+7=-9$
$4x=-9-7$
$4x=-16$
$\boldsymbol{x=-4}$

(3) $2x-3=5$
$2x=5+3$
$2x=8$
$\boldsymbol{x=4}$

(4) $7x=x+24$
$7x-x=24$
$6x=24$
$\boldsymbol{x=4}$

(5) $2x=6x-32$
$2x-6x=-32$
$-4x=-32$
$\boldsymbol{x=8}$

(6) $-8x=-7x+3$
$-8x+7x=3$
$-x=3$
$\boldsymbol{x=-3}$

(7) $x-6=4x$
$x-4x=6$
$-3x=6$
$\boldsymbol{x=-2}$

(8) $5x+3=7x-7$
$5x-7x=-7-3$
$-2x=-10$
$\boldsymbol{x=5}$

(9) $6-4x=-15-7x$
$-4x+7x=-15-6$
$3x=-21$
$\boldsymbol{x=-7}$

(10) $-2x+6=-4x+6$
$-2x+4x=6-6$
$2x=0$
$\boldsymbol{x=0}$

4　いろいろな1次方程式の解き方①

基本事項ノート

➔かっこがある方程式

かっこがある方程式は，かっこをはずしてから解く。

例　$3(x-5)=-2x$
$3x-15=-2x$　）かっこをはずす。
$3x+2x=15$　）移項する。
$5x=15$
$x=3$　）両辺を5でわる。

➔係数に小数をふくむ方程式

係数に小数をふくむ方程式は，ふつう，両辺に10，100などをかけて，係数に小数をふくまない形にしてから計算する方が解きやすくなる。

Q　分配法則を使って，次の計算をしましょう。
(1)　$2(x-10)$　　(2)　$-3(x-4)$

考え方　分配法則，$a(b+c)=ab+ac$を使って計算しよう。

▶解答　(1)　$2(x-10)=\boldsymbol{2x-20}$　　(2)　$-3(x-4)=\boldsymbol{-3x+12}$

問1　次の方程式を解きなさい。
(1)　$4(x-2)=x+7$　　(2)　$-3(2x-5)=5-8x$

▶解答
(1)
$4(x-2)=x+7$
$4x-8=x+7$
$4x-x=7+8$
$3x=15$
$\boldsymbol{x=5}$

(2)
$-3(2x-5)=5-8x$
$-6x+15=5-8x$
$-6x+8x=5-15$
$2x=-10$
$\boldsymbol{x=-5}$

チャレンジ1　$2(x+1)=-3(x-1)$

▶解答
$2(x+1)=-3(x-1)$
$2x+2=-3x+3$
$2x+3x=3-2$
$5x=1$
$\boldsymbol{x=\frac{1}{5}}$

問2　次の方程式を解きなさい。
(1)　$10(3x-7)=200$　　(2)　$32x=8(x-18)$

考え方 両辺を同じ数でわれる場合は，先に両辺をわると計算が簡単になる。

▶解答 (1) $10(3x-7)=200$

$\frac{10(3x-7)}{10}=\frac{200}{10}$

$3x-7=20$

$3x=20+7$

$3x=27$

$\boldsymbol{x=9}$

(2) $32x=8(x-18)$

$\frac{32x}{8}=\frac{8(x-18)}{8}$

$4x=x-18$

$4x-x=-18$

$3x=-18$

$\boldsymbol{x=-6}$

チャレンジ2 $\frac{1}{2}(x-4)=8$

▶解答

$\frac{1}{2}(x-4)=8$

$\frac{1}{2}(x-4)\times 2=8\times 2$

$x-4=16$

$x=16+4$

$\boldsymbol{x=20}$

問3 次の方程式を解きなさい。

(1) $0.2x-0.5=0.9$ (2) $1.3a+0.1=0.8a+2.6$

▶解答 (1) $0.2x-0.5=0.9$

$(0.2x-0.5)\times 10=0.9\times 10$

$2x-5=9$

$2x=9+5$

$2x=14$

$\boldsymbol{x=7}$

(2) $1.3a+0.1=0.8a+2.6$

$(1.3a+0.1)\times 10=(0.8a+2.6)\times 10$

$13a+1=8a+26$

$13a-8a=26-1$

$5a=25$

$\boldsymbol{a=5}$

チャレンジ3 $0.03x-0.34=0.01x$

▶解答

$0.03x-0.34=0.01x$

$(0.03x-0.34)\times 100=0.01x\times 100$

$3x-34=x$

$3x-x=34$

$2x=34$

$\boldsymbol{x=17}$

問4 次の方程式の解き方について，下の(1)，(2)の順に考えましょう。

$0.06x-0.5=0.03x+0.7$

(1) 両辺にどんな数をかければよいでしょうか。

(2) (1)で考えた方法で，上の方程式を解きましょう。

▶解答　(1)　**100**

(2)
$$0.06x-0.5=0.03x+0.7$$
$$(0.06x-0.5)\times100=(0.03x+0.7)\times100$$
$$6x-50=3x+70$$
$$6x-3x=70+50$$
$$3x=120$$
$$\boldsymbol{x=40}$$

問5　次の方程式を解きなさい。

(1)　$0.07x-0.2=0.05x+1.8$　　(2)　$0.09y+1=0.34-0.02y$

▶解答　(1)
$$0.07x-0.2=0.05x+1.8$$
$$(0.07x-0.2)\times100=(0.05x+1.8)\times100$$
$$7x-20=5x+180$$
$$7x-5x=180+20$$
$$2x=200$$
$$\boldsymbol{x=100}$$

(2)
$$0.09y+1=0.34-0.02y$$
$$(0.09y+1)\times100=(0.34-0.02y)\times100$$
$$9y+100=34-2y$$
$$9y+2y=34-100$$
$$11y=-66$$
$$\boldsymbol{y=-6}$$

チャレンジ4　$0.1x-2=0.03x+1.5$

▶解答
$$0.1x-2=0.03x+1.5$$
$$(0.1x-2)\times100=(0.03x+1.5)\times100$$
$$10x-200=3x+150$$
$$10x-3x=150+200$$
$$7x=350$$
$$\boldsymbol{x=50}$$

補充問題15　次の方程式を解きなさい。(教科書P.281)

(1)　$8x+2=6(x+2)$　　(2)　$5(2a-4)=3(a-2)$

(3)　$2x-3(3-2x)=7$　　(4)　$2(3x+5)=-4(x+5)$

(5)　$5(x-36)=-40x$　　(6)　$9x=3(4+x)$

(7)　$280(x-8)=70(3x-10)$

▶解答　(1)
$$8x+2=6(x+2)$$
$$8x+2=6x+12$$
$$8x-6x=12-2$$
$$2x=10$$
$$\boldsymbol{x=5}$$

(2)
$$5(2a-4)=3(a-2)$$
$$10a-20=3a-6$$
$$10a-3a=-6+20$$
$$7a=14$$
$$\boldsymbol{a=2}$$

(3)
$$2x-3(3-2x)=7$$
$$2x-9+6x=7$$
$$2x+6x=7+9$$
$$8x=16$$
$$\boldsymbol{x=2}$$

(4)
$$2(3x+5)=-4(x+5)$$
$$6x+10=-4x-20$$
$$6x+4x=-20-10$$
$$10x=-30$$
$$\boldsymbol{x=-3}$$

(5)　$5(x-36)=-40x$

$$\frac{5(x-36)}{5}=\frac{-40x}{5}$$
$$x-36=-8x$$
$$x+8x=36$$
$$9x=36$$
$$\boldsymbol{x=4}$$

(6)　$9x=3(4+x)$

$$\frac{9x}{3}=\frac{3(4+x)}{3}$$
$$3x=4+x$$
$$3x-x=4$$
$$2x=4$$
$$\boldsymbol{x=2}$$

(7)　$280(x-8)=70(3x-10)$

$$\frac{280(x-8)}{70}=\frac{70(3x-10)}{70}$$
$$4(x-8)=3x-10$$
$$4x-32=3x-10$$
$$4x-3x=-10+32$$
$$\boldsymbol{x=22}$$

補充問題16　次の方程式を解きなさい。（教科書P.281）

(1)　$0.3x-2.1=1.8$　　(2)　$0.4x-0.9=0.1x+0.3$

(3)　$0.6x-1=-0.3x+0.8$　　(4)　$0.24a+0.3=0.29a$

▶解答

(1)　$0.3x-2.1=1.8$

$$(0.3x-2.1)\times10=1.8\times10$$
$$3x-21=18$$
$$3x=18+21$$
$$3x=39$$
$$\boldsymbol{x=13}$$

(2)　$0.4x-0.9=0.1x+0.3$

$$(0.4x-0.9)\times10=(0.1x+0.3)\times10$$
$$4x-9=x+3$$
$$4x-x=3+9$$
$$3x=12$$
$$\boldsymbol{x=4}$$

(3)　$0.6x-1=-0.3x+0.8$

$$(0.6x-1)\times10=(-0.3x+0.8)\times10$$
$$6x-10=-3x+8$$
$$6x+3x=8+10$$
$$9x=18$$
$$\boldsymbol{x=2}$$

(4)　$0.24a+0.3=0.29a$

$$(0.24a+0.3)\times100=0.29a\times100$$
$$24a+30=29a$$
$$24a-29a=-30$$
$$-5a=-30$$
$$\boldsymbol{a=6}$$

5　いろいろな1次方程式の解き方②

基本事項ノート

➔ x についての1次方程式を解く手順

1. 係数に小数や分数があれば，両辺を何倍かして，係数が整数である方程式にする。
2. かっこがあればはずす。
3. x をふくむ項を左辺に，定数項を右辺に移項する。
4. 両辺を簡単にして，$ax=b$ の形にする。
5. 両辺を x の係数 a でわる。

例

$$\frac{1}{3}x+\frac{1}{2}=x-\frac{3}{2}$$
$$\left(\frac{1}{3}x+\frac{1}{2}\right)\times 6=\left(x-\frac{3}{2}\right)\times 6$$
両辺に6をかける。
$$2x+3=6x-9$$
$$2x-6x=-9-3$$
$$-4x=-12$$
$$x=3$$

問1　次の方程式を解きなさい。

(1)　$x+\frac{1}{3}x=8$　　(2)　$\frac{a}{3}+\frac{a}{6}=2$

(3)　$\frac{1}{2}y+3=\frac{2}{5}y$　　(4)　$\frac{3}{4}x-1=2x+\frac{3}{2}$

▶解答

(1)
$$x+\frac{1}{3}x=8$$
$$\left(x+\frac{1}{3}x\right)\times 3=8\times 3$$
$$3x+x=24$$
$$4x=24$$
$$\boldsymbol{x=6}$$

(2)
$$\frac{a}{3}+\frac{a}{6}=2$$
$$\left(\frac{a}{3}+\frac{a}{6}\right)\times 6=2\times 6$$
$$2a+a=12$$
$$3a=12$$
$$\boldsymbol{a=4}$$

(3)
$$\frac{1}{2}y+3=\frac{2}{5}y$$
$$\left(\frac{1}{2}y+3\right)\times 10=\frac{2}{5}y\times 10$$
$$5y+30=4y$$
$$5y-4y=-30$$
$$\boldsymbol{y=-30}$$

(4)
$$\frac{3}{4}x-1=2x+\frac{3}{2}$$
$$\left(\frac{3}{4}x-1\right)\times 4=\left(2x+\frac{3}{2}\right)\times 4$$
$$3x-4=8x+6$$
$$3x-8x=6+4$$
$$-5x=10$$
$$\boldsymbol{x=-2}$$

チャレンジ1　$\frac{x}{6}-\frac{7}{15}=\frac{x}{15}+\frac{1}{3}$

▶解答

$$\frac{x}{6}-\frac{7}{15}=\frac{x}{15}+\frac{1}{3}$$
$$\left(\frac{x}{6}-\frac{7}{15}\right)\times 30=\left(\frac{x}{15}+\frac{1}{3}\right)\times 30$$
$$5x-14=2x+10$$
$$5x-2x=10+14$$
$$3x=24$$
$$\boldsymbol{x=8}$$

問2 次の方程式を解きなさい。

(1) $\frac{x-6}{3}=\frac{x-5}{2}$　　(2) $\frac{y}{5}-3=\frac{y-3}{3}$

考え方 両辺に分母の最小公倍数をかけて，分母をはらう。

▶解答 (1)

$$\frac{x-6}{3}=\frac{x-5}{2}$$
$$\frac{x-6}{3}\times6=\frac{x-5}{2}\times6$$
$$(x-6)\times2=(x-5)\times3$$
$$2x-12=3x-15$$
$$-x=-3$$
$$\boldsymbol{x=3}$$

(2)

$$\frac{y}{5}-3=\frac{y-3}{3}$$
$$\left(\frac{y}{5}-3\right)\times15=\frac{y-3}{3}\times15$$
$$3y-45=(y-3)\times5$$
$$3y-45=5y-15$$
$$-2y=30$$
$$\boldsymbol{y=-15}$$

チャレンジ2 $x-\frac{x-2}{4}=5$

▶解答

$$x-\frac{x-2}{4}=5$$
$$\left(x-\frac{x-2}{4}\right)\times4=5\times4$$
$$4x-(x-2)=20$$
$$4x-x+2=20$$
$$3x=18$$
$$\boldsymbol{x=6}$$

問3 xについての方程式$6x+3a=9$の解が4であるとき，aの値を求めなさい。

考え方 「解が4」なので，もとの方程式のxに4を代入する。

▶解答 $6x+3a=9$に$x=4$を代入すると

$$24+3a=9$$
$$3a=9-24$$
$$3a=-15$$
$$\boldsymbol{a=-5}$$

補充問題17 次の方程式を解きなさい。(教科書P.281)

(1) $\frac{2}{5}x-1=\frac{x}{3}$　　(2) $\frac{y-3}{6}=\frac{2}{3}y$

(3) $\frac{3x-2}{5}=\frac{x+2}{2}$　　(4) $\frac{x+2}{4}=\frac{1}{6}x-1$

▶解答

(1)
$$\frac{2}{5}x-1=\frac{x}{3}$$
$$\left(\frac{2}{5}x-1\right)\times 15=\frac{x}{3}\times 15$$
$$6x-15=5x$$
$$6x-5x=15$$
$$\boldsymbol{x=15}$$

(2)
$$\frac{y-3}{6}=\frac{2}{3}y$$
$$\frac{y-3}{6}\times 6=\frac{2}{3}y\times 6$$
$$y-3=4y$$
$$y-4y=3$$
$$-3y=3$$
$$\boldsymbol{y=-1}$$

(3)
$$\frac{3x-2}{5}=\frac{x+2}{2}$$
$$\frac{3x-2}{5}\times 10=\frac{x+2}{2}\times 10$$
$$(3x-2)\times 2=(x+2)\times 5$$
$$6x-4=5x+10$$
$$6x-5x=10+4$$
$$\boldsymbol{x=14}$$

(4)
$$\frac{x+2}{4}=\frac{1}{6}x-1$$
$$\frac{x+2}{4}\times 12=\left(\frac{1}{6}x-1\right)\times 12$$
$$(x+2)\times 3=2x-12$$
$$3x+6=2x-12$$
$$3x-2x=-12-6$$
$$\boldsymbol{x=-18}$$

問4　等式の性質について，ふり返ってみましょう。

(1)　方程式 $x+3=5$ を，次の㋐では等式の性質[1]，㋑では等式の性質[2]を使って解いています。それぞれの□にあてはまる数をかき入れましょう。

㋐
$$x+3=5$$
$$x+3+(\square)=5+(\square)$$
$$x=2$$
等式の性質[1]　$C=\square$

㋑
$$x+3=5$$
$$x+3-\square=5-\square$$
$$x=2$$
等式の性質[2]　$C=\square$

(2)　方程式 $2x=8$ を，次の㋒では等式の性質[3]，㋓では等式の性質[4]を使って解いています。それぞれの□にあてはまる数をかき入れましょう。

㋒
$$2x=8$$
$$2x\times\square=8\times\square$$
$$x=4$$
等式の性質[3]　$C=\square$

㋓
$$2x=8$$
$$\frac{2x}{\square}=\frac{8}{\square}$$
$$x=4$$
等式の性質[4]　$C=\square$

考え方　$A=B$　ならば　$A+C=B+C$，$A=B$　ならば　$AC=BC$

▶解答　(順に)

(1)　㋐　**−3，−3，−3**　　㋑　**3，3，3**

(2)　㋒　$\boldsymbol{\frac{1}{2}}$，$\boldsymbol{\frac{1}{2}}$，$\boldsymbol{\frac{1}{2}}$　　㋓　**2，2，2**

基本の問題

1 次の方程式で，〔　〕の中の数は，その方程式の解であるか調べなさい。

(1) $x-3=2$　〔1〕　(2) $2x+3=-1$　〔-2〕

(3) $8x-20=2x+4$　〔5〕　(4) $7(x+1)=4x-5$　〔-4〕

考え方 〔　〕の中の数を方程式の両辺に代入して，左辺と右辺が等しくなるかどうかを調べる。

▶解答 (1) (左辺)$=x-3=1-3=-2$　(右辺)$=2$　**解ではない。**

(2) (左辺)$=2x+3=2\times(-2)+3=-1$　(右辺)$=-1$　**解である。**

(3) (左辺)$=8x-20=8\times5-20=20$

(右辺)$=2x+4=2\times5+4=14$　**解ではない。**

(4) (左辺)$=7(x+1)=7\times(-4+1)=7\times(-3)=-21$

(右辺)$=4x-5=4\times(-4)-5=-16-5=-21$　**解である。**

2 次の方程式を解く過程で，文字をふくむ項を左辺に，定数項を右辺に移項しています。□にあてはまる＋か－の記号をかき入れなさい。

(1) $6x+8=20$

$6x=20\square8$

(2) $4x-3=2x+5$

$4x\square2x=5\square3$

▶解答 (1) **－**　(2) (順に) **－，＋**

3 次の方程式を解きなさい。

(1) $x+5=-4$　(2) $7x=2x-20$

(3) $5x+9=15-x$　(4) $4(x-5)=3(x-8)$

(5) $7(x-2)=63$　(6) $2.1x-3.5=2.8x$

(7) $\dfrac{x}{3}+\dfrac{1}{2}=4+\dfrac{x}{2}$　(8) $\dfrac{x+5}{7}=\dfrac{x+1}{3}$

▶解答

(1) $x+5=-4$

$x=-4-5$

$\boldsymbol{x=-9}$

(2) $7x=2x-20$

$7x-2x=-20$

$5x=-20$

$\boldsymbol{x=-4}$

(3) $5x+9=15-x$

$5x+x=15-9$

$6x=6$

$\boldsymbol{x=1}$

(4) $4(x-5)=3(x-8)$

$4x-20=3x-24$

$4x-3x=-24+20$

$\boldsymbol{x=-4}$

(5) $7(x-2)=63$

$7x-14=63$

$7x=63+14$

$7x=77$

$\boldsymbol{x=11}$

(6) $2.1x-3.5=2.8x$

$(2.1x-3.5)\times10=2.8x\times10$

$21x-35=28x$

$21x-28x=35$

$-7x=35$

$\boldsymbol{x=-5}$

(7)
$$\frac{x}{3}+\frac{1}{2}=4+\frac{x}{2}$$
$$\left(\frac{x}{3}+\frac{1}{2}\right)\times6=\left(4+\frac{x}{2}\right)\times6$$
$$2x+3=24+3x$$
$$2x-3x=24-3$$
$$-x=21$$
$$\boldsymbol{x=-21}$$

(8)
$$\frac{x+5}{7}=\frac{x+1}{3}$$
$$\frac{x+5}{7}\times21=\frac{x+1}{3}\times21$$
$$(x+5)\times3=(x+1)\times7$$
$$3x+15=7x+7$$
$$3x-7x=7-15$$
$$-4x=-8$$
$$\boldsymbol{x=2}$$

まちがえやすい問題

右の答案は，方程式$\frac{1}{2}x+6=\frac{1}{5}x$を解いたものですが，まちがっています。まちがっているところを見つけなさい。また，正しく解きなさい。

✕ まちがいの例

$$\frac{1}{2}x+6=\frac{1}{5}x$$
両辺に10をかけると
$$5x+6=2x$$
$$5x-2x=-6$$
$$3x=-6$$
$$x=-2$$

▶解答　まちがっているところ…**両辺に10をかけるところで，左辺の6に10をかけ忘れている。**

正しい計算…$\boldsymbol{\frac{1}{2}x+6=\frac{1}{5}x}$
$$\left(\frac{1}{2}x+6\right)\times10=\frac{1}{5}x\times10$$
$$\frac{1}{2}x\times10+6\times10=\frac{1}{5}x\times10$$
$$5x+60=2x$$
$$5x-2x=-60$$
$$3x=-60$$
$$\boldsymbol{x=-20}$$

2節　方程式の活用

1　方程式の活用

基本事項ノート

➔方程式を使って問題を解く手順

1. どの数量をxで表すか決める。
2. 問題にふくまれている数量を，xを使って表す。
3. 等しい関係に着目して，方程式をつくる。
4. 方程式を解く。
5. 方程式の解が，問題にあうかどうかを確かめる。

例　1個150円のりんご4個と1個200円のなし何個かを混ぜて買って，1800円はらった。なしの個数は何個ですか。

▶解答　なしの個数をx個とすると，なしの値段は$200x$円になる。
$150\times4+200x=1800$ これを解いて $x=6$
りんごを4個，なしを6個買ったとすると，問題にあう。　答　**6個**

問1　もも2個を300円の箱につめてもらったところ，代金が940円でした。もも1個の値段を求めなさい。

考え方　(もも2個の代金)＋(箱の代金)＝(全部の代金)
▶解答　もも1個の値段をx円とすると
$2x+300=940$
$2x=940-300$
$2x=640$
$x=320$
もも1個の値段を320円とすると，問題にあう。　答　**320円**

例2

	ゼリー	プリン	合計
1個の値段(円)	60	90	
個数(個)	x	**$10-x$**	10
代金(円)	**$60x$**	**$90(10-x)$**	780

問2　上の **例2** で，プリンをx個買ったとして方程式をつくり，答えを求めなさい。

考え方　プリンの個数をx個として，ゼリーの個数をxを用いて表す。
▶解答　プリンをx個買ったとすると
$60(10-x)+90x=780$
$600-60x+90x=780$
$-60x+90x=780-600$
$30x=180$
$x=6$
ゼリーの個数は，$10-6=4$ (個)
ゼリーを4個，プリンを6個買ったとすると，問題にあう。
答　**ゼリー4個，プリン6個**

問3　長さが180cmのひもが1本あります。これを2本に切り分けて長さを比べたところ，差が50cmでした。切り分けた後の2本のひもの長さを求めなさい。

考え方　短い方のひもの長さを$x$cmと表しても，長い方のひもの長さを$x$cmと表してもよい。
▶解答　短い方のひもを$x$cmとすると
$x+(x+50)=180$
$x+x+50=180$
$x+x=180-50$
$2x=130$
$x=65$

長い方のひもの長さは　$65+50=115$(cm)
2本のひもの長さを65cmと115cmとすると，その和は180cmとなり，問題にあう。

答　**65cmと115cm**

2 過不足の問題

基本事項ノート

➔1つの数量を2通りの式で表し，方程式をつくる。

例　あめを何人かの子どもに配ります。1人に2個ずつ配ると5個余ります。また，4個ずつ配ると3個たりません。子どもの人数を求めましょう。

解答　子どもの人数をx人として，あめの数を2通りの式に表して，方程式をつくる。
［あめの数の表し方1］　2個ずつ配ると5個余るから，(あめの数)$=2x+5$(個)
［あめの数の表し方2］　4個ずつ配ると3個たりないから，(あめの数)$=4x-3$(個)

注　方程式の解が問題の答えとしてあうかどうか，必ず確かめること。

問1　画用紙を何人かの生徒に配ります。1人に2枚ずつ配ると10枚余り，3枚ずつ配ると5枚たりません。生徒の人数と画用紙の枚数を求めなさい。

考え方　生徒の人数をx人として，画用紙の枚数を2通りの式で表すとよい。

▶解答　生徒の人数をx人とすると

$$2x+10=3x-5$$
$$2x-3x=-5-10$$
$$-x=-15$$
$$x=15$$

画用紙の枚数は　$2\times15+10=40$(枚)
生徒の人数を15人，画用紙の枚数を40枚とすると，問題にあう。

答　**生徒の人数15人，画用紙の枚数40枚**

注　画用紙の枚数をx枚として，$\dfrac{x-10}{2}=\dfrac{x+5}{3}$の方程式から求めてもよい。

画用紙の枚数をx枚とすると

$$\frac{x-10}{2}=\frac{x+5}{3}$$
$$\frac{x-10}{2}\times6=\frac{x+5}{3}\times6$$
$$(x-10)\times3=(x+5)\times2$$
$$3x-30=2x+10$$
$$3x-2x=10+30$$
$$x=40$$

生徒の人数は$\dfrac{40-10}{2}=15$(人)
生徒の人数を15人，画用紙の枚数を40枚とすると，問題にあう。

問2 長いすを何脚(きゃく)か並べました。生徒が1脚に5人ずつ座(すわ)ると，7人が座れません。また，1脚に6人ずつ座ると，最後の1脚には2人だけが座ることになります。
長いすの脚数と生徒の人数を求めなさい。

考え方 長いすの数をx脚として，生徒の人数を2通りの式で表すとよい。

▶解答 長いすの脚数をx脚とすると

$$5x+7=6(x-1)+2$$
$$5x+7=6x-6+2$$
$$5x-6x=-6+2-7$$
$$-x=-11$$
$$x=11$$

生徒の人数は　$5\times11+7=62$(人)
長いすの脚数を11脚，生徒の人数を62人とすると，問題にあう。

答　**長いすの脚数11脚，生徒の人数62人**

やってみよう

例1では，右のような方程式をつくって問題を解くこともできます。次の問いに答えましょう。

$$\frac{x-12}{5}=\frac{x+4}{7}$$

(1)　右の方程式で，xは何を表していますか。
(2)　右の方程式で，左辺と右辺は，どんな数量を表していますか。
(3)　右の方程式を解いて，前ページの解答例と同じ答えが求められることを確かめましょう。

▶解答 (1)　**お菓子の個数**　　(2)　**子どもの人数**

(3)
$$\frac{x-12}{5}=\frac{x+4}{7}$$
$$\frac{x-12}{5}\times35=\frac{x+4}{7}\times35$$
$$(x-12)\times7=(x+4)\times5$$
$$7x-84=5x+20$$
$$7x-5x=20+84$$
$$2x=104$$
$$x=52$$

子どもの人数は　$\frac{52-12}{5}=\frac{40}{5}=8$**(人)**
子どもの人数を8人，お菓子の個数を52個とすると，問題にあう。

数学のたんけん――九章算術

1 何人かが共同で，にわとりを買うことにしました。全員が9銭(せん)ずつ出すと11銭余り，6銭ずつ出すと16銭たりません。このときの人数とにわとりの値段を求めなさい。
上の問題を，方程式を使って解きましょう。

▶解答　人数をx人とすると

$$9x-11=6x+16$$
$$9x-6x=16+11$$
$$3x=27$$
$$x=9$$

にわとりの値段は　$9\times9-11=70$(銭)

人数を9人，にわとりの値段を70銭とすると，問題にあう。

答　**人数9人，にわとりの値段70銭**

3　速さの問題

基本事項ノート

➔何をxと表すかによって，方程式はちがってくる。

例　A町からB町へ行くのに，時速12kmの自転車で行くと，時速36kmのバスで行くよりも1時間多くかかる。A，B間の道のりを求めなさい。

解答　〔考え方1〕　A，B間の道のりを$x$kmとすると$\frac{x}{12}=\frac{x}{36}+1$

〔考え方2〕　バスで行くときにかかる時間をx時間とすると，自転車では$(x+1)$時間かかるので$36x=12(x+1)$

注　方程式の解が問題の答えとしてあうかどうか，かならず確かめること。

Q　次の数量を，文字式で表しましょう。

(1)　時速$x$kmで2時間歩いたときに進む道のり

(2)　xmの道のりを，分速70mで歩いたときにかかる時間

▶解答　(1)　**$2x$km**　　(2)　**$\frac{x}{70}$分**

問1　上の表(表は解答欄)の空らんにあてはまるxの式をかき入れなさい。

▶解答

	速さ(m/min)	時間(分)	道のり(m)
妹	80	**$12+x$**	**$80(12+x)$**
兄	320	x	**$320x$**

問2　**例1**について，**考え方**をもとに，次の問いに答えなさい。

(1)　兄が妹に追いついたとき，次の関係が成り立ちます。

(妹が進んだ道のり)＝(兄が進んだ道のり)

このことから，xについての方程式をつくりなさい。

(2)　(1)の方程式を解いて，答えを求めなさい。

(3)　兄は，駅までの途中(とちゅう)で妹に追いつけますか。

▶解答 (1) $80(12+x)=320x$

(2) $80(12+x)=320x$

$$\frac{80(12+x)}{80}=\frac{320x}{80}$$

$$12+x=4x$$

$$x-4x=-12$$

$$-3x=-12$$

$$x=4$$

答　**4分後**

(3) **兄が進んだ道のりは　$320\times4=1280$(m)**

妹が進んだ道のりは　$80\times(12+4)=1280$(m)

兄が妹に追いつくまでに進む道のりは駅までの道のりより短いから，兄は駅までの途中で妹に追いつける。

問3　**例1**で，兄が出発したのが，妹が出発してから15分後だったとすると，兄は駅までの途中で妹に追いつけますか。その理由も説明しなさい。

考え方　家から進んだ道のりが等しいときに追いつくから，(道のり)＝(速さ)×(時間)を使う。

▶解答 **追いつけない。**

(理由)

兄が出発してから x 分後に妹に追いつくとすると

$$320x=80(15+x)$$

$$320x=1200+80x$$

$$320x-80x=1200$$

$$240x=1200$$

$$x=5$$

兄が進んだ道のりは　$320\times5=1600$(m)

妹が進んだ道のりは　$80\times(15+5)=1600$(m)

家から1600m進んだ地点で追いつける計算だが，家から駅までの道のりは1500mだから，兄は駅までの途中で妹に追いつけない。

注　この問題では $x=5$ となり，5分後に追いつくようであるが，実際には妹はそれまでに駅に着いてしまっている。このような問題では，x が求まってもそれが問題の意味にあっているかどうか，確かめる必要がある。

問4　家と公園を往復しました。行きは分速50mで歩き，帰りは分速125mで走ったところ，かかった時間は，行きより帰りの方が9分短かったそうです。行きにかかった時間と，片道の道のりを求めましょう。どの数量を x として，どんな方程式をつくりましたか。

考え方　(速さ)×(時間)＝(道のり)を使って方程式をつくる。

▶解答　行きにかかった時間をx分とすると

$$50x=125(x-9)$$
$$50x=125x-1125$$
$$50x-125x=-1125$$
$$-75x=-1125$$
$$x=15$$

片道の道のりは　$50\times15=750$(m)

行きかかった時間を15分，片道の道のりを750mとすると，問題にあう。

答　**行きにかかった時間15分，片道の道のり750m**

注　行きにかかった時間と片道の道のりのどちらをxとして表しても問題は解ける。
計算のしやすさなど，自分の解きやすい方法を見つけるようにする。
片道の道のりをxmとすると

$$\frac{x}{50}-\frac{x}{125}=9$$
$$\left(\frac{x}{50}-\frac{x}{125}\right)\times250=9\times250$$
$$5x-2x=2250$$
$$3x=2250$$
$$x=750$$

行きにかかった時間は　$\frac{750}{50}=15$(分)

行きにかかった時間を15分，片道の道のりを750mとすると，問題にあう。

やってみよう

右の絵(教科書P.117)の場面で，方程式を使って解くことができる問題と，その答案をつくりましょう。また，ほかの人がつくった問題を解いてみましょう。

▶解答　(例)　**1個100円のメロンパンと1個80円のあんぱんを合わせて12個買ったところ，その代金が1100円でした。メロンパンとあんぱんを，それぞれ何個買ったか求めましょう。**

メロンパンをx個買ったとすると

$$100x+80(12-x)=1100$$
$$100x+960-80x=1100$$
$$100x-80x=1100-960$$
$$20x=140$$
$$x=7$$

あんぱんの個数は　$12-7=5$(個)

メロンパンを7個，あんぱんを5個とすると，問題にあう。

答　**メロンパン7個，あんぱん5個**

4 比例式とその活用

基本事項ノート

➔比例式

2つの比$a:b$, $c:d$が等しいことを, $a:b=c:d$のように等式の形に表したものを比例式(ひれいしき)という。

例 $2:3=4:x$　$3:7=x:28$　$18:x=3:4$　$x:9=15:27$

➔比例式の性質

$a:b=c:d$のとき, $ad=bc$

比例式の性質を使って, xなどの文字をふくむ比例式で文字の値を求めることができる。

例
$$5:12=15:x$$
$$5x=12\times15$$
$$x=\frac{12\times15}{5}$$
$$x=36$$

$$7:x=21:15$$
$$21x=7\times15$$
$$x=\frac{7\times15}{21}$$
$$x=5$$

Q　サラダ油60mLと酢(す)40mLを混ぜてドレッシングをつくります。このとき, サラダ油の量と酢の量の比を, できるだけ小さな自然数の比で表しましょう。

▶解答 **3 : 2**

問1　①の式と③の式を比べると, どんなことがいえますか。

$x:100=3:2$ ……①
$x\times2=3\times100$……③

▶解答 **③の式は, ①の式の比例式の外側にあるxと2の積と, 内側にある100と3の積に等しい。**

問2　次の比例式が成り立つとき, xの値を求めなさい。

(1) $3:4=6:x$　(2) $5:6=x:18$
(3) $10:x=15:3$　(4) $2:3=(x-2):21$

▶解答

(1) $3:4=6:x$
$$3x=4\times6$$
$$x=\frac{4\times6}{3}$$
$$\boldsymbol{x=8}$$

(2) $5:6=x:18$
$$6x=5\times18$$
$$x=\frac{5\times18}{6}$$
$$\boldsymbol{x=15}$$

(3) $10:x=15:3$
$$15x=10\times3$$
$$x=\frac{10\times3}{15}$$
$$\boldsymbol{x=2}$$

(4) $2:3=(x-2):21$
$$3(x-2)=2\times21$$
$$3x-6=42$$
$$3x=42+6$$
$$\boldsymbol{x=16}$$

問3　コーヒー150mLと牛乳450mLを混ぜて，コーヒー牛乳をつくりました。これと同じコーヒー牛乳をつくるには，コーヒー400mLに対して，牛乳を何mL混ぜればよいですか。

▶解答　コーヒー400mLに対して，必要な牛乳の量をxmLとすると

$150:450=400:x$

$150x=450\times400$

$x=\dfrac{450\times400}{150}$

$x=1200$

コーヒー400mLに対して，牛乳を1200mLを混ぜるとすると，問題にあう。

答　**1200mL**

補充問題18　次の比例式が成り立つとき，xの値を求めなさい。（教科書P.281）

(1)　$x:2=30:20$　　(2)　$8:3=x:9$

(3)　$4:x=6:21$　　(4)　$40:25=160:x$

(5)　$(x-1):12=4:3$　　(6)　$15:6=(x+15):x$

▶解答

(1)　$x:2=30:20$

$20x=2\times30$

$x=\dfrac{2\times30}{20}$

$\boldsymbol{x=3}$

(2)　$8:3=x:9$

$3x=8\times9$

$x=\dfrac{8\times9}{3}$

$\boldsymbol{x=24}$

(3)　$4:x=6:21$

$6x=4\times21$

$x=\dfrac{4\times21}{6}$

$\boldsymbol{x=14}$

(4)　$40:25=160:x$

$40x=25\times160$

$x=\dfrac{25\times160}{40}$

$\boldsymbol{x=100}$

(5)　$(x-1):12=4:3$

$3(x-1)=12\times4$

$3x-3=48$

$3x=48+3$

$\boldsymbol{x=17}$

(6)　$15:6=(x+15):x$

$15x=6(x+15)$

$15x=6x+90$

$15x-6x=90$

$9x=90$

$\boldsymbol{x=10}$

基本の問題

1　50円のみかん1個と，かき4個を買ったところ，代金が690円になりました。かき1個の値段を求めなさい。

▶解答　かき1個の値段をx円とすると

$$50+4x=690$$
$$4x=690-50$$
$$4x=640$$
$$x=\frac{640}{4}$$
$$x=160$$

かき1個の値段を160円とすると，問題にあう。

答　**160円**

2　1冊の厚さが3mmのノートと4mmのノートが，合わせて20冊あります。それらを積み重ねたときの全体の厚さが69mmのとき，厚さが3mmのノートは何冊ありますか。

▶解答　厚さ3mmのノートがx冊あるとすると，4mmのノートは　$(20-x)$冊

$$3x+4(20-x)=69$$
$$3x+80-4x=69$$
$$3x-4x=69-80$$
$$-x=-11$$
$$x=11$$

厚さ4mmのノートは　20−11=9（冊）

厚さ3mmのノートが11冊，4mmのノートが9冊とすると，問題にあう。

答　**11冊**

3　持っているお金では，ペットボトルのお茶を5本買うには200円たりません。また，そのお茶を3本買うと80円余ります。お茶1本の値段と持っている金額を求めなさい。

▶解答　お茶1本の値段をx円とすると

$$5x-200=3x+80$$
$$5x-3x=80+200$$
$$2x=280$$
$$x=\frac{280}{2}$$
$$x=140$$

持っている金額は　5×140−200=500（円）

お茶1本の値段を140円，持っている金額を500円とすると，問題にあう。

答　**お茶1本の値段140円，持っている金額500円**

数学のたんけん――ディオファントスの一生

ディオファントスは，
一生の$\dfrac{1}{6}$を少年としてすごし，一生の$\dfrac{1}{12}$を青年としてすごした。
さらに，一生の$\dfrac{1}{7}$をすごしてから，結婚（けっこん）した。
結婚してから5年後に子どもが生まれたが，その子は父の一生の半分だけしか生きられず，父より4年前にこの世を去った。

1　ディオファントスは，何歳まで生きたのでしょうか。

考え方　解き方はいくつかあるが，ここでは方程式をつくって解く。

▶解答　ディオファントスがx歳まで生きたとすると

$$\frac{1}{6}x+\frac{1}{12}x+\frac{1}{7}x+5+\frac{1}{2}x+4=x$$

$$\frac{84}{84}x-\frac{14}{84}x-\frac{7}{84}x-\frac{12}{84}x-\frac{42}{84}x=9$$

$$\frac{9}{84}x=9$$

$$x=\frac{9\times 84}{9}$$

$$x=84$$

ディオファントスは84歳まで生きたとすると，問題にあう。

答　**84歳**

注　方程式をつくる以外に，①，②の方法がある。

①　2，6，7，12の最小公倍数から求める。

②　$\dfrac{1}{6}+\dfrac{1}{12}+\dfrac{1}{7}+\dfrac{1}{2}=\dfrac{25}{28}$で，$\dfrac{25}{28}$がディオファントスの一生の9年間以外の部分ということから求める。

①は，最小公倍数が84となり，問題にあう。

②は，9年間が一生の$1-\dfrac{25}{28}=\dfrac{3}{28}$になる。

したがって，求める値は$9\div\dfrac{3}{28}=84$

3章の問題

1　方程式 $\frac{2x-1}{3}=5$ を右のように解くとき，(1)〜(3)の変形では，それぞれ等式の性質 1 〜 4 のどれを使っていますか。また，そのときのCの値を答えなさい。

$\frac{2x-1}{3}=5$
(1)
$2x-1=15$
(2)
$2x=16$
(3)
$x=8$

$A=B$ならば，次の等式が成り立つ。
1　$A+C=B+C$　2　$A-C=B-C$
3　$AC=BC$　4　$\frac{A}{C}=\frac{B}{C}$　$(C \neq 0)$

考え方　(1)は両辺を3倍している。(2)は両辺に1をたしている。(3)は両辺を2でわっている。これらのことから考えてみる。

▶解答　(1)　3，$C=$**3**（または　4，$C=\mathbf{\frac{1}{3}}$）　(2)　1，$C=$**1**（または　2，$C=\mathbf{-1}$）
(3)　4，$C=$**2**（または　3，$C=\mathbf{\frac{1}{2}}$）

2　次の方程式を解きなさい。

(1)　$x-7=4$　(2)　$\frac{x}{6}=-2$　(3)　$3x+16=1$
(4)　$18x=4x+70$　(5)　$4x-10=x+2$　(6)　$1-7x=19-x$
(7)　$2x+4=3(x-1)$　(8)　$4(x+3)=10x+12$　(9)　$9(2x-3)=81$
(10)　$0.9x+3=1.2$　(11)　$\frac{x}{4}+1=\frac{2}{3}$　(12)　$\frac{2x-3}{3}=\frac{x-5}{2}$

▶解答

(1)
$x-7=4$
$x=4+7$
$\boldsymbol{x=11}$

(2)
$\frac{x}{6}=-2$
$\frac{x}{6}\times 6=-2\times 6$
$\boldsymbol{x=-12}$

(3)
$3x+16=1$
$3x=1-16$
$3x=-15$
$\boldsymbol{x=-5}$

(4)
$18x=4x+70$
$18x-4x=70$
$14x=70$
$\boldsymbol{x=5}$

(5)
$4x-10=x+2$
$4x-x=2+10$
$3x=12$
$\boldsymbol{x=4}$

(6)
$1-7x=19-x$
$-7x+x=19-1$
$-6x=18$
$\boldsymbol{x=-3}$

(7)
$2x+4=3(x-1)$
$2x+4=3x-3$
$2x-3x=-3-4$
$-x=-7$
$\boldsymbol{x=7}$

(8)
$4(x+3)=10x+12$
$4x+12=10x+12$
$4x-10x=12-12$
$-6x=0$
$\boldsymbol{x=0}$

(9)
$9(2x-3)=81$
$\frac{9(2x-3)}{9}=\frac{81}{9}$
$2x-3=9$
$2x=9+3$
$2x=12$
$\boldsymbol{x=6}$

(10)
$$0.9x+3=1.2$$
$$(0.9x+3)\times10=1.2\times10$$
$$9x+30=12$$
$$9x=12-30$$
$$9x=-18$$
$$\boldsymbol{x=-2}$$

(11)
$$\frac{x}{4}+1=\frac{2}{3}$$
$$\left(\frac{x}{4}+1\right)\times12=\frac{2}{3}\times12$$
$$3x+12=8$$
$$3x=8-12$$
$$3x=-4$$
$$\boldsymbol{x=-\frac{4}{3}}$$

(12)
$$\frac{2x-3}{3}=\frac{x-5}{2}$$
$$\frac{2x-3}{3}\times6=\frac{x-5}{2}\times6$$
$$(2x-3)\times2=(x-5)\times3$$
$$4x-6=3x-15$$
$$4x-3x=-15+6$$
$$\boldsymbol{x=-9}$$

3 1000円持って買い物に行き，ばら3本と480円の花びん1個を買ったところ，70円残りました。ばら1本の値段を求めなさい。

▶解答 ばら1本の値段をx円とすると

$$1000-(3x+480)=70$$
$$1000-3x-480=70$$
$$-3x=70-1000+480$$
$$-3x=-450$$
$$x=150$$

ばら1本の値段を150円とすると，問題にあう。

答 **150円**

4 横の長さが縦の長さより4cm短い長方形があります。この長方形の周の長さが30cmであるとき，この長方形の縦の長さと横の長さを求めなさい。

▶解答 縦の長さを$x$cmとすると，横の長さは $(x-4)$cm

$$2\{x+(x-4)\}=30$$
$$2(2x-4)=30$$
$$4x-8=30$$
$$4x=30+8$$
$$4x=38$$
$$x=\frac{19}{2}$$

横の長さは $\frac{19}{2}-4=\frac{11}{2}$(cm)

縦の長さを$\frac{19}{2}$cm，横の長さを$\frac{11}{2}$cmとすると，問題にあう。

答 **縦の長さ$\frac{19}{2}$cm，横の長さ$\frac{11}{2}$cm**

5 次の比例式が成り立つとき，xの値を求めなさい。

(1) $5:3=20:x$　(2) $12:18=x:6$　(3) $7:4=(x+6):x$

▶解答

(1) $5:3=20:x$

$5x=3\times20$

$x=\dfrac{3\times20}{5}$

$\boldsymbol{x=12}$

(2) $12:18=x:6$

$18x=12\times6$

$x=\dfrac{12\times6}{18}$

$\boldsymbol{x=4}$

(3) $7:4=(x+6):x$

$7x=4(x+6)$

$7x=4x+24$

$7x-4x=24$

$3x=24$

$\boldsymbol{x=8}$

6 あたりとはずれの本数の比が3:7になるようにくじをつくります。あたりを42本つくるとき，はずれは何本つくればよいですか。

▶解答

はずれをx本つくるとすると

$3:7=42:x$

$3x=7\times42$

$x=\dfrac{7\times42}{3}$

$x=98$

はずれを98本つくるとすると，問題にあう。

答　**98本**

とりくんでみよう

1 次の方程式を解きなさい。

(1) $2x-3(x-4)=17$　　(2) $\dfrac{a+5}{4}-\dfrac{a+2}{3}=1$

(3) $\dfrac{3x-1}{4}-(x-5)=5$　　(4) $\dfrac{2}{5}x-2=0.3x-1.6$

▶解答

(1) $2x-3(x-4)=17$

$2x-3x+12=17$

$2x-3x=17-12$

$-x=5$

$\boldsymbol{x=-5}$

(2) $\dfrac{a+5}{4}-\dfrac{a+2}{3}=1$

$\dfrac{a+5}{4}\times12-\dfrac{a+2}{3}\times12=1\times12$

$3(a+5)-4(a+2)=12$

$3a+15-4a-8=12$

$3a-4a=12-15+8$

$-a=5$

$\boldsymbol{a=-5}$

(3) $\dfrac{3x-1}{4}-(x-5)=5$

$\dfrac{3x-1}{4}\times4-(x-5)\times4=5\times4$

$3x-1-4(x-5)=20$

$3x-1-4x+20=20$

$3x-4x=20+1-20$

$-x=1$

$\boldsymbol{x=-1}$

(4) $\dfrac{2}{5}x-2=0.3x-1.6$

$\dfrac{2}{5}x\times10-2\times10=0.3x\times10-1.6\times10$

$4x-20=3x-16$

$4x-3x=-16+20$

$\boldsymbol{x=4}$

2　xについての方程式$x+a=-2a+7x$の解が4であるとき，aの値を求めなさい。

▶解答　$x+a=-2a+7x$に$x=4$を代入すると

$$4+a=-2a+28$$
$$a+2a=28-4$$
$$3a=24$$
$$a=8$$

答　$\boldsymbol{a=8}$

3　長さ80cmのテープを3本に切り分けて，中は小より10cm長く，大は中より15cm長くします。このとき，切り分けた大，中，小のテープの長さを求めなさい。

▶解答　大，中，小のテープのうち，小のテープの長さを$x$cmとすると

中のテープの長さは　$x+10$(cm)，大のテープの長さは　$x+10+15$(cm)

$$x+(x+10)+(x+10+15)=80$$
$$x+x+10+x+10+15=80$$
$$3x=80-10-10-15$$
$$3x=45$$
$$x=15$$

中のテープの長さは　$15+10=25$(cm)

大のテープの長さは　$15+10+15=40$(cm)

大，中，小のテープの長さをそれぞれ40cm，25cm，15cmとすると，問題にあう。

答　**大のテープの長さ40cm，中のテープの長さ25cm，小のテープの長さ15cm**

4　船で2地点A，B間を往復しました。行きは時速30km，帰りは時速20kmで進んだところ，往復でちょうど2時間かかりました。A，B間の道のりを，次の2通りの方法で求めなさい。

(1)　A，B間の道のりを$x$kmとして方程式をつくる。

(2)　行きにかかった時間をx時間として方程式をつくる。

考え方　(1)は，行きと帰りにかかった時間で方程式をつくる。

(2)は，行きと帰りの道のりが等しいことから方程式をつくる。

▶解答　(1)　A，B間の道のりを$x$kmとすると

$$\frac{x}{30}+\frac{x}{20}=2$$
$$\frac{x}{30}\times60+\frac{x}{20}\times60=2\times60$$
$$2x+3x=120$$
$$5x=120$$
$$x=24$$

A，B間の道のりを24kmとすると，問題にあう。

答　**24km**

(2)　行きにかかった時間をx時間とすると

$$30x=20(2-x)$$
$$30x=40-20x$$
$$30x+20x=40$$
$$50x=40$$
$$x=\frac{4}{5}$$

A，B間の道のりは　$30\times\frac{4}{5}=24$(km)

A，B間の道のりを24kmとすると，問題にあう。

答　**24km**

5　60Lまで水がはいる2つの水そうA，Bに，12Lずつ水がはいっています。Aには毎分7L，Bには毎分1Lの割合で水を入れるとき，Aの水の量がBの水の量の4倍になることはありますか。その理由も説明しなさい。

▶解答　**4倍になることはない。**

(理由)

水を入れ始めてから x 分後にAの水の量がBの水の量の4倍になるとすると

$$12+7x=4(12+x)$$

$$12+7x=48+4x$$

$$7x-4x=48-12$$

$$3x=36$$

$$x=12$$

$x=12$ を方程式の左辺に代入して，12分後のAの水の量を求めると $12+7\times12=96$(L)

しかし，Aの水そうには60Lまでしか水がはいらないから，96Lの水はAの水そうにはいらない。したがって，Aの水の量がBの水の量の4倍になることはない。

次の章を学ぶ前に

1　下の表(表は解答欄)は，正三角形の1辺の長さと周の長さの関係を表したものです。この表を完成し，表の下の□にあてはまる数をかき入れましょう。

▶解答

(1辺の長さ：1→2 は2倍，1→3 は3倍，2→4 は2倍)

1辺の長さ(cm)	1	2	3	4	5	6	…
周の長さ(cm)	3	6	**9**	**12**	**15**	**18**	…

(周の長さ：3→6 は **2** 倍，3→9 は **3** 倍，6→12 は **2** 倍)

2　下の表(表は解答欄)は，面積が12 cm^2 である長方形の縦の長さと横の長さの関係を表したものです。この表を完成し，表の下の□にあてはまる数をかき入れましょう。

▶解答

(縦の長さ：1→2 は2倍，1→3 は3倍，2→4 は2倍)

縦の長さ(cm)	1	2	3	4	5	6	…
横の長さ(cm)	12	**6**	**4**	**3**	2.4	**2**	…

(横の長さ：12→6 は $\mathbf{\frac{1}{2}}$ 倍，12→4 は $\mathbf{\frac{1}{3}}$ 倍，6→3 は $\mathbf{\frac{1}{2}}$ 倍)

4章 比例と反比例

この章について

この章では，小学校でも学んだ比例と反比例という，ともなって変わる2つの数量の関係を学習し，さらに進めて一方の数量が決まれば，それにともなって，もう一方の数量が決まるというような，対応を考えた2つの数量の関係について学習していきます。

1節 関数

1 ともなって変わる2つの数量

基本事項ノート

➔変数　x，yのように，いろいろな値(あたい)をとることができる文字を変数(へんすう)という。

➔関数　ともなって変わる2つの変数x，yがあって，xの値を決めると，それに対応するyの値がただ1つ決まるとき，yはxの関数(かんすう)であるという。

例　1個80円のりんごx個の代金y円…個数が決まると代金がただ1つに決まるので，yはxの関数である。

まわりの長さ$x$cmの三角形の面積$y$cm²…同じまわりの長さでも底辺と高さの組み合わせはいろいろあるので，面積はただ1つには決まらない。yはxの関数ではない。

問1　次の文章のxに，自分で決めたいろいろな数値をあてはめて，それに対応するyの値を求めてみましょう。歩幅(ほはば)が0.7mで一定であるとすると，x歩でymの道のりを進む。

例	$x=10$のとき	$y=7$
	$x=20$のとき	$y=$□
	$x=$□のとき	$y=$□

考え方　歩幅が一定とすると，歩いた歩数分だけ進むことになる。

▶解答
$x=20$のとき　$y=$**14**
$x=$**30**のとき　$y=$**21**
$x=$**40**のとき　$y=$**28**
$x=$**50**のとき　$y=$**35**
$x=$**60**のとき　$y=$**42**　　など

問2　正方形の周の長さは，1辺の長さの関数であるといえますか。

考え方　正方形では，1辺の長さを決めると，それに対応する周の長さはただ1つに決まる。

▶解答　**いえる。**

問3 次の場合，y は x の関数であるといえますか。
(1) 1枚10円のコピーを x 枚とったときの料金 y 円
(2) 周の長さが18cmである長方形の縦の長さ $x$cmと横の長さ $y$cm
(3) 分速 x mの速さで800 mの道のりを歩くときにかかる時間 y 分
(4) 周の長さが $x$cmである長方形の面積 $y\text{cm}^2$

▶解答 (1) **いえる。** (2) **いえる。**
(3) **いえる。** (4) **いえない。**

問4 100円ごとに1ポイントもらえる店で買い物をするとき，次の(1)，(2)の場合はそれぞれ，y は x の関数であるといえますか。
(1) 買い物の代金が x 円のときに y ポイントもらえるとする。
(2) x ポイントもらったときの買い物の代金を y 円とする。

考え方 (2) 200円の買い物で2ポイントもらえるが，250円や280円の買い物をしても2ポイントになる。必ずしも買い物をした金額が増えたからといってポイントも増えるわけではない。

▶解答 (1) **いえる。** (2) **いえない。**

2節 比例

1 比例を表す式

基本事項ノート

➔比例と比例定数

y が x の関数で，その関係が次のような式で表されるとき，y は x に比例（ひれい）するという。
また，ある決まった数や，それを表す文字を定数（ていすう）という。
比例を表す式 $y=ax$ で，定数 a を比例定数という。

例 時速4kmで x 時間に $y$km進む。
$y=4x$，比例定数は4

例 1Lの重さが1.4kgのはちみつ xLの重さを $y$kgとする。
$y=1.4x$，比例定数は1.4

例 まわりの長さが $x$cmの正三角形の1辺を y とする。
$y=\frac{1}{3}x$，比例定数は$\frac{1}{3}$

Q 次の㋐～㋒(表は解答欄)で，y は x に比例するといえますか。
㋐ 1辺が $x$cmの正方形の周の長さ $y$cm
㋑ 1辺が $x$cmの正方形の面積 $y\text{cm}^2$
㋒ 縦が5cm，横が $x$cmの長方形の周の長さ $y$cm

▶解答　㋐　**いえる。**

x	1	2	3	4	5	6	…
y	4	8	12	**16**	**20**	**24**	…

㋑　**いえない。**

x	1	2	3	4	5	6	…
y	1	4	9	**16**	**25**	**36**	…

㋒　**いえない。**

x	1	2	3	4	5	6	…
y	12	14	16	**18**	**20**	**22**	…

問1　教科書128ページの㋐の表をもとに，比例の関係$y=4x$の対応するxとyの値の商$\frac{y}{x}$をそれぞれ求めましょう。この商$\frac{y}{x}$の値について，どんなことがいえますか。

▶解答　**$\frac{y}{x}=4$　xがどの値でも$\frac{y}{x}$の値は一定で比例定数に等しい。**

問2　次のことがらについて，yをxの式で表し，yはxに比例することを確かめなさい。また，その比例定数を答えなさい。

(1)　1枚45円のシールをx枚買ったときの代金y円

(2)　底辺が10cm，高さが$x$cmの三角形の面積$y\text{cm}^2$

▶解答　(1)　**$y=45x$**　比例定数　**45**

(2)　**$y=5x$**　比例定数　**5**

問3　Qの㋑と㋒では，yはxに比例するといえません。その理由を，yをxの式で表して説明しなさい。

▶解答　㋑　**$y=x^2$**　㋒　**$y=2x+10$**

（理由）

いずれも$y=ax$という式で表せないから，yはxに比例するとはいえない。

2　比例と変域

基本事項ノート

➔値の範囲（はんい）

より大きい，未満という値（あたい）の範囲を表すとき，>，<の記号を使う。

以上，以下という値の範囲を表すとき，≧，≦の記号を使う。

例　xは0より大きい…$x>0$　　xは0未満（xは0より小さい）…$x<0$

xは0以上…$x \geqq 0$　　xは0以下…$x \leqq 0$　　xは0以上3以下…$0 \leqq x \leqq 3$

xは0以上3未満…$x \leqq x<3$　　xは0より大きく3未満…$x<x<3$

❶注　$x>0$や$x \leqq 3$のように，ふつう，変数を左側にかく。また，$0 \leqq x \leqq 3$，$0<x<3$のように，ふつう，小さい数値を左側にかく。

➔変数のとる値の範囲

変数のとる値の範囲を，その変数の変域(へんいき)という。

例　20Lはいる水そうに，毎分4Lの割合で水を入れるときのx分後の水の量をyLとする。
$y=4x$　xの変域　$0 \leqq x \leqq 5$　yの変域　$0 \leqq y \leqq 20$

Q　24Lはいる空(から)の水そうに水を入れ，満水になったら水を止めます。
水を入れ始めてからx分後に，水そうの中の水の量がyLになるとして，yをxの式で表すと，次のようになります。
$y=3x$
このとき，時間にともなって水の量がどのように変化するかを調べましょう。
(1)　次の表(表は解答欄)の続きをかいて，xとyの関係を調べましょう。
(2)　水そうが満水になるのは，水を入れ始めてから何分後ですか。
(3)　xとyの間に$y=3x$という関係が成り立つのは，xがどのような値の範囲(はんい)をとるときですか。

▶解答　(1)

x	0	1	2	3	**4**	**5**	**6**	**7**	**8**
y	0	3	**6**	**9**	**12**	**15**	**18**	**21**	**24**

(2)　**8分後**　　(3)　**0以上8以下の範囲をとるとき**

問1　次の場合について，変数xの変域を，不等号を使って表しなさい。
(1)　xは2より大きい　　(2)　xは5以上
(3)　xは10未満　　(4)　xは12以下
(5)　xは1以上9以下　　(6)　xは0以上7未満
(7)　xは4より大きく24より小さい

▶解答　(1)　$\boldsymbol{x>2}$　　(2)　$\boldsymbol{x \geqq 5}$　　(3)　$\boldsymbol{x<10}$
(4)　$\boldsymbol{x \leqq 12}$　　(5)　$\boldsymbol{1 \leqq x \leqq 9}$　　(6)　$\boldsymbol{0 \leqq x<7}$
(7)　$\boldsymbol{4<x<24}$

問2　Qの話で，yの変域を，不等号を使って表しなさい。

考え方　xの変域は，$0 \leqq x \leqq 8$に対応するyの値を求める。

▶解答　$\boldsymbol{0 \leqq y \leqq 24}$

問3　右の図のような縦の長さが90cmで，横に85cmまで開けられる窓があります。この窓を$x$cm開けたとき，開けた部分の面積を$y$cm^{2}として，次の問いに答えなさい。
(1)　yをxの式で表しなさい。
(2)　x，yの変域を表しなさい。

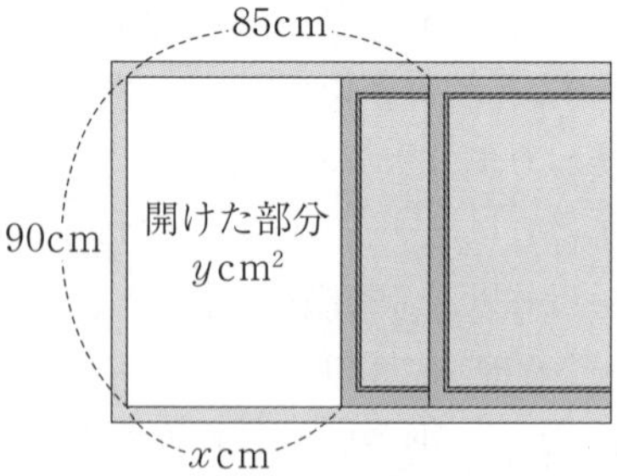

考え方　開けた部分は縦が90cmの長方形になる。85cmまで開けると，面積は$90\times85=7650$（cm^2）

▶解答　(1)　$\boldsymbol{y=90x}$

(2)　$\boldsymbol{0\leqq x\leqq 85,\ 0\leqq y\leqq 7650}$

3　数の範囲の広がりと比例の性質

基本事項ノート

➔比例の性質

yがxに比例するとき，次のことが成り立つ。

1　xの値がm倍になると，それに対応するyの値もm倍になる。

2　$x\neq0$のとき，対応するxとyの値の商$\dfrac{y}{x}$は一定で，比例定数aに等しい。

Q　東へ向かって分速60mで歩いている人は，O（オー）地点を通過した4分後，O地点からどちらの方向へ何mの所にいますか。
また，O地点を通過する4分前はどこにいますか。

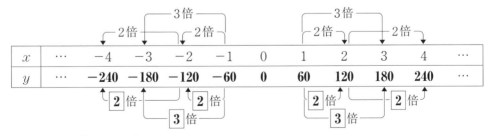

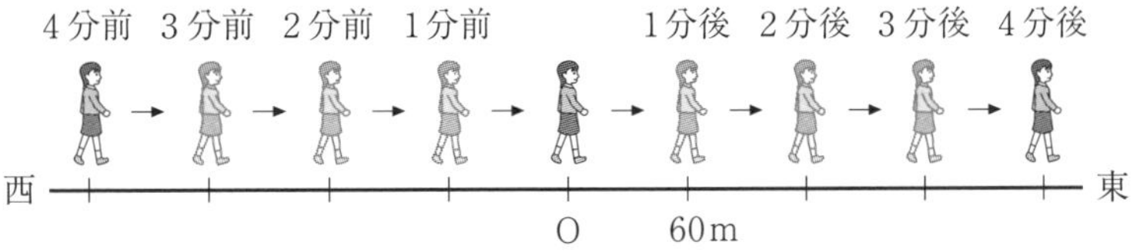

▶解答　(1)　**東の方向へ240mの所**　　(2)　**西の方向へ240mの所**

問1　比例の関係$y=60x$について，次の表（表は解答欄）を完成し，下の(1)，(2)のことを調べましょう。

(1)　xの値が2倍，3倍，…になるとき，それに対応するyの値は，それぞれ何倍になりますか。

(2)　$x\neq0$のとき，対応するxとyの値の商$\dfrac{y}{x}$は，それぞれどんな値になりますか。

▶解答

x	…	−4	−3	−2	−1	0	1	2	3	4	…
y	…	**−240**	**−180**	**−120**	**−60**	**0**	**60**	**120**	**180**	**240**	…

(1)　**2倍，3倍，…になる。**

(2)　**すべて60になる。**

問2　比例の関係$y=-4x$について，次の表(表は解答欄)を完成し，下の(1)，(2)のことを調べましょう。

(1)　xの値が2倍，3倍，…になるとき，それに対応するyの値は，それぞれ何倍になりますか。

(2)　$x \fallingdotseq 0$のとき，対応するxとyの値の商$\frac{y}{x}$は，それぞれどんな値になりますか。

▶解答

x	…	−4	−3	−2	−1	0	1	2	3	4	…
y	…	**16**	**12**	**8**	**4**	**0**	**−4**	**−8**	**−12**	**−16**	…

(1)　**2倍，3倍，…になる。**

(2)　**すべて−4になる。**

問3　これまでに調べたことから，比例の関係$y=ax$について，どんなことがわかりましたか。

▶解答

・**xの値が2倍，3倍，…になるとき，それに対応するyの値も2倍，3倍，…になる。**

・**$x \fallingdotseq 0$のとき，対応するxとyの値の商$\frac{y}{x}$は一定で，比例定数aに等しい。**

問4　**問1**や**問2**の表で，xの値が$\frac{1}{2}$倍になると，それに対応するyの値も$\frac{1}{2}$倍になることを確かめましょう。

▶解答

問1の表より，**$x=-4$の$\frac{1}{2}$倍，$x=-2$のとき，yの値は−240の$\frac{1}{2}$倍である−120である**ことがわかる。同じように，**$x=4$の$\frac{1}{2}$倍，$x=2$のとき，yの値は240の$\frac{1}{2}$倍である120である**ことがわかる。

問2の表より，**$x=-4$の$\frac{1}{2}$倍，$x=-2$のとき，yの値は16の$\frac{1}{2}$倍である8である**ことがわかる。同じように，**$x=4$の$\frac{1}{2}$倍，$x=2$のとき，yの値は−16の$\frac{1}{2}$倍である−8である**ことがわかる。

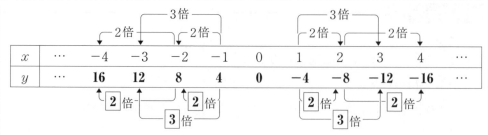

4　座標

基本事項ノート

➔ 座標軸（ざひょうじく）

・x 軸（横軸）と y 軸（縦軸）

・x 軸と y 軸の交点O（オー）を原点（げんてん）という。

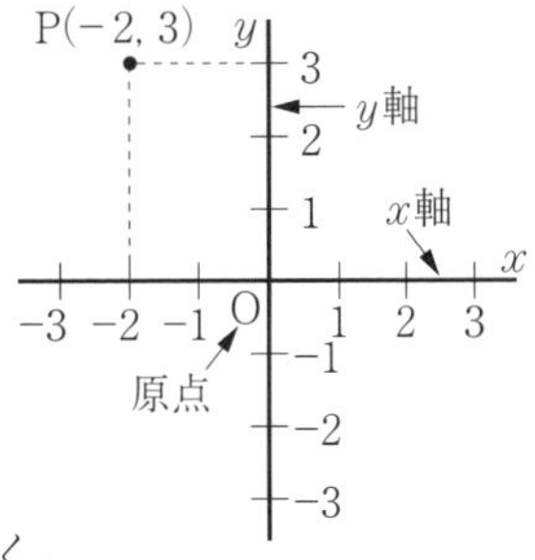

➔ 座標

P(a, b)のとき，a を点Pの x 座標，b を点Pの y 座標という。

例　P(−2, 3)

➔ 座標平面

座標軸を使って，点の位置を座標で表すようにした平面

注　原点Oの座標は(0, 0)，P(a, b)では x 座標，y 座標の順にかく。

Q　次の図で，市役所の位置は，中学校の位置を基準にすると，

（東へ200m，北へ300m）

と表すことができます。

同じように，病院，美術館，公園，駅の位置を，中学校の位置を基準に表してみましょう。

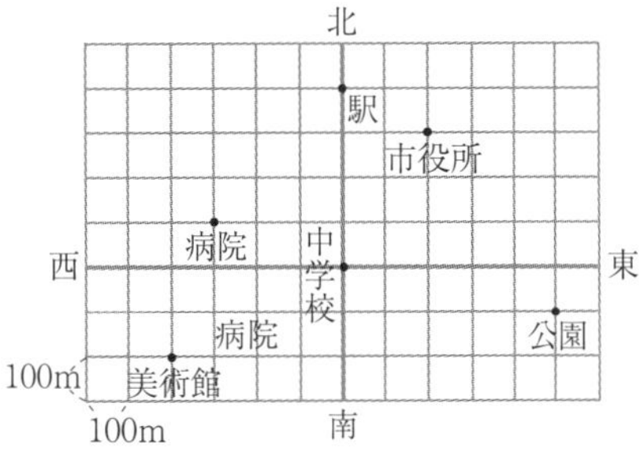

▶解答　病院（**西へ300m，北へ100m**）

美術館（**西へ400m，南へ200m**）

公園（**東へ500m，南へ100m**）

駅（**東へ0m，北へ400m**）　または，（**西へ0m，北へ400m**）

問1　右の図で，8つの点A，B，C，D，E，F，G，Hの座標を表しなさい。

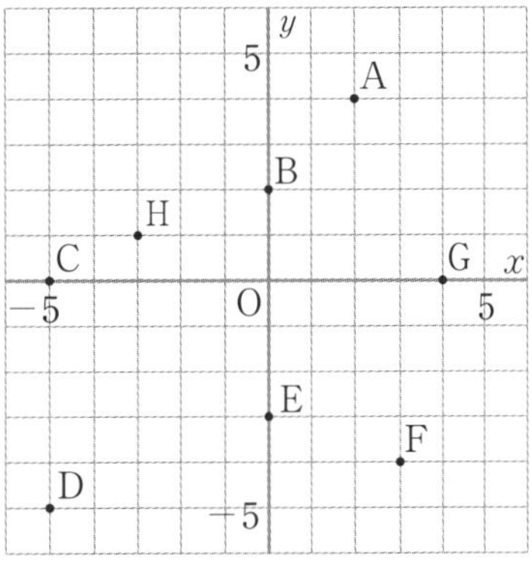

考え方　それぞれの点の位置から x 軸まで x 軸に垂直な直線をひき，x の座標を調べ，y 軸まで y 軸に垂直な直線をひき，y の座標を調べる。かくときには，A(x, y)のように，x 座標を左，y 座標を右にかく。

▶解答　A(**2, 4**)　B(**0, 2**)　C(**−5, 0**)

D(**−5, −5**)　E(**0, −3**)　F(**3, −4**)

G(**4, 0**)　H(**−3, 1**)

問2 次の点を，右の図にかき入れなさい。

I(4, 2)　　J(−3, −5)
K(−4, 5)　　L(0, 4)
M(2, −3)　　N(−2, 0)

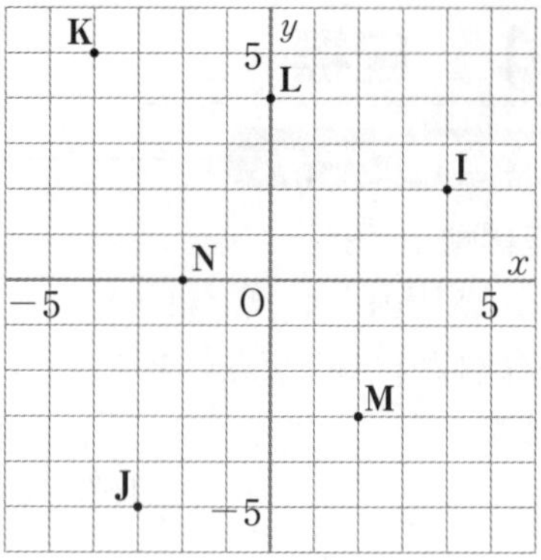

考え方 点を座標平面に表すには，例えばI(4, 2)の場合，x軸上の4のところでx軸に垂直な直線をひき，y軸上の2のところでy軸に垂直な直線をひき，2本の直線の交わったところを点Iとする。

▶解答 右の図

補充問題19 右の図で，8つの点A，B，C，D，E，F，G，Hの座標を表しなさい。（教科書P.282）

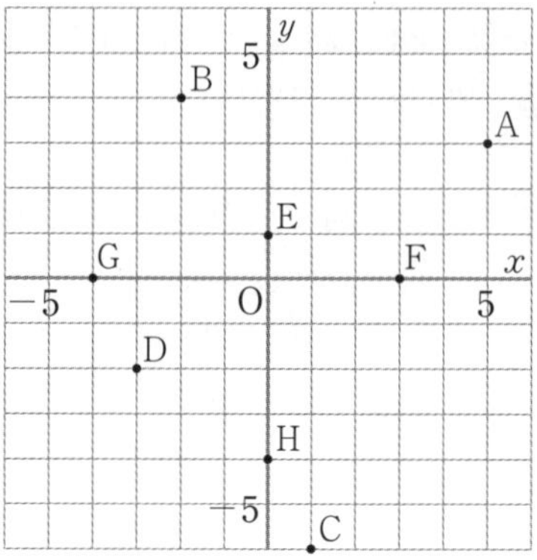

▶解答
A(**5, 3**)　　B(**−2, 4**)
C(**1, −6**)　　D(**−3, −2**)
E(**0, 1**)　　F(**3, 0**)
G(**−4, 0**)　　H(**0, −4**)

5 比例のグラフ

基本事項ノート

➔比例のグラフ

比例の関係$y=ax$のグラフは，原点を通る直線になる。

例 $y=2x$のグラフ（右のグラフ）

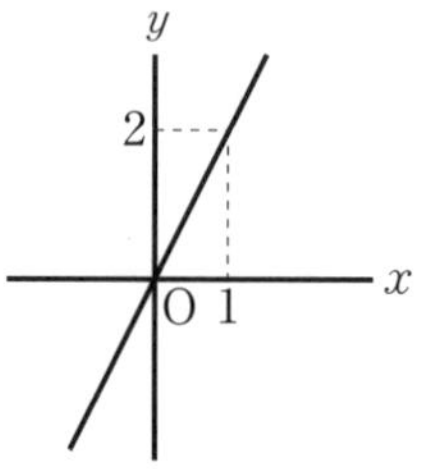

問1 比例の関係$y=2x$について，下の(1)～(3)の順に調べましょう。

x	…	−4	−3	−2	−1	0	1	2	3	4	…
y	…	−8	−6								…

(1) 上の表を完成し，対応するx，yの値の組を座標とする点を左の図（図は解答欄）にかきましょう。

(2) xの値を−4から4まで0.5おきにとり，それらに対応するyの値を求め，その値の組を座標とする点を左の図（図は解答欄）にかきましょう。

(3) xの値の間をさらに細かくして，点の数を増やしていくと，これらの点は，どのように並ぶと予想されますか。

考え方　$y=2x$ に，x の数値を代入して，それぞれの y の値を求める。

▶解答

x	…	−4	−3	−2	−1	0	1	2	3	4	…
y	…	−8	−6	**−4**	**−2**	**0**	**2**	**4**	**6**	**8**	…

x	…	−3.5	−2.5	−1.5	−0.5	0.5	1.5	2.5	3.5	…
y	…	−7	−5	−3	−1	1	3	5	7	…

(1)　グラフは右の図(赤い点)

(2)　グラフは右の図(黒い点)

(3)　**原点Oを通り，一直線上に並ぶと予想される。**

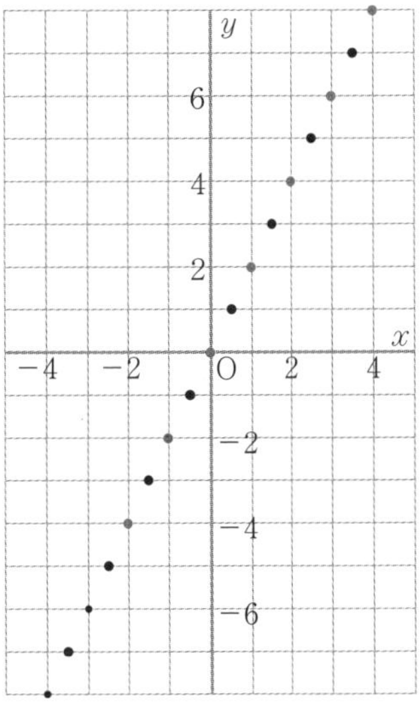

問2　比例の関係 $y=-2x$ について，下の(1)，(2)の順に調べましょう。

x	…	−4	−3	−2	−1	0	1	2	3	4	…
y	…										…

(1)　上の表を完成し，対応する x，y の値の組を座標とする点を，右の図(図は解答欄)にかきましょう。

(2)　(1)でかいた点がすべて一直線上に並ぶことを確かめましょう。また，その直線を右の図(図は解答欄)にかきましょう。

考え方　(1)　$y=-2x$ に x の値を代入して，それぞれの y の値を求める。

(2)　(1)のそれぞれの座標を通る直線になる。

▶解答

x	…	−4	−3	−2	−1	0	1	2	3	4	…
y	…	**8**	**6**	**4**	**2**	**0**	**−2**	**−4**	**−6**	**−8**	…

(1)　右の図の点9個

(2)　右の図の直線

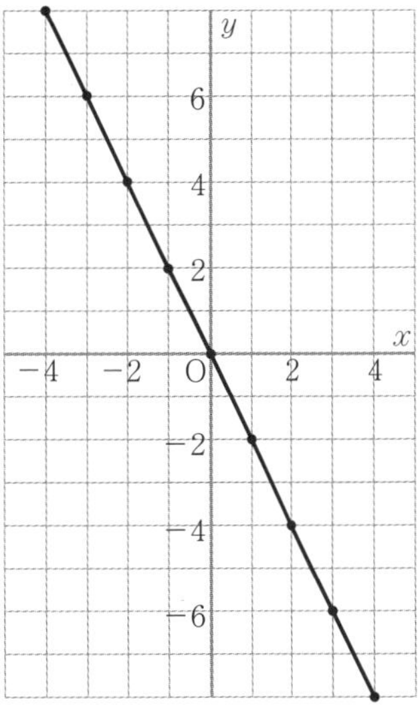

6 比例のグラフのかき方と特徴

基本事項ノート

➔比例の関係($y=ax$)のグラフ

[1] $a>0$のとき，直線は右上がり　　[2] $a<0$のとき，直線は右下がり

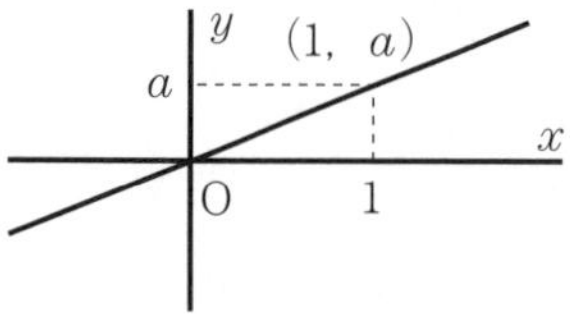

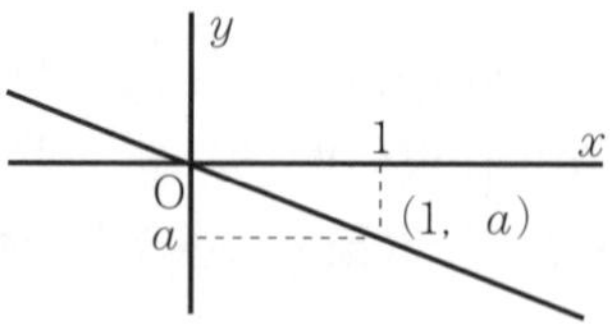

例　比例の関係$y=ax$のグラフは，原点と，xが1のとき，yはaになるから点(1，a)を通る。

問1　次の比例のグラフを，下の図(図は解答欄)にかきなさい。

(1)　$y=x$

$x=$□のとき$y=$□だから，
グラフは，原点以外に
点(□，□)を通る直線になる。

(2)　$y=-3x$

$x=$□のとき$y=$□だから，
グラフは，原点以外に
点(□，□)を通る直線になる。

▶解答　(1)　(順に)　**2，2，2，2**　など
右の図

(2)　(順に)　**2，−6，2，−6**　など
右の図

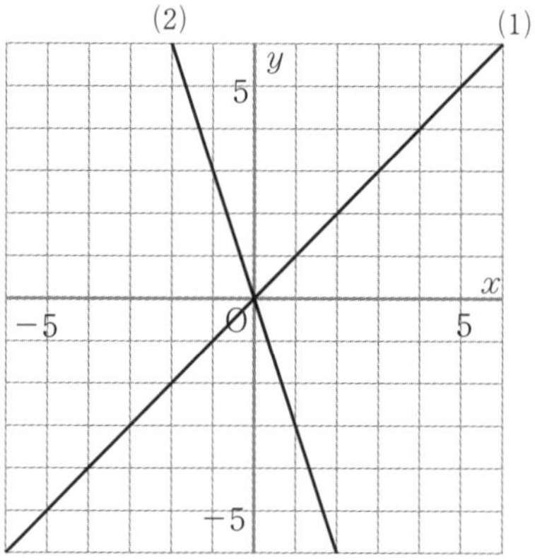

問2　比例$y=\frac{2}{3}x$のグラフを，右の図(図は解答欄)にかきましょう。

$x=$□のとき$y=$□だから，
グラフは，原点以外に
点(□，□)を通る直線になる。

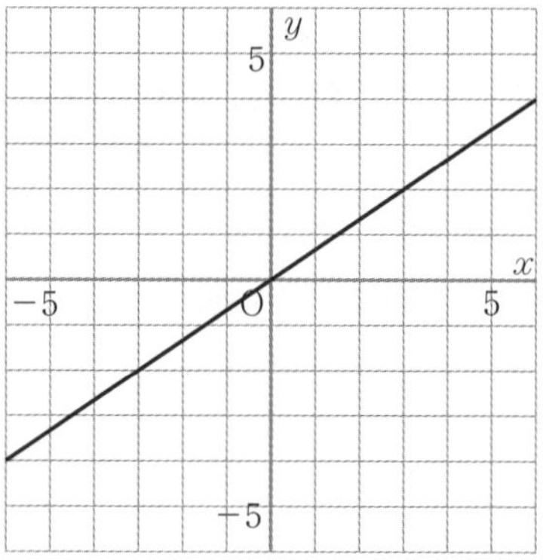

▶解答　(順に)　**3，2，3，2**　など
右の図

問3 次の比例のグラフを，右の図(図は解答欄)にかきなさい。

(1) $y=\frac{1}{4}x$　　(2) $y=-\frac{3}{2}x$

考え方 グラフが通る点で，x座標とy座標が両方とも整数である点をさがす。

▶解答 右の図

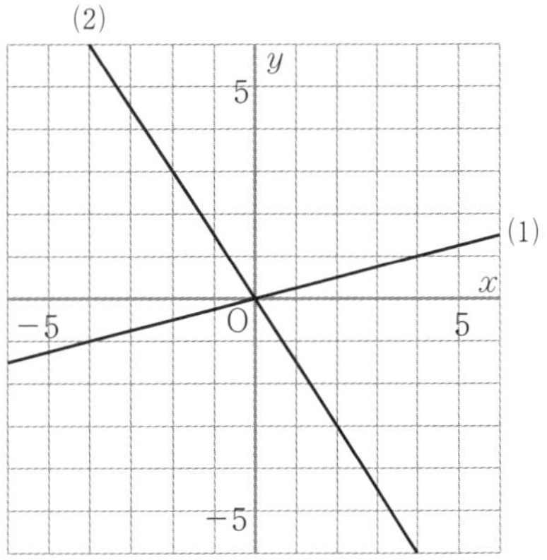

問4 次の表と右の図のグラフは，どちらも比例の関係$y=2x$を表したものです。$y=2x$について，下の(1)，(2)の順に調べましょう。

x	…	−1	0	1	2	3	…
y	…	−2	0	2	4	6	…

(1) xの値が1増加すると，yの値はどのように変化しますか。

(2) グラフで右へ1めもり分進むと，上下のどちらの方向へ何めもり分進みますか。

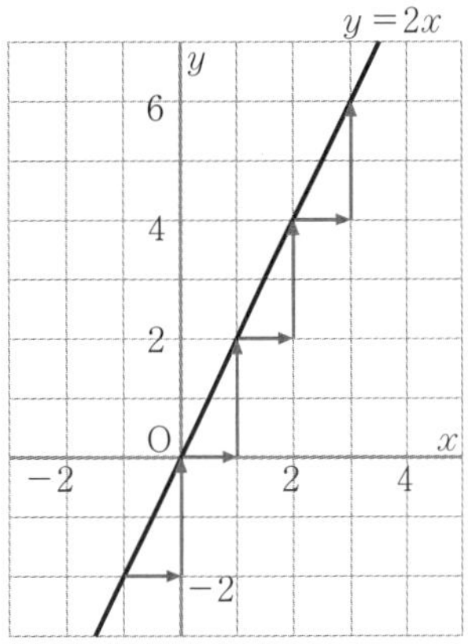

▶解答 (1) **2増加する。**　　(2) **上へ2めもり分進む。**

問5 次の表と右の図のグラフは，どちらも比例の関係$y=-2x$を表したものです。$y=-2x$について，下の(1)，(2)の順に調べましょう。

x	…	−1	0	1	2	3	…
y	…	2	0	−2	−4	−6	…

(1) xの値が1増加すると，yの値はどのように変化しますか。

(2) グラフで右へ1めもり分進むと，上下のどちらの方向へ何めもり分進みますか。

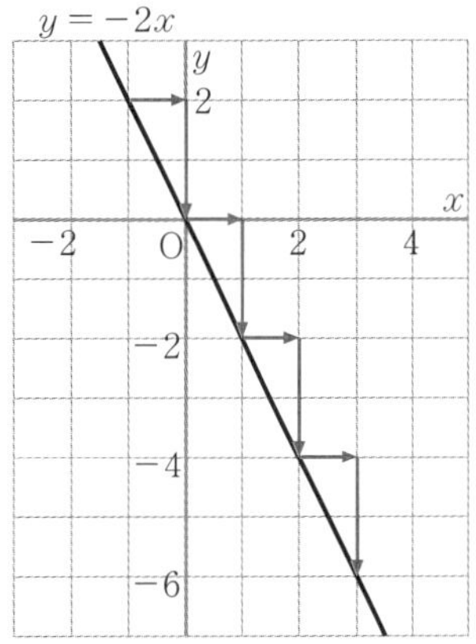

▶解答 (1) **2減少する。**　　(2) **下へ2めもり分進む。**

問6　次の図(図は省略)は，比例の関係$y=2x$の比例定数2が，表やグラフのどこに現れるかをまとめたものです。これにならって，比例の関係$y=-2x$の比例定数-2が，表やグラフのどこに現れるかをまとめてみましょう。

▶解答　右の図

[表]

（xの増加量：1　1　1　1）

x	…	-1	0	1	2	3	…
y	…	2	0	$\mathbf{-2}$	-4	-6	…

（yの増加量：$\mathbf{-2}$　$\mathbf{-2}$　$\mathbf{-2}$　$\mathbf{-2}$）

[式]

比例定数

$y=\mathbf{-2}\,x$

[グラフ]

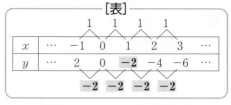

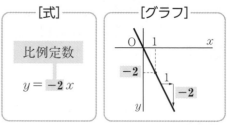

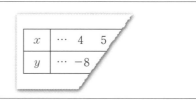

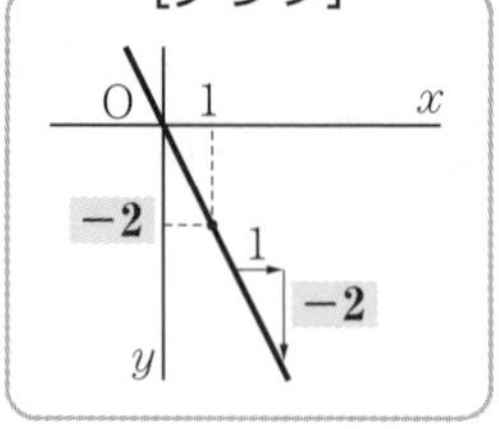

7　比例の式の求め方

基本事項ノート

➔比例の式$y=ax$に，変数x，yの値を代入して，比例定数aを求める。

例　yがxに比例し，$x=5$のとき$y=20$である。
yがxに比例するから，比例定数をaとすると
$y=ax$　$x=5$のとき$y=20$だから　$20=5a$　$a=4$　したがって　$y=4x$

Q　yがxに比例する関係を表した表が紙にかいてありましたが，紙が破れてしまったために，その一部しか見えません。右の表から，比例の式を求めることはできるでしょうか。

x	…	4	5
y	…	-8	

考え方　1組わかれば，比例定数を求められる。

▶解答　**できる。**

問1　yがxに比例するとき，次の問いに答えなさい。

(1)　$x=3$のとき$y=12$です。yをxの式で表しなさい。また，$x=-2$のときのyの値を求めなさい。

(2)　$x=-4$のとき$y=36$です。yをxの式で表しなさい。また，$y=5$のときのxの値を求めなさい。

考え方　yがxに比例するときは，$y=ax$で表される。x，yの値を代入して，aの値を求めればよい。

▶解答　(1)　yがxに比例するから，比例定数をaとすると
$y=ax$　$x=3$のとき$y=12$だから　$12=3a$　$a=4$
したがって　$y=4x$
$x=-2$のとき　$y=4\times(-2)=-8$　　答　$\boldsymbol{y=4x}$，$\boldsymbol{y=-8}$

(2)　yがxに比例するから，比例定数をaとすると
$y=ax$　$x=-4$のとき$y=36$だから　$36=-4a$　$a=-9$
したがって　$y=-9x$
$y=5$のとき　$5=-9x$　$x=-\frac{5}{9}$　答　$\boldsymbol{y=-9x,\ x=-\frac{5}{9}}$

チャレンジ　yがxに比例し，$x=-9$のとき$y=6$です。yをxの式で表しなさい。

▶解答　yがxに比例するから，比例定数をaとすると
$y=ax$　$x=-9$のとき$y=6$だから　$6=-9a$　$a=-\frac{2}{3}$
したがって　$y=-\frac{2}{3}x$　答　$\boldsymbol{y=-\frac{2}{3}x}$

問2　自動車が進む道のりは，使ったガソリンの量に比例するとします。ある自動車が，20Lのガソリンで360kmの道のりを走りました。この自動車がxLのガソリンで$y$km進むとして，次の問いに答えなさい。
(1)　yをxの式で表しなさい。
(2)　ガソリン8Lでは，何kmの道のりを走ることができますか。
(3)　540kmの道のりを走るには，何Lのガソリンが必要ですか。

考え方　(1)　$y=ax$に，$x=20$，$y=360$を代入して，比例の式を求める。

▶解答　(1)　yがxに比例するから，比例定数をaとすると
$y=ax$で，$x=20$のとき$y=360$だから　$360=20a$　$a=18$
したがって　$y=18x$　答　$\boldsymbol{y=18x}$
(2)　$y=18x$に$x=8$を代入する。　$y=18\times8=144$　答　**144km**
(3)　$y=18x$に$y=540$を代入する。　$540=18x$　$x=30$　答　**30L**

問3　yがxに比例し，そのグラフが右の図の(1)，(2)の直線であるとき，それぞれyをxの式で表しなさい。

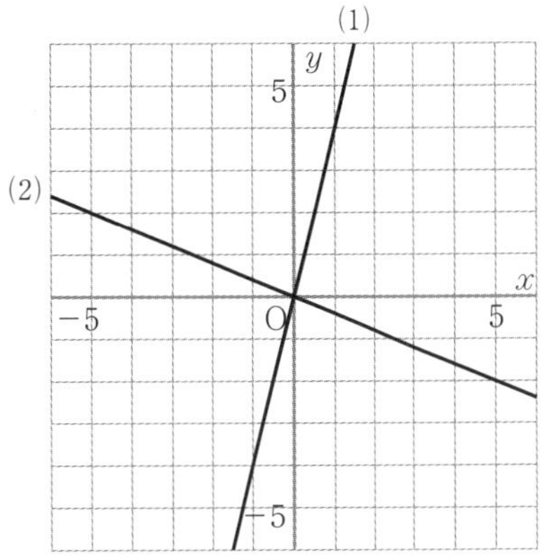

考え方　グラフが通る点で，x座標とy座標が両方とも整数である点をさがす。

▶解答　(1)　yがxに比例するから，比例定数をaとすると
$y=ax$　$x=1$のとき$y=4$だから
$4=a$　したがって　$y=4x$
答　$\boldsymbol{y=4x}$
(2)　yがxに比例するから，比例定数をaとすると
$y=ax$　$x=5$のとき$y=-2$だから
$-2=5a$　$a=-\frac{2}{5}$　したがって　$y=-\frac{2}{5}x$　答　$\boldsymbol{y=-\frac{2}{5}x}$

問4　yがxに比例し，そのグラフが点(3，-15)を通るとき，yをxの式で表しなさい。

▶解答　yがxに比例するから，比例定数をaとすると
$y=ax$　$x=3$のとき$y=-15$だから　$-15=3a$　$a=-5$　したがって　$y=-5x$
答　$\boldsymbol{y=-5x}$

補充問題20　yがxに比例し，$x=3$のとき$y=18$です。次の問いに答えなさい。（教科書P.282）
(1)　yをxの式で表しなさい。
(2)　$x=8$のときのyの値を求めなさい。
(3)　$y=-2$のときのxの値を求めなさい。

▶解答　(1)　yがxに比例するから，比例定数をaとすると
$y=ax$　$x=3$のとき$y=18$だから　$18=3a$　$a=6$
したがって　$y=6x$　答　$\boldsymbol{y=6x}$
(2)　$y=6x$に$x=8$を代入する。　$y=6\times8=48$　答　$\boldsymbol{y=48}$
(3)　$y=6x$に$y=-2$を代入する。　$-2=6x$　$x=-\frac{1}{3}$　答　$\boldsymbol{x=-\frac{1}{3}}$

補充問題21　yがxに比例し，$x=-10$のとき$y=10$です。次の問いに答えなさい。（教科書P.282）
(1)　yをxの式で表しなさい。
(2)　$x=-5$のときのyの値を求めなさい。
(3)　$y=9$のときのxの値を求めなさい。

▶解答　(1)　yがxに比例するから，比例定数をaとすると
$y=ax$　$x=-10$のとき$y=10$だから　$10=-10a$　$a=-1$
したがって　$y=-x$　答　$\boldsymbol{y=-x}$
(2)　$y=-x$に$x=-5$を代入する。　$y=-1\times(-5)=5$　答　$\boldsymbol{y=5}$
(3)　$y=-x$に$y=9$を代入する。　$9=-x$　$x=-9$　答　$\boldsymbol{x=-9}$

補充問題22　次の比例のグラフを表す式を求めなさい。（教科書P.282）

(1)
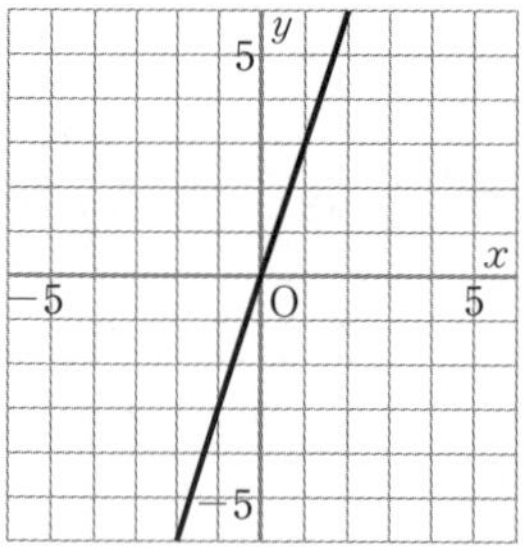

(2)
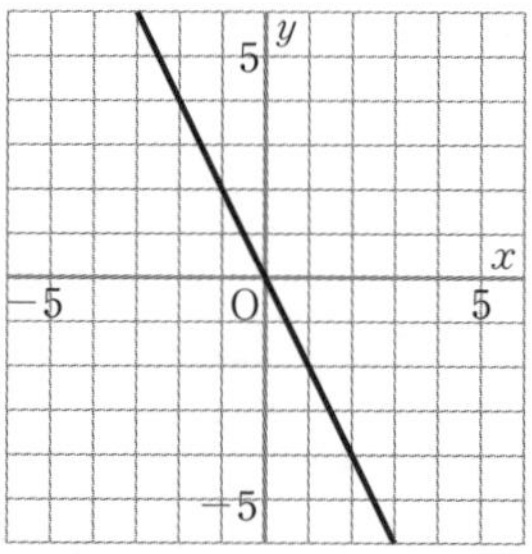

(3)
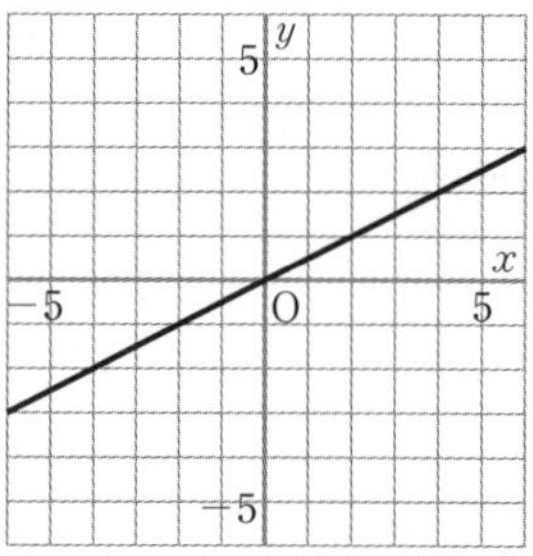

▶解答　(1)　原点と(1，3)を通る直線だから　$\boldsymbol{y=3x}$
(2)　原点と(1，-2)を通る直線だから　$\boldsymbol{y=-2x}$
(3)　原点と(2，1)を通る直線だから　$\boldsymbol{y=\frac{1}{2}x}$

補充問題23　y が x に比例し，そのグラフが次の点を通るとき，それぞれ y を x の式で表しなさい。（教科書P.283）

(1)　点(2，−16)　　(2)　点(−9，−12)

▶解答　(1)　y が x に比例するから，比例定数を a とすると

$y=ax$　$x=2$ のとき $y=-16$ だから　$-16=2a$　$a=-8$

したがって　$y=-8x$　　答　$\boldsymbol{y=-8x}$

(2)　y が x に比例するから，比例定数を a とすると

$y=ax$　$x=-9$ のとき $y=-12$ だから　$-12=-9a$　$a=\frac{4}{3}$

したがって　$y=\frac{4}{3}x$　　答　$\boldsymbol{y=\frac{4}{3}x}$

基本の問題

1　次の表は，y が x に比例する関係を表したものです。この x と y の関係について，下の問いに答えなさい。

x	…	−2	−1	0	1	2	3	…
y	…	□	3	0	−3	−6	□	…

(1)　上の表の□にあてはまる数をかき入れなさい。

(2)　次の文章の□にあてはまる数をかき入れなさい。

・x の値を2倍にすると，y の値は□倍になる。

・$x \neq 0$ のとき，$\frac{y}{x}$ の値は一定で，□になる。

(3)　y を x の式で表しなさい。

(4)　比例定数を答えなさい。

▶解答　(1)　(順に)　**6，−9**

(2)　(順に)　**2，−3**

(3)　$\boldsymbol{y=-3x}$

(4)　**−3**

2　次の比例のグラフを，右の図にかきなさい。

(1)　$y=-4x$　　(2)　$y=\frac{5}{4}x$

考え方　2点または3点をとって直線をひく。

1つは原点(0，0)とし，他の1点は，(1)では点(1，−4)と点(−1，4)，(2)では点(4，5)と点(−4，−5)などをとるのがよい。

▶解答　右の図

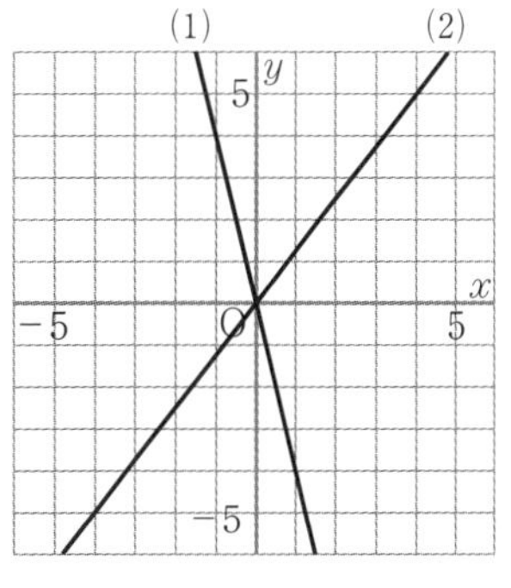

③　yがxに比例し，$x=-6$のとき$y=42$です。yをxの式で表しなさい。

▶解答　yがxに比例するから，比例定数をaとすると
$y=ax$　$x=-6$のとき$y=42$だから　$42=-6a$　$a=-7$
したがって　$y=-7x$　　答　$\boldsymbol{y=-7x}$

④　高さ80cmまで水がはいる直方体の空の水そうに，満水になるまで一定の割合で水を入れたところ，4分間で水面の高さが20cmになりました。水を入れ始めてからx分後の水面の高さを$y$cmとして，次の問いに答えなさい。
(1)　yをxの式で表しなさい。
(2)　水面の高さが50cmになるのは，水を入れ始めてから何分後ですか。
(3)　xの変域を表しなさい。

▶解答　(1)　yがxに比例するから，比例定数をaとすると
$y=ax$　$x=4$のとき$y=20$だから　$20=4a$　$a=5$
したがって　$y=5x$　　答　$\boldsymbol{y=5x}$
(2)　$y=5x$に$y=50$を代入する。　$50=5x$　$x=10$　　答　**10分後**
(3)　$y=5x$に$y=80$を代入する。　$80=5x$　$x=16$　　答　$\boldsymbol{0 \leqq x \leqq 16}$

3節　反比例

1　反比例を表す式

基本事項ノート

➔反比例と比例定数
yがxの関数で，その関係が次のような式で表されるとき，yはxに反比例(はんぴれい)するという。
反比例を表す式$y=\dfrac{a}{x}$で，定数aを比例定数という。

例　12kmの道のりを時速$x$kmで進むとy時間かかる。
$y=\dfrac{12}{x}$　比例定数は12

Q　次の㋐，㋑(表は解答欄)で，yはxの関数であるといえますか。また，yはxに反比例するといえますか。
㋐　面積が12cm^{2}の長方形の縦の長さ$x$cmと横の長さ$y$cm
㋑　周の長さが20cmの長方形の縦の長さ$x$cmと横の長さ$y$cm

▶解答　㋐　yはxの関数であると**いえる。**　yはxに反比例すると**いえる。**

x	1	2	3	4	5	6	…
y	12	6	4	**3**	**2.4**	**2**	…

㋑　y は x の関数であると**いえる。**　y は x に反比例すると**いえない。**

x	1	2	3	4	5	6	…
y	9	8	7	**6**	**5**	**4**	…

問1　教科書144ページの㋐の表をもとに，反比例の関係 $y=\dfrac{12}{x}$ の対応する x と y の値の積 xy をそれぞれ求めましょう。この積 xy の値について，どんなことがいえますか。

▶解答　**$xy=12$　x がどの値でも xy の値は一定で比例定数に等しい。**

問2　次のことがらについて，y を x の式で表し，y は x に反比例することを確かめなさい。また，その比例定数を答えなさい。
(1)　20mのひもを x 等分したときの1本の長さ ym
(2)　800mの道のりを分速 xmで進んだときにかかる時間 y 分

考え方　$y=\dfrac{a}{x}$ という式で表すことができれば，y は x に反比例するといえる。

▶解答　(1)　$\boldsymbol{y=\dfrac{20}{x}}$　$y=\dfrac{a}{x}$ の式で表されるので，y は x に反比例するといえる。
比例定数　**20**
(2)　$\boldsymbol{y=\dfrac{800}{x}}$　$y=\dfrac{a}{x}$ の式で表されるので，y は x に反比例するといえる。
比例定数　**800**

問3　Q の㋑では，y は x に反比例するとはいえません。その理由を，y を x の式で表して説明しなさい。

▶解答　$\boldsymbol{y=10-x}$
（理由）　**㋑は $\boldsymbol{y=\dfrac{a}{x}}$ という式で表せないから，反比例するとはいえない。**

2　数の範囲の広がりと反比例の性質

基本事項ノート

➔反比例の性質
y が x に反比例するとき，次のことが成り立つ。
[1]　x の値が m 倍になると，それに対応する y の値は $\dfrac{1}{m}$ 倍になる。
[2]　対応する x と y の値の積 xy は一定で，比例定数 a に等しい。

問1　反比例の関係$y=\dfrac{24}{x}$について，次の表（表は解答欄）を完成し，下の(1)～(3)のことを調べましょう。

(1)　比例定数を答えましょう。

(2)　xの値が2倍，3倍，…になるとき，それに対応するyの値は，それぞれ何倍になりますか。

(3)　対応するxとyの値の積xyは，それぞれどんな値になりますか。

▶解答

x	…	-4	-3	-2	-1	0	1	2	3	4	…
y	…	**-6**	**-8**	**-12**	**-24**	×	**24**	**12**	**8**	**6**	…

(1)　**24**

(2)　**$\dfrac{1}{2}$倍，$\dfrac{1}{3}$倍，…になる。**

(3)　**すべて24になる。**

問2　次の㋐～㋒の式で表される関数の中から，yがxに反比例するものをすべて選びなさい。また，その比例定数を答えなさい。

㋐　$y=\dfrac{15}{x}$　　㋑　$y=-\dfrac{15}{x}$　　㋒　$y=-\dfrac{x}{15}$

▶解答　**㋐**，比例定数…**15**　　**㋑**，比例定数…**-15**

問3　反比例の関係$y=-\dfrac{24}{x}$について，次の表（表は解答欄）を完成し，下の(1)，(2)のことを調べましょう。

(1)　xの値が2倍，3倍，…になるとき，それに対応するyの値は，それぞれ何倍になりますか。

(2)　対応するxとyの値の積xyは，それぞれどんな値になりますか。

▶解答

x	…	-4	-3	-2	-1	0	1	2	3	4	…
y	…	**6**	**8**	**12**	**24**	×	**-24**	**-12**	**-8**	**-6**	…

(1)　**$\dfrac{1}{2}$倍，$\dfrac{1}{3}$倍，…になる。**

(2)　**すべて-24になる。**

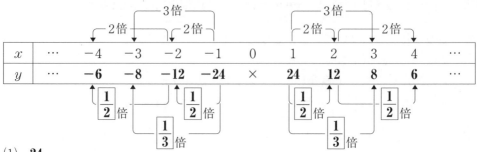

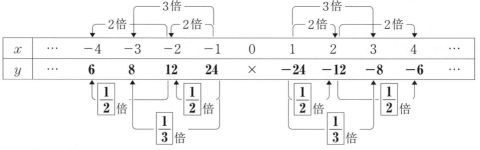

問4　これまでに調べたことから，反比例の関係 $y=\dfrac{a}{x}$ について，どんなことがわかりましたか。

▶解答　**・x の値が2倍，3倍，…になるとき，それに対応する y の値は，$\dfrac{1}{2}$ 倍，$\dfrac{1}{3}$ 倍，…になる。**
・対応する x と y の値の積 xy はいつも一定で，比例定数 a に等しい。

まちがえやすい問題

x と y の間に，右の表のような対応の関係があるとき，y は x に反比例するといえますか。

x	1	2	3	4	…
y	120	60	30	15	…

考え方　表では，x の値が2倍，3倍，4倍になるとき，それに対応する y の値は，$\dfrac{1}{2}$ 倍，$\dfrac{1}{4}$ 倍，$\dfrac{1}{8}$ 倍になっている。また，対応する x と y の値の積は $1\times120=120$，$2\times60=120$，$3\times30=90$，$4\times15=60$ となり，一定ではない。

▶解答　**いえない。**

3　反比例のグラフ

基本事項ノート

➔反比例の関係 $y=\dfrac{a}{x}$ のグラフ

なめらかな2つの曲線である。

1　$a>0$ のとき

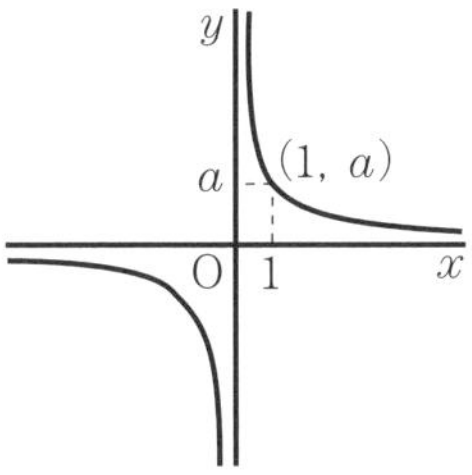

2　$a<0$ のとき

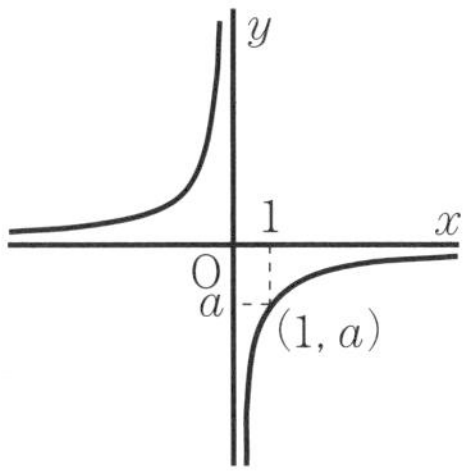

➔反比例のグラフ

反比例の関係 $y=\dfrac{a}{x}$ のグラフは双曲線（そうきょくせん）という。

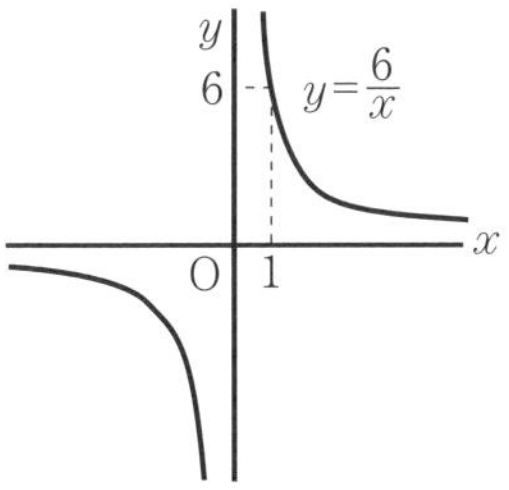

$y=\dfrac{6}{x}$

曲線は座標軸（じく）に近づくが座標軸に交わらない。

$x=0$ のときの y の値はない。

問1　反比例の関係 $y=\frac{6}{x}$ について，下の(1)，(2)の順に調べましょう。

(1)　上の表(表は解答欄)を完成し，対応する x，y の値(あたい)の組を座標とする点を下の図(図は右)にかきましょう。

(2)　x の値を，0を除いて -6 から6まで0.5おきにとり，それらに対応する y の値を求め，その値の組を座標とする点を下の図(図は右)にかきましょう。点は，どのように並ぶでしょうか。

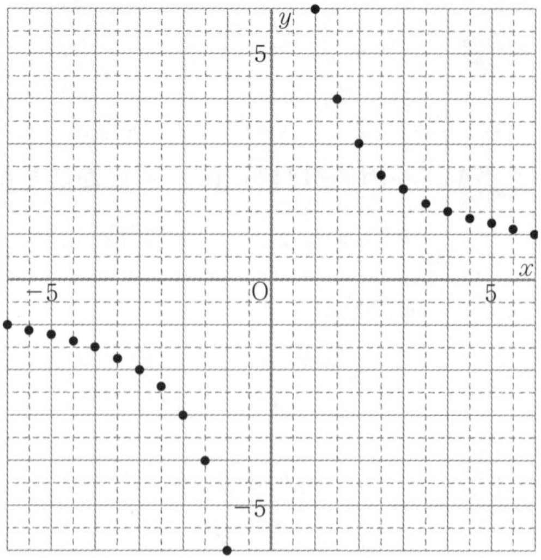

考え方　$y=\frac{6}{x}$ に，x の値を代入して，それぞれの y の値を求める。

▶解答　(1)　グラフは右上の図

x	…	-6	-5	-4	-3	-2	-1	0	1	2	3	4	5	6	…
y	…	$\mathbf{-1}$	$\mathbf{-\frac{6}{5}}$	$\mathbf{-\frac{3}{2}}$	$\mathbf{-2}$	$\mathbf{-3}$	$\mathbf{-6}$	×	**6**	**3**	**2**	$\mathbf{\frac{3}{2}}$	$\mathbf{\frac{6}{5}}$	**1**	…

(2)　グラフは右上の図　**なめらかな曲線上に並ぶ。**

x	-5.5	-4.5	-3.5	-2.5	-1.5	-0.5	0.5	1.5	2.5	3.5	4.5	5.5
y	-1.1	-1.3	-1.7	-2.4	-4	-12	12	4	2.4	1.7	1.3	1.1

(y の値は，小数第2位を四捨五入している。)

問2　反比例 $y=\frac{6}{x}$ について，次のことを調べましょう。

(1)　x の値が，10，100，1000，…と大きくなるにつれて，y の値はどのように変化しますか。また，グラフはどのようになっていきますか。

(2)　x の値が，1，0.1，0.01，0.001，…と0に近づくにつれて，y の値はどのように変化しますか。また，グラフはどのようになっていきますか。

考え方　x の値が大きくなっていくと，6はそのままだから，y の値は小さくなっていき，0に近づいていくと考えられる。また，x の値が小さくなっていくと，6はそのままで，わる数が小さくなっていくから，y の値は大きくなっていくと考えられる。

▶解答　(1)　**y の値は正の値をとりながら減少し，0に限りなく近づくが，0にはならない。グラフは，x 軸に限りなく近づくが，x 軸と交わらない。**

(2)　**y の値は正の値をとりながら増加する。グラフは，y 軸に限りなく近づくが，y 軸と交わらない。**

問3　反比例の関係$y=\frac{8}{x}$のグラフを，右の図にかきなさい。

▶解答　右の図

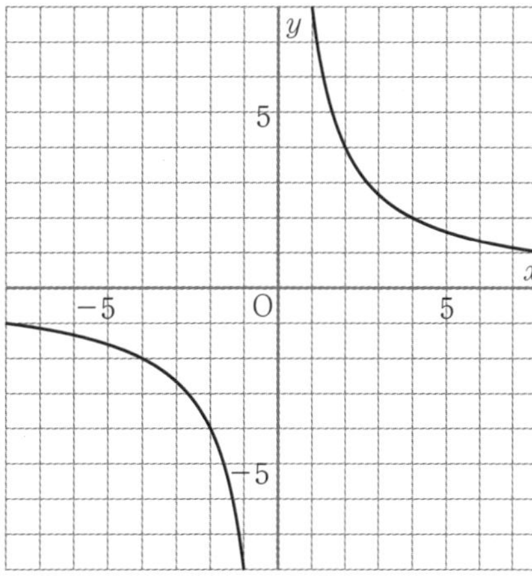

❗注　$y=\frac{a}{x}$のグラフで，$a>0$のとき，グラフの双曲線は，右上と左下に現れ，$a<0$のとき，左上と右下に現れる。

問4　反比例の関係$y=-\frac{6}{x}$のグラフを，右の図にかきなさい。

▶解答　右の図

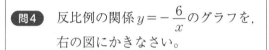

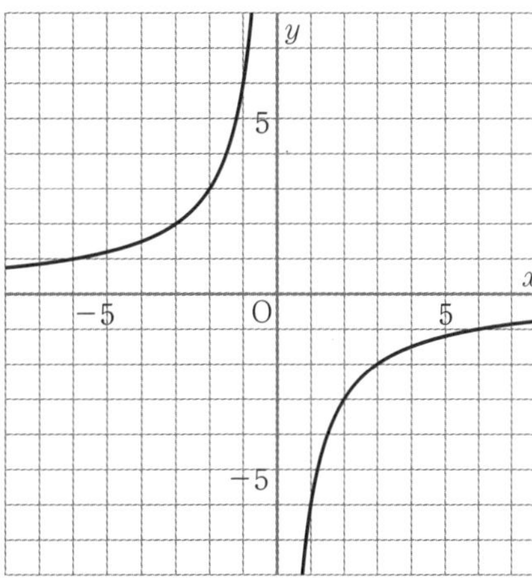

問5　次の㋐，㋑の式で表される反比例について，下の(1)，(2)のことがらを調べましょう。

㋐　$y=\frac{6}{x}$　　　㋑　$y=-\frac{6}{x}$

(1)　$x>0$の範囲では，xの値が増加するにつれて，yの値はどのように変化しますか。

(2)　$x<0$の範囲で，(1)と同じことを調べましょう。

▶解答　(1)　㋐　**xの値が増加すると，yの値は減少する。**

㋑　**xの値が増加すると，yの値も増加する。**

(2)　㋐　**xの値が増加すると，yの値は減少する。**

㋑　**xの値が増加すると，yの値も増加する。**

問6　これまでに調べたことから，反比例のグラフについて，どんなことがわかりましたか。次の(1)，(2)の順に考え，各自で考えたことを話し合いましょう。

(1)　調べた反比例のグラフに共通する特徴（とくちょう）

(2)　比例定数が正の数の場合と負の数の場合のちがい

▶解答　(1)　**・反比例のグラフは，なめらかな2つの曲線である。**

・反比例のグラフは，座標軸（x軸やy軸）と交わらない。　など

(2)　**・座標平面を2本の座標軸で4つに分けたとき，比例定数が正の数の場合は左下と右上にグラフがあるが，比例定数が負の数の場合は左上と右下にグラフがある。**
など

4 反比例の式の求め方

基本事項ノート

➔反比例の式 $y=\frac{a}{x}$ に，変数 x，y の値を代入して，比例定数 a を求める。

例　y が x に反比例するとき，$x=5$ のとき $y=4$ である。
y が x に反比例するから，比例定数を a とすると
$y=\frac{a}{x}$　$x=5$ のとき $y=4$ だから　$4=\frac{a}{5}$　$a=20$　したがって　$y=\frac{20}{x}$

問1　y が x に反比例するとき，次の問いに答えなさい。
(1)　$x=2$ のとき $y=14$ です。y を x の式で表しなさい。また，$x=7$ のときの y の値を求めなさい。
(2)　$x=-20$ のとき $y=5$ です。y を x の式で表しなさい。また，$y=-4$ のときの x の値を求めなさい。

▶解答　(1)　y が x に反比例するから，比例定数を a とすると
$y=\frac{a}{x}$　$x=2$ のとき $y=14$ だから　$14=\frac{a}{2}$　$a=28$
したがって　$y=\frac{28}{x}$
$x=7$ のとき　$y=\frac{28}{7}=4$　　答　$\boldsymbol{y=\frac{28}{x}}$，$\boldsymbol{y=4}$

(2)　y が x に反比例するから，比例定数を a とすると
$y=\frac{a}{x}$　$x=-20$ のとき $y=5$ だから　$5=-\frac{a}{20}$　$a=-100$
したがって　$y=-\frac{100}{x}$
$y=-4$ のとき　$-4=-\frac{100}{x}$　$x=25$　　答　$\boldsymbol{y=-\frac{100}{x}}$，$\boldsymbol{x=25}$

▶別解　比例定数は，$xy=a$ を使って求めてもよい。
(1)　$a=2\times14=28$　　(2)　$a=-20\times5=-100$

問2　自動車がある道のりを時速60kmで走ったところ，目的地に着くまでに2時間かかりました。
この道のりを時速 x kmで走るときにかかる時間を y 時間として，次の問いに答えなさい。
(1)　y を x の式で表しなさい。
(2)　この道のりを時速40kmで走るときにかかる時間を求めなさい。
(3)　$40\leqq x\leqq60$ のときの y の変域を表しなさい。

考え方　時速60kmの自動車が2時間走った道のりは，$60\times2=120$(km)

▶解答　(1)　$xy=120$　$\boldsymbol{y=\frac{120}{x}}$

(2)　$y=\frac{120}{x}$に$x=40$を代入する。　$y=\frac{120}{40}=3$　　答　**3時間**

(3)　$y=\frac{120}{x}$に$x=60$を代入する。　$y=\frac{120}{60}=2$　　答　$\boldsymbol{2\leqq y\leqq 3}$

問3　yがxに反比例し，そのグラフが右の図の双曲線であるとき，yをxの式で表しなさい。

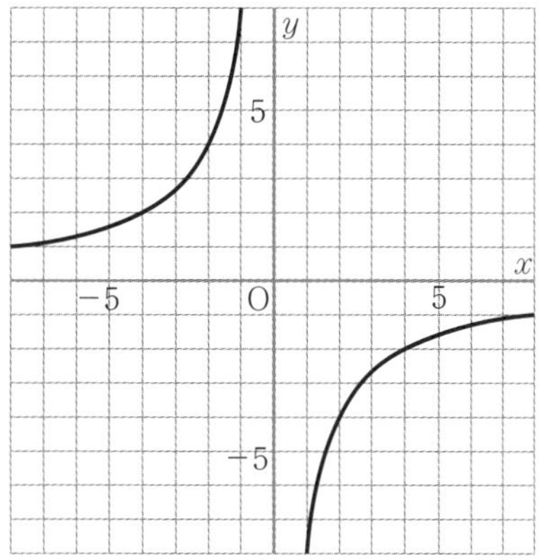

考え方　グラフ上の点でxとyの値が整数値になるものを見つけて見当をつける。

▶解答　yがxに反比例するから，比例定数をaとすると

$y=\frac{a}{x}$　$x=1$のとき$y=-8$だから

$-8=\frac{a}{1}$　$a=-8$

したがって　$\boldsymbol{y=-\frac{8}{x}}$

問4　yがxに反比例し，そのグラフが次の点を通るとき，それぞれyをxの式で表しなさい。

(1)　点(5，3)　　(2)　点(−2，7)

▶解答　(1)　yがxに反比例するから，比例定数をaとすると

$y=\frac{a}{x}$　$x=5$のとき$y=3$だから　$3=\frac{a}{5}$　$a=15$

したがって　$y=\frac{15}{x}$　　答　$\boldsymbol{y=\frac{15}{x}}$

(2)　yがxに反比例するから，比例定数をaとすると

$y=\frac{a}{x}$　$x=-2$のとき$y=7$だから　$7=-\frac{a}{2}$　$a=-14$

したがって　$y=-\frac{14}{x}$　　答　$\boldsymbol{y=-\frac{14}{x}}$

補充問題24　yがxに反比例し，$x=2$のとき$y=4$です。次の問いに答えなさい。(教科書P.283)

(1)　yをxの式で表しなさい。

(2)　$x=4$のときのyの値を求めなさい。

(3)　$y=-8$のときのxの値を求めなさい。

▶解答　(1)　yがxに反比例するから，比例定数をaとすると

$y=\frac{a}{x}$　$x=2$のとき$y=4$だから　$4=\frac{a}{2}$　$a=8$

したがって　$y=\frac{8}{x}$　　答　$\boldsymbol{y=\frac{8}{x}}$

(2)　$y=\frac{8}{x}$に$x=4$を代入する。　$y=\frac{8}{4}=2$　　答　$\boldsymbol{y=2}$

(3)　$y=\frac{8}{x}$に$y=-8$を代入する。　$-8=\frac{8}{x}$　$x=-1$　　答　$\boldsymbol{x=-1}$

補充問題25　yがxに反比例し，$x=-8$のとき$y=3$です。次の問いに答えなさい。(教科書P.283)

(1)　yをxの式で表しなさい。

(2)　$x=-1$のときのyの値を求めなさい。

(3)　$y=8$のときのxの値を求めなさい。

▶解答　(1)　yがxに反比例するから，比例定数をaとすると

$y=\frac{a}{x}$　$x=-8$のとき$y=3$だから　$3=-\frac{a}{8}$　$a=-24$

したがって　$y=-\frac{24}{x}$　　答　$\boldsymbol{y=-\frac{24}{x}}$

(2)　$y=-\frac{24}{x}$に$x=-1$を代入する。　$y=24$　　答　$\boldsymbol{y=24}$

(3)　$y=-\frac{24}{x}$に$y=8$を代入する。　$8=-\frac{24}{x}$　$x=-3$　　答　$\boldsymbol{x=-3}$

補充問題26　次の反比例のグラフを表す式を求めなさい。(教科書P.283)

(1)

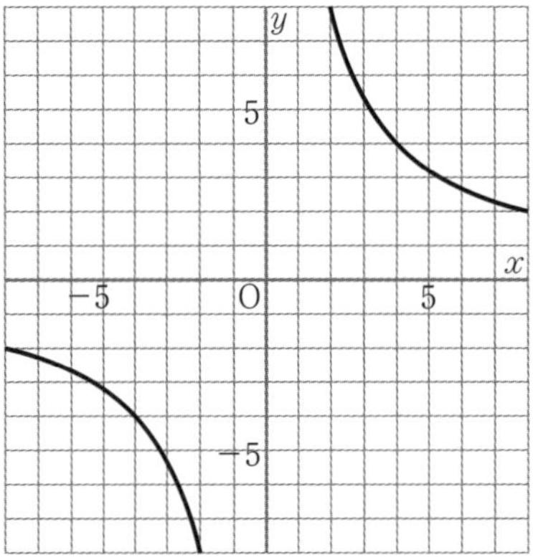

(2)

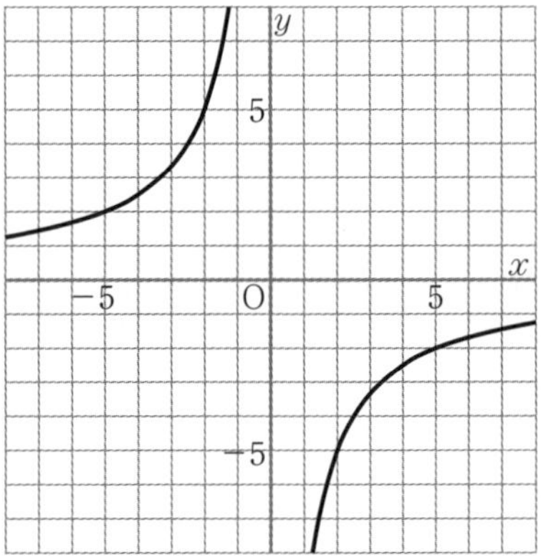

▶解答　(1)　$(-8,\ -2)$，$(-4,\ -4)$，$(-2,\ -8)$，$(2,\ 8)$，$(4,\ 4)$，$(8,\ 2)$を通っているので，$xy=16$

したがって　$\boldsymbol{y=\frac{16}{x}}$

(2)　$(-5,\ 2)$，$(-2,\ 5)$，$(2,\ -5)$，$(5,\ -2)$を通っているので，

$xy=-10$

したがって　$\boldsymbol{y=-\frac{10}{x}}$

補充問題27　yがxに反比例し，そのグラフが次の点を通るとき，それぞれyをxの式で表しなさい。(教科書P.283)

(1)　点$(3,\ -4)$　　　(2)　点$(-6,\ -5)$

▶解答 (1)　y が x に反比例するから，比例定数を a とすると

$y=\frac{a}{x}$ で，$x=3$ のとき $y=-4$ だから　$-4=\frac{a}{3}$　$a=-12$

したがって　$y=-\frac{12}{x}$　　答　$\boldsymbol{y=-\frac{12}{x}}$

(2)　y が x に反比例するから，比例定数を a とすると

$y=\frac{a}{x}$ で，$x=-6$ のとき $y=-5$ だから　$-5=-\frac{a}{6}$　$a=30$

したがって　$y=\frac{30}{x}$　　答　$\boldsymbol{y=\frac{30}{x}}$

基本の問題

1　次の表は，y が x に反比例する関係を表したものです。この x と y の関係について，下の問いに答えなさい。

x	…	-2	-1	0	1	2	3	…
y	…	□	-12	×	12	6	□	…

(1)　上の表の□にあてはまる数をかき入れなさい。

(2)　次の文章の□にあてはまる数をかき入れなさい。

・xy の値は一定で，□になる。

・x の値を3倍にすると，y の値は□倍になる。

(3)　y を x の式で表しなさい。

(4)　比例定数を答えなさい。

▶解答 (1)　（順に）　**−6，4**

(2)　（順に）　**12，$\boldsymbol{\frac{1}{3}}$**　(3)　$\boldsymbol{y=\frac{12}{x}}$　(4)　**12**

2　反比例の関係 $y=\frac{4}{x}$ のグラフを，右の図にかきなさい。

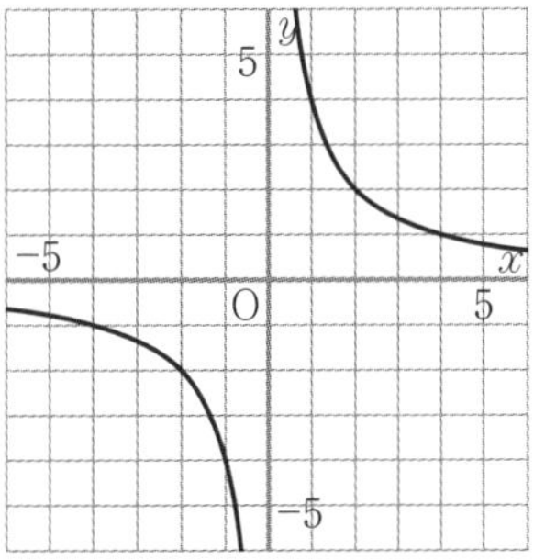

考え方　グラフは，$(-4,\ -1)$，$(-2,\ -2)$，$(-1,\ -4)$，$(1,\ 4)$，$(2,\ 2)$，$(4,\ 1)$ の各点を通る。

▶解答　右の図

3　y が x に反比例し，$x=-2$ のとき $y=-16$ です。y を x の式で表しなさい。

▶解答　y が x に反比例するから，比例定数を a とすると

$y=\frac{a}{x}$　$x=-2$ のとき $y=-16$ だから　$-16=-\frac{a}{2}$　$a=32$

したがって　$y=\frac{32}{x}$　　答　$\boldsymbol{y=\frac{32}{x}}$

4　ある空の水そうに，毎分4Lの割合で水を入れていくと12分で満水になります。毎分xLの割合で水を入れていくとy分で満水になるとして，次の問いに答えなさい。

(1)　yをxの式で表しなさい。

(2)　毎分3Lの割合で水を入れていくと，何分で満水になりますか。

(3)　$2 \leqq x \leqq 8$のときのyの変域を表しなさい。

▶解答

(1)　yがxに反比例するから，比例定数をaとすると

$y=\frac{a}{x}$　$x=4$のとき$y=12$だから　$12=\frac{a}{4}$　$a=48$

したがって　$y=\frac{48}{x}$　　答　$\boldsymbol{y=\frac{48}{x}}$

(2)　$y=\frac{48}{x}$に$x=3$を代入する。　$y=\frac{48}{3}=16$　　答　**16分**

(3)　$y=\frac{48}{x}$に$x=2$を代入する。　$y=\frac{48}{2}=24$

$y=\frac{48}{x}$に$x=8$を代入する。　$y=\frac{48}{8}=6$　　答　$\boldsymbol{6 \leqq y \leqq 24}$

4節　比例と反比例の活用

1　比例と反比例の活用

基本事項ノート

➡比例や反比例の式を使って，いろいろな問題を解くことができる。

例　くぎ10本の重さは25g。同じくぎ25本の重さは何gか。

くぎの本数をx本，くぎの重さをygとする。

yがxに比例するから，比例定数をaとすると

$y=ax$　$x=10$のとき$y=25$だから　$25=a \times 10$　$a=2.5$

したがって　$y=2.5x$

くぎ25本の重さは，$y=2.5x$に$x=25$を代入する。$y=2.5 \times 25=62.5$(g)になる。

問1　**例1**について，次の問いに答えなさい。

(1)　比例定数25は，どんな数量を表していますか。

(2)　800gの塩をとるには，約何Lの海水が必要ですか。

考え方　(2)　$y=800$のときのxの値を求める。

▶解答

(1)　**1Lの海水からとれる塩の量**

(2)　$y=800$のとき　$800=25x$　$x=32$　　答　**約32L**

問2 **例2**の表から，60gのおもりを支点の右側につるしてつり合うときの支点からの距離を，次の2通りの方法でそれぞれ求めなさい。

(1)　y を x の式で表し，その式を使って求める。

(2)　右の表(表は解答欄)を使って求める。

▶解答 (1)　**例2**より $xy=120$　したがって　$y=\dfrac{120}{x}$

$x=60$ のとき　$y=\dfrac{120}{60}=2$　　答　**2cm**

(2)　(例)

6倍

x	**10**	60
y	**12**	**2**

$\dfrac{\mathbf{1}}{\mathbf{6}}$ 倍

x の値が6倍になると，それに対応する y の値は $\dfrac{1}{6}$ 倍になるので2cm

答　**2cm**

2　比例のグラフの活用

基本事項ノート

➔比例のグラフを関連づけて活用する。

時間 x 分と道のり y mのグラフから，時間と道のりの対応，分速などを読み取ることができる。

比例の関係を表した表から，式を求め，グラフをかくことができる。

比例の式から，x と y の値の対応表をつくり，グラフをかくことができる。

Q 兄と妹が同時に自宅を出て，600m離(はな)れた公園まで歩きました。次の図(図は右)は，兄が家を出てから公園に着くまでの，時間と道のりの関係を表したグラフです。この図から，兄が歩いた速さを求めるには，どうすればよいですか。

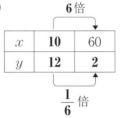

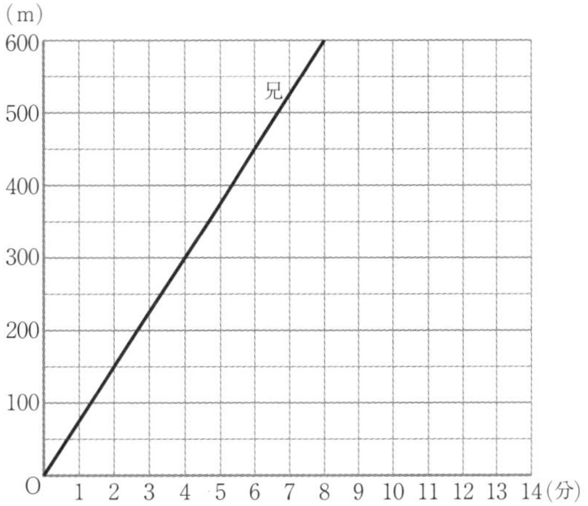

▶解答 **グラフより，兄が出発してから8分後に600m離れた公園に着いていることを読み取り求める。**

問1 上の **Q** で，兄が家を出てから x 分後に，家からの道のりが y mになったとして，次の問いに答えなさい。

(1)　y を x の式で表しなさい。また，x の変域を表しなさい。

(2)　y を x の式で表したときの比例定数は，どんな数量を表していますか。

▶解答

(1)　yがxに比例するから，比例定数をaとすると

$y=ax$　$x=8$のとき，$y=600$だから　$600=8a$　$a=75$

したがって　$y=75x$　　答　$\boldsymbol{y=75x,\ 0 \leqq x \leqq 8}$

(2)　兄の歩く速さ(分速75m)　　答　**兄の歩く速さ**

問2　上の Q で，妹は分速50mで兄と同じ道を歩いたとして，次の問いに答えなさい。

(1)　妹が家を出てから公園に着くまでの，時間と道のりの関係を表すグラフを，上の図にかきなさい。

(2)　兄が公園に着いたとき，妹は家からの道のりが何mの地点を通過しましたか。

(3)　2人が家を出てから4分後に，2人は何m離れていますか。

▶解答

(1)　右の図

(2)　兄は8分後に公園に着いた。

したがって　8分後の妹は，

400m地点　　答　**400m**

(3)　4分後の兄は　300m地点

4分後の妹は　200m地点

2人の道のりの差は

$300-200=100$　　答　**100m**

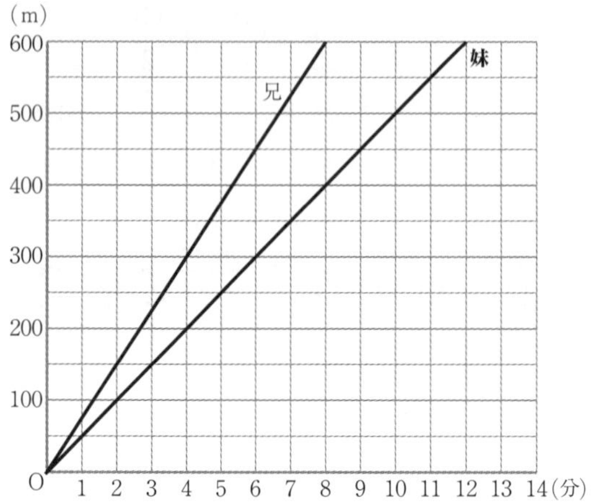

3　ポスターの文字の大きさを決めよう

基本事項ノート

身近なことがら　教科書157ページのような文化祭のポスターをつくるとき，「家庭科」の文字の大きさの求め方を数学の問題 Q にしてみる。

Q　15m離れた場所からポスターの「家庭科」という漢字が読めるようにしたいと思います。表1をもとに考えるとき，漢字の高さを何mm以上にすればよいでしょうか。その高さの下限について考えましょう。

表1　案内図の文字の大きさのめやす

距離(きょり)	漢字・かなの高さ	英字の高さ
5m	20mm以上	15mm以上
10m	40mm以上	30mm以上
20m	80mm以上	60mm以上
30m	120mm以上	90mm以上

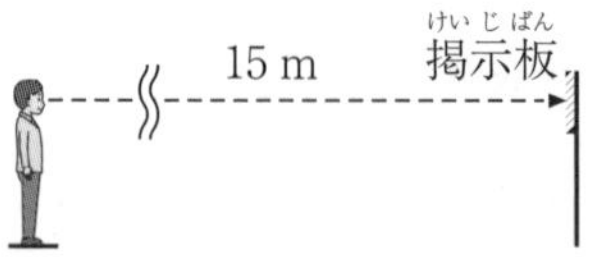

▶解答　下の ●1● ～ ●5● に示す。

➡見通しをもつ

　2つの数量の関係を考えるために，どの数量に着目して考えればよいかを確認する。

➡考える，説明する

　2つの数量の関係を比較するには，表やグラフを用いる。

　数量を表すには式が有効である。

●1●　◯Ｑ◯のことがらについて，漢字の高さを決める方法を考えましょう。

表1には距離が15mの場合はのっていないよ。

和也さん

表1の距離と漢字・かなの高さの間には，何か関係がありそうだね。

彩さん

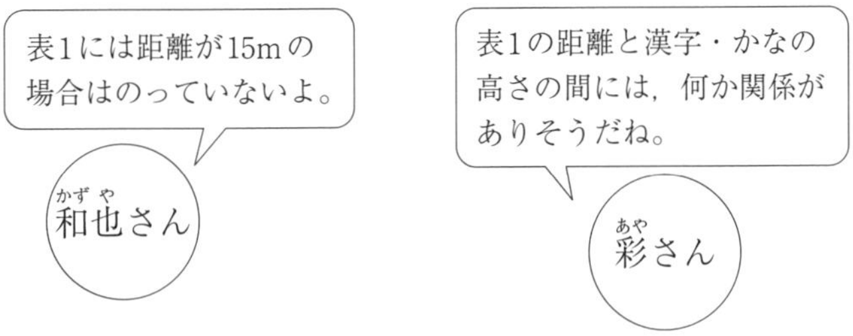

考え方　表1の距離と漢字・かなの高さに着目する。

▶解答　・表1から，ポスターと人との距離と，ポスターの漢字・かなの高さの2つの数量について，何か関係を見つけ出せないかな。

　　　・表1を表やグラフ，式で表し，何か関係を見つけ出せないかな。　など

●2●　(1)　xm離れた場所から読める漢字の高さの下限を$y$mmとします。このときのxとyの関係について，表やグラフ（表やグラフは解答欄）で調べましょう。

　　　(2)　表やグラフを使って，15m離れた場所から読める漢字の高さの下限を考えましょう。

考え方　(1)　表1を，xとyの関係の表やグラフにする。

　　　(2)　(1)のグラフから，xが15のときのyの値を読み取る。

▶解答　(1)

x	…	5	10	20	30	…
y	…	**20**	**40**	**80**	**120**	…

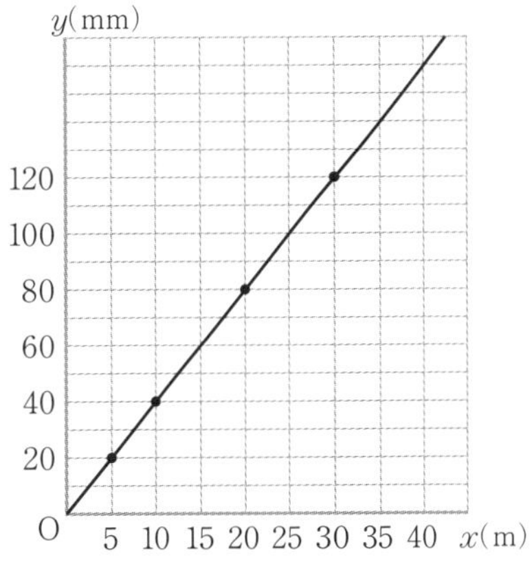

　　　(2)　**60mm**

●3●　(1)　◯Ｑ◯についてのあなたの考えを説明しましょう。

　　　(2)　xとyの間の関係を式に表すと，どうなりますか。

　　　(3)　40m離れた場所から読めるようにしたい場合は，漢字の高さを何mm以上にしたらよいですか。

考え方　(1)　表，グラフ，式から15m離れた場合を考える。

▶解答　(1)　**・表，グラフ，式から，ポスターからの距離と漢字・かなの高さは比例の関係であると考えられる。対応するxとyの値の商$\frac{y}{x}$は一定で4である。このことから，yをxの式で表すと$y=4x$となる。**

$x=15$のとき　$y=4\times15=60$

したがって，15m離れた場所から文字を読めるようにするには，漢字・かなの高さを60mm以上にすればよい。　など

(2)　$y=4x$

(3)　$y=4x$に$x=40$を代入すると

$y=4\times40=160$　　答　**160mm以上**

4　身近なことがらを数学の問題Qにするとき，どんなことが必要でしたか。また，Qを解決するとき，これまでに学んできたどんなことが役に立ちましたか。

考え方　文字の高さを決めるためには，何を決めなければならなかったかを考える。

表，グラフ，式から，どんな関係を見いだすことができたのかを考える。

▶解答　(必要だったこと)

・表1のようなめやすが必要だった。

・どのぐらい離れたところから見えるようにするのか，距離を決める必要があった。

(役に立ったこと)

・表，グラフ，式から，2つの数量の関係に着目し，比例の関係を見いだしたこと。

5　「Exit」(出口)という英字の案内図をつくります。英字の高さは，大文字のEを基準にします。表1をもとに考えるとき，「E」の高さは，どのように決めればよいでしょうか。その決め方を説明しましょう。

考え方　表1の距離と英字の高さの2つの数量について，関係を見つけ出す。

▶解答　**・表，グラフ，式から，ポスターからの距離と英字の高さは比例の関係であると考えられる。対応するxとyの値の商$\frac{y}{x}$は一定で3である。このことから，yをxの式で表すと$y=3x$となる。あとは，どの距離から読めるようにしたいかを決めて，その値をxに代入して，「E」の高さを決めればよい。**　など

4章の問題

1 次の場合，y は x の関数であるといえますか。

(1)　x 円の品物を買って5000円札を1枚出したときのおつり y 円

(2)　x 歳(さい)の人のハンドボール投げの記録 y m

▶解答　(1)　**いえる。**　　(2)　**いえない。**

2 下の(1)，(2)の式で表される関数のグラフ上にある点の座標をそれぞれ，次の㋐～㋕の中からすべて選びなさい。

㋐　(0，−3)　　㋑　(−3，0)　　㋒　(1，3)

㋓　(1，−3)　　㋔　(−1，3)　　㋕　(−1，−3)

(1)　$y=-3x$　　(2)　$y=\dfrac{3}{x}$

▶解答　(1)　**㋓，㋔**　　(2)　**㋒，㋕**

3 次の(1)，(2)のグラフを，左の図(図は右)にかきなさい。

(1)　$y=\dfrac{1}{3}x$　　(2)　$y=-\dfrac{16}{x}$

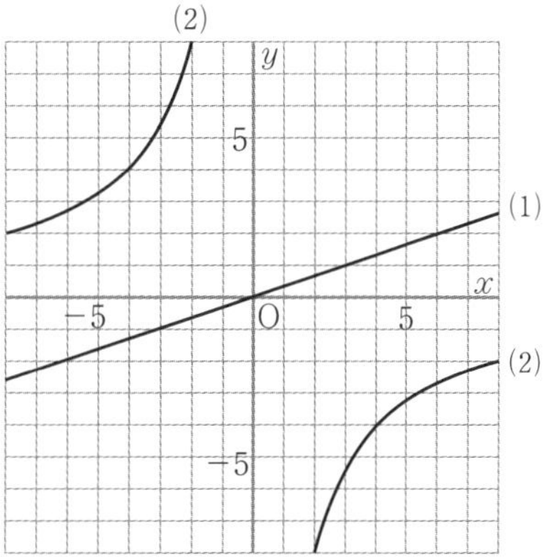

考え方　(1)　2つまたは3つの点をとって直線をひく。

(2)　$y=\dfrac{a}{x}$ のグラフで，$a<0$ のとき，グラフの双曲線は，左上と右下に現れる。

▶解答　右の図

4 次の場合について，y を x の式で表しなさい。

(1)　y が x に比例し，$x=-4$ のとき $y=36$ である。

(2)　y が x に反比例し，$x=-3$ のとき $y=-7$ である。

(3)　グラフが右の図の㋐の直線である。

(4)　グラフが右の図の㋑の双曲線である。

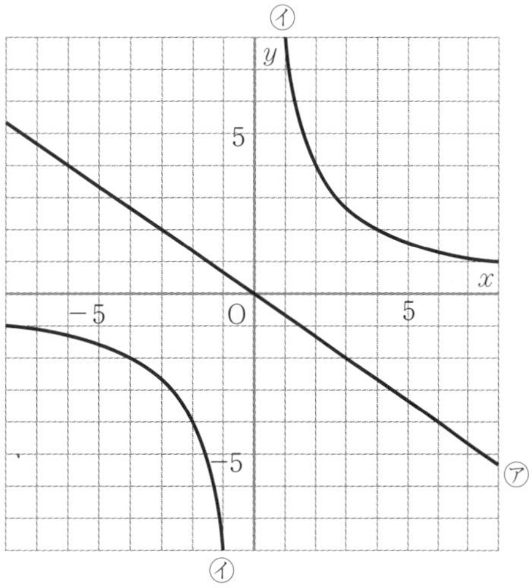

考え方 比例の関係を表す式$y=ax$，反比例の関係を表す式$y=\frac{a}{x}$に，はっきり読み取れる点の座標を代入して求める。

▶解答
(1) yがxに比例するから，比例定数をaとすると
$y=ax$　$x=-4$のとき$y=36$だから　$36=-4a$　$a=-9$
したがって　$y=-9x$　　答　$\boldsymbol{y=-9x}$

(2) yがxに反比例するから，比例定数をaとすると
$y=\frac{a}{x}$　$x=-3$のとき$y=-7$だから　$-7=-\frac{a}{3}$　$a=21$
したがって　$y=\frac{21}{x}$　　答　$\boldsymbol{y=\frac{21}{x}}$

(3) yがxに比例するから，比例定数をaとすると
$y=ax$　$x=3$のとき$y=-2$だから　$-2=3a$　$a=-\frac{2}{3}$
したがって　$y=-\frac{2}{3}x$　　答　$\boldsymbol{y=-\frac{2}{3}x}$

(4) yがxに反比例するから，比例定数をaとすると
$y=\frac{a}{x}$　$x=2$のとき$y=4$だから　$4=\frac{a}{2}$　$a=8$
したがって　$y=\frac{8}{x}$　　答　$\boldsymbol{y=\frac{8}{x}}$

5 8mあたりの重さが160gの針金があります。この針金xmの重さをygとして，次の問いに答えなさい。
(1) yをxの式で表しなさい。
(2) (1)の式の比例定数を答えなさい。
(3) (1)の式の比例定数は，どんな数量を表していますか。
(4) この針金260gの長さを求めなさい。

▶解答
(1) yがxに比例するから，比例定数をaとすると
$y=ax$　$x=8$のとき$y=160$だから　$160=8a$　$a=20$　したがって　$y=20x$
答　$\boldsymbol{y=20x}$

(2) **20**

(3) **1mあたりの針金の重さ**

(4) $y=20x$に$y=260$を代入する。$260=20x$　$x=13$　　答　**13m**

とりくんでみよう

1　姉と弟は，家から1200m離れた学校へ向かって歩きました。次の図は，2人が家を出てから学校に着くまでの，時間と道のりの関係を表したグラフです。下の問いに答えなさい。

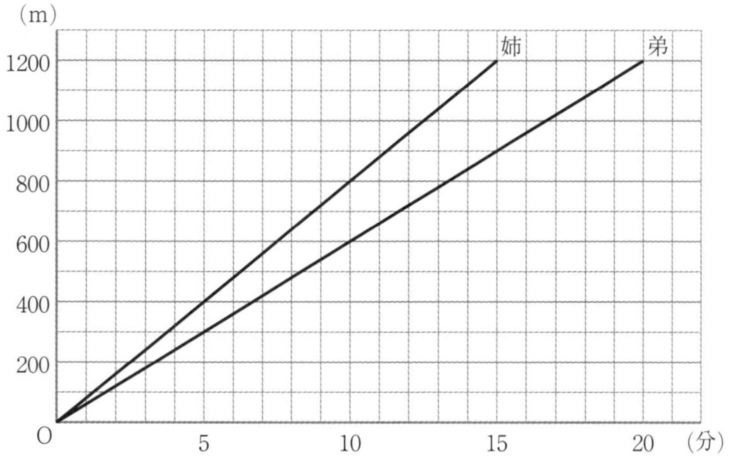

(1)　学校に先に着いたのは，姉と弟のどちらですか。

(2)　2人が学校に着くまでにかかった時間の差は何分ですか。

(3)　2人が家を出てから10分後に，2人は何m離れていますか。

考え方　(1)(2)　道のりが1200mになったとき学校に着いている。姉は15分，弟は20分かかっている。

(3)　10分後，姉は家から800m，弟は家から600m進んでいる。

▶解答　(1)　**姉**

(2)　20−15=5　　答　**5分**

(3)　800−600=200　　答　**200m**

2　右の図の直角三角形ABCで，点PはBを出発して，辺BC上をCまで進みます。点PがBから$x$cm進んだときにできる直角三角形ABPの面積を$y$cm²として，yをxの式で表しなさい。また，x，yの変域をそれぞれ表しなさい。

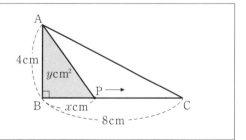

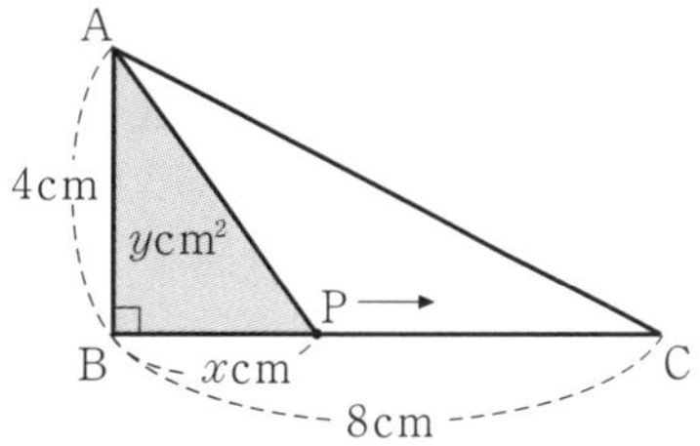

考え方　△ABCの面積は，BP×AB×$\frac{1}{2}$である。

▶解答　$\boldsymbol{y=2x}$，$\boldsymbol{0 \leqq x \leqq 8}$，$\boldsymbol{0 \leqq y \leqq 16}$

3　ある紙から，いろいろな形を切り出しています。
陸(りく)さんは，自分が犬の形に切り出した紙の面積を求めたいと思っています。

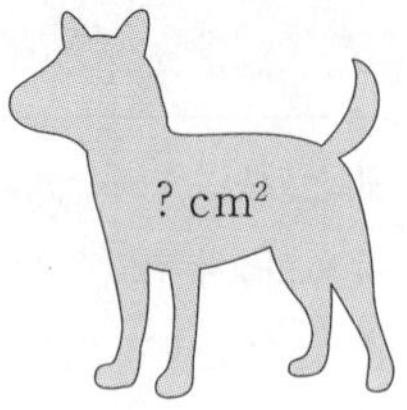

陸さんは，紙の重さと面積の関係から，切り出した形の面積を求められると気づきました。
そこで，同じ紙から，1辺の長さが20cmの正方形を切り出して，その重さをはかったところ，16 gでした。
次の問いに答えなさい。

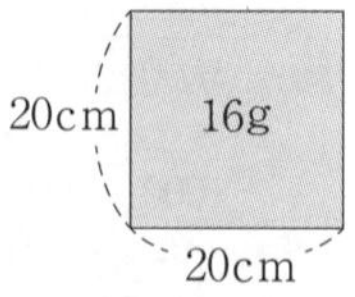

(1)　犬の形に切り出した紙の面積を求めるためには，あと何を調べればよいですか。次の㋐～㋒の中から1つ選びなさい。
　㋐　同じ紙から切り出した，1辺の長さが10cmの正方形の重さ
　㋑　同じ紙から切り出した，1辺の長さが30cmの正方形の重さ
　㋒　面積を求めたい犬の形の紙の重さ
(2)　(1)で選んだものの重さをはかったところ，36gでした。このことから，犬の形の紙の面積を求めなさい。

考え方　同じ質の紙の重さは，その面積に比例すると考えられる。

▶解答　(1)　**㋒**
(2)　紙の面積を x cm²，重さを y gとする。
y が x に比例するから，比例定数を a とすると
$y=ax$　$x=20^2=400$ のとき，$y=16$ だから　$16=a\times400$　$a=\dfrac{1}{25}$
したがって　$y=\dfrac{1}{25}x$
$y=\dfrac{1}{25}x$ に $y=36$ を代入する。　$36=\dfrac{1}{25}x$　$x=900$　　　答　**900cm²**

4　同じ種類のくぎがたくさんあります。そのくぎの本数を求めたいと思います。全部のくぎの重さをはかったところ，約400gでした。くぎの本数を求めるには，あと何を調べて，どのような計算をすればよいですか。下の㋐～㋓の中から調べるものを1つ選びなさい。また，それを使ってくぎの本数を求める方法を説明しなさい。
㋐　くぎ1本の長さ　　　㋑　くぎ1本の重さ
㋒　くぎ1本の太さ　　　㋓　くぎ1本の値段

▶解答　**㋑**
(方法)**全部のくぎの重さ400gを，くぎ1本の重さでわることで，くぎの本数を求めることができる。**

次の章を学ぶ前に

1　右の図の長方形について，次の問いに答えましょう。

(1)　辺ABと垂直な辺はどれとどれですか。

(2)　辺ABと平行な辺はどれですか。

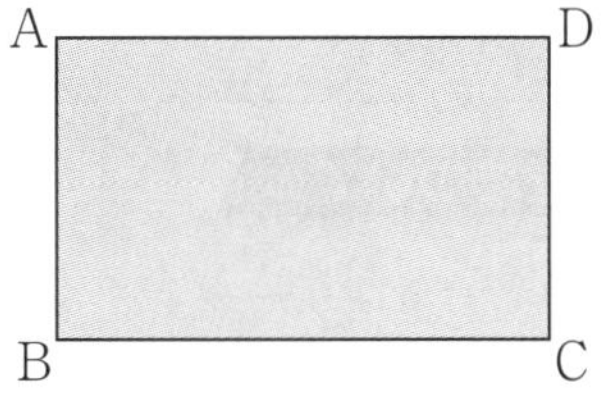

▶解答　(1)　**辺AD，辺BC**　　(2)　**辺DC**

2　次の図の2つの直角三角形㋐と㋑は合同です。点Cに対応する点と辺ABに対応する辺をそれぞれ答えましょう。

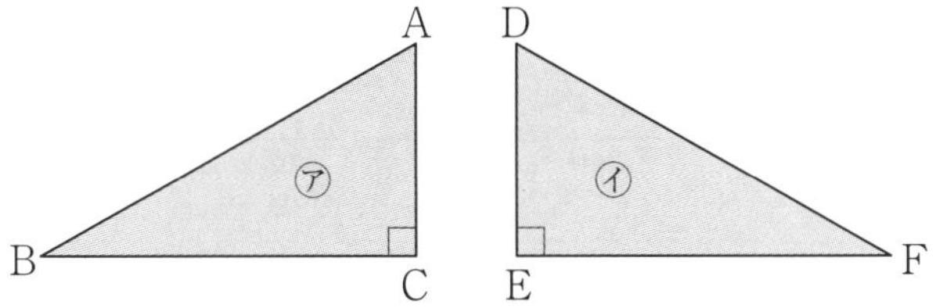

▶解答　点Cに対応する点　**点E**　　辺ABに対応する辺　**辺DF**

3　次の図で，直線ABを対称の軸とする線対称な図形と，点Oを対称の中心とする点対称な図形を，それぞれ完成しましょう。

(1)

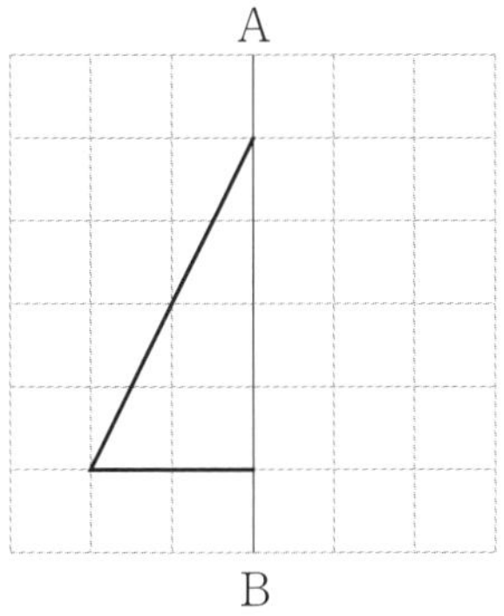

(2)

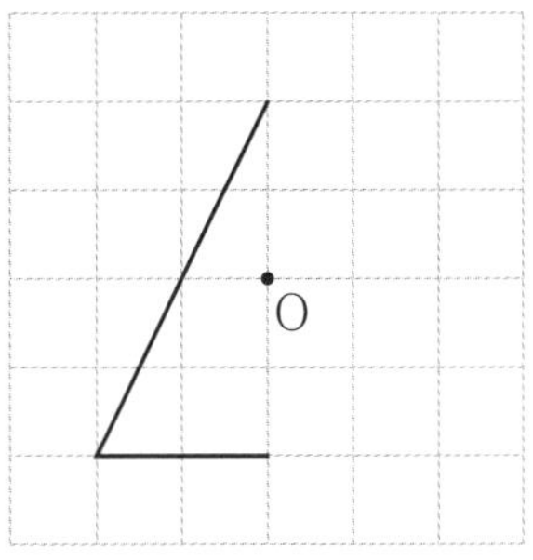

▶解答　(1)

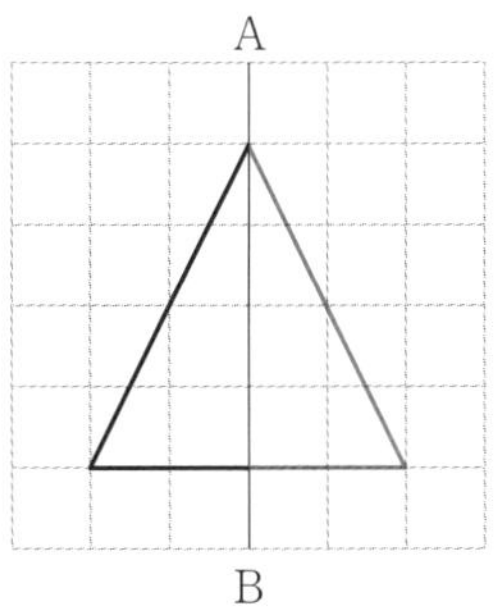

(2)

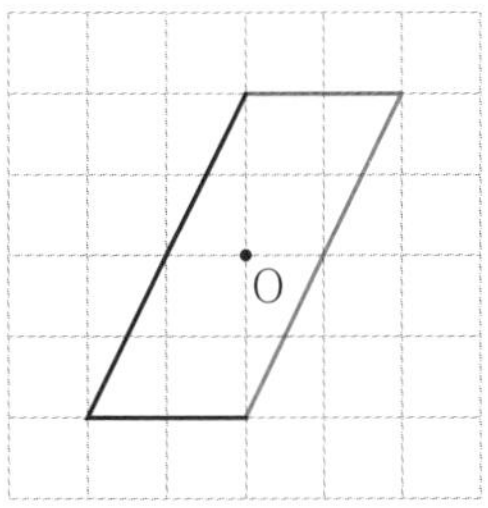

5章 平面図形

この章について

小学校で学習したことをもとにして点，直線，円，おうぎ形などの基本的な図形の性質を学習します。また，平行移動，回転移動，対称移動などの図形の移動について学びます。定規やコンパスを使ったりして角の二等分線，垂線，垂直二等分線などの作図や性質を学習します。作図問題を解くためには，定規やコンパスを自由に使いこなせるようにしておくことが大事です。

1節 基本の図形

1 直線と角

基本事項ノート

➔直線

2点A，Bを通る直線を直線ABと表す。これからは，直線といえば，両方向に限りなくのびているまっすぐな線のこととする。

➔線分

直線ABの一部で，2点A，Bを両端(りょうたん)とするものを線分(せんぶん)ABという。また，線分ABの長さを，2点A，B間の距離(きょり)という。

➔半直線

線分ABのBの方にだけ限りなくのびたものを半直線ABといい，逆の方向にのびた半直線BAとは区別する。

➔角の表し方

2つの半直線BAとBCでつくられる角を

　　∠ABC

と表す。

注 ∠ABCを単に∠Bと表したり，∠bと表すこともある。

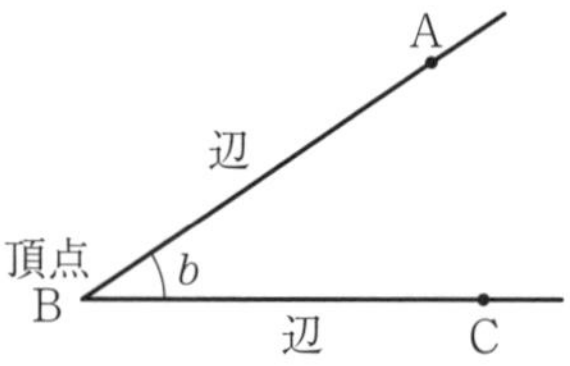

➔三角形の表し方

三角形ABCのことを，記号△を使って

　　△ABC

と表す。

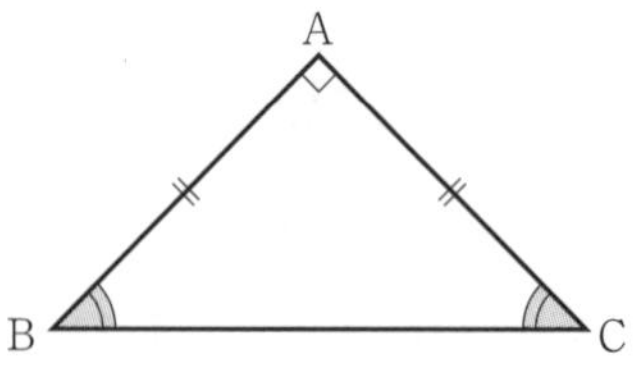

Q　左の図(図は右)で，点Aを通る直線をいくつかひきましょう。また，2点A，Bを通る直線をひきましょう。2点A，Bを通る直線はいくつひけますか。

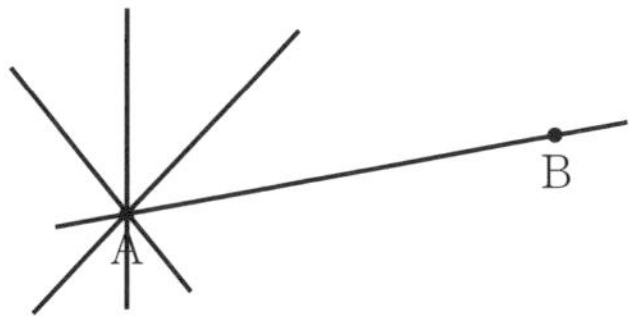

▶解答　右の図
1つ

問1　左の図(図は解答欄)で，折れ線㋐，曲線㋑は，どちらも2点A，Bを結ぶ線です。この図に，2点A，Bを結ぶ最も短い線をかき入れなさい。

▶解答

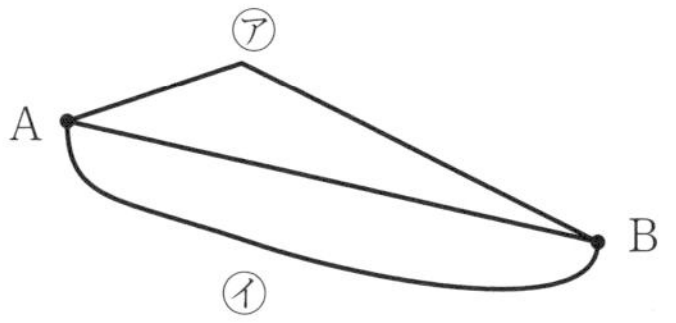

問2　右の図は，3つの合同な正三角形をすき間なく並べたもので，3点B，C，Dは一直線上にあります。この図で，120°の角を見つけて，その角を記号∠を使って表しなさい。

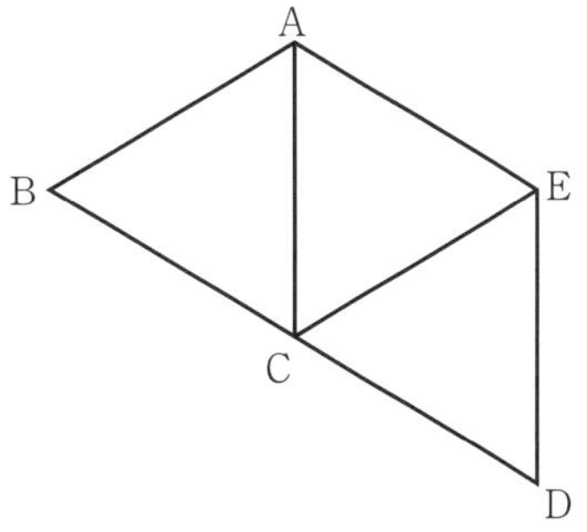

▶解答　**∠ACD，∠AED，∠BAE，∠BCE**

問3　**問2**の図について，次のことがらを，記号を使って表しなさい。
(1)　半直線CA，CEでつくられる角
(2)　線分ABと線分CEの長さが等しいこと
(3)　3点C，D，Eを頂点とする三角形

考え方　(1)　半直線CAはCから始まってAを通る。また，半直線CEはCから始まってEを通る。したがって，角の頂点はCである。

▶解答
(1)　**∠ACE**
(2)　**AB＝CE**
(3)　**△CDE**

2 平行と垂直

基本事項ノート

➔交点

平面上の2直線AB，CDが交わるとき，
この2つの線が交わる点を交点（こうてん）という。

交わる(交点が1個)

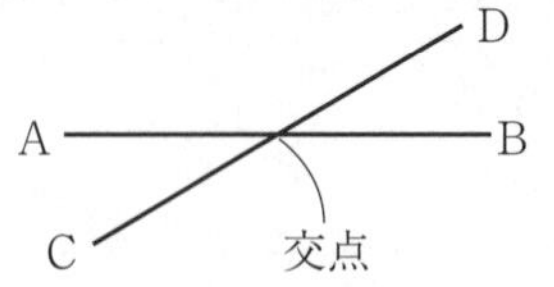

➔2直線の平行

平面上の2直線AB，CDが交わらないとき，
ABとCDは平行であるという。
このことを，記号∥を使って

AB∥CD

と表す。

平行 (交点が 0 個)

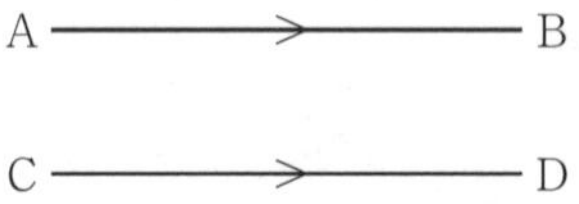

➔2直線の垂直

2直線AB，CDが交わってできる角が直角であるとき，ABとCDは垂直であるという。
このことを，記号⊥を使って

AB⊥CD

と表す。

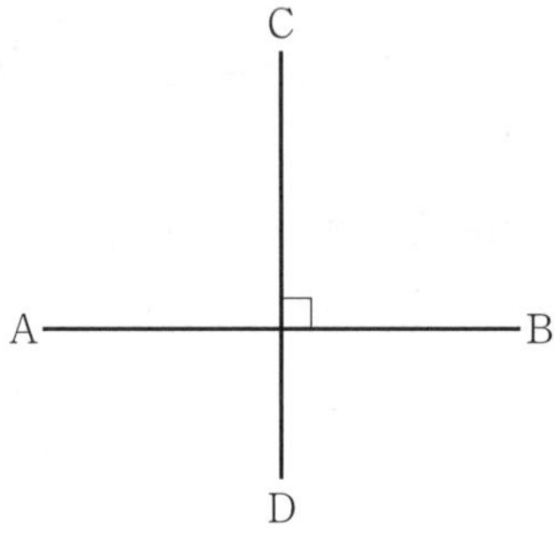

➔垂線

垂直に交わる2直線の一方を，他方の垂線（すいせん）という。

Q 平面上の2つの直線で，交わる点の数は，何個の場合がありますか。

▶解答　**0個の場合，1個の場合**

問1 右の図の四角形ABCDは平行四辺形です。平行な辺の組を，記号∥を使って表しなさい。

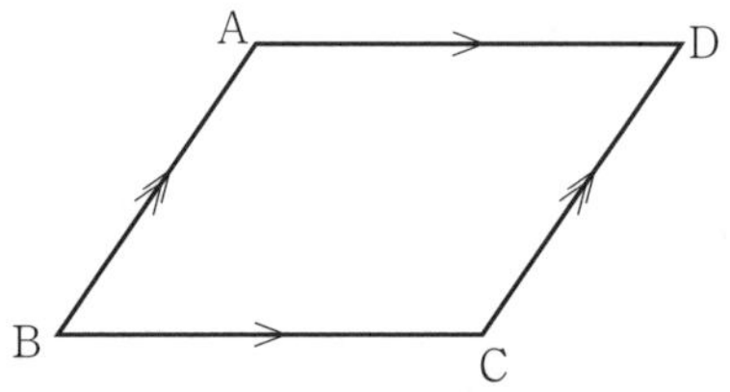

考え方　平行四辺形では平行な辺の組は2つある。

▶解答　**AB∥DC，AD∥BC**

問2 右の図の四角形ABCDは長方形です。辺ABと平行な辺を，記号∥を使って表しなさい。また，辺ABと垂直な辺を，記号⊥を使って表しなさい。

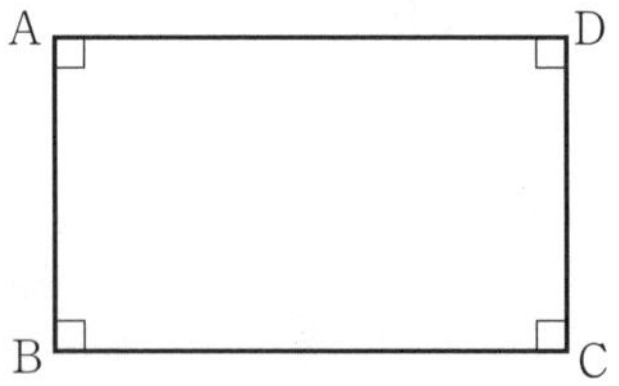

▶解答　**AB∥DC，AB⊥BC，AB⊥AD**

問3　平面上の3直線ℓ，m，nが，$\ell \perp m$，$\ell \perp n$であるとき，mとnの位置関係を，記号を使って表しなさい。

▶解答　$\boldsymbol{m /\!/ n}$

問4　右の図で，点Pは直線ℓ上にない動かない点です。また，点Qは直線ℓ上を動く点です。線分PQの長さが最も短くなるのは，どんなときですか。

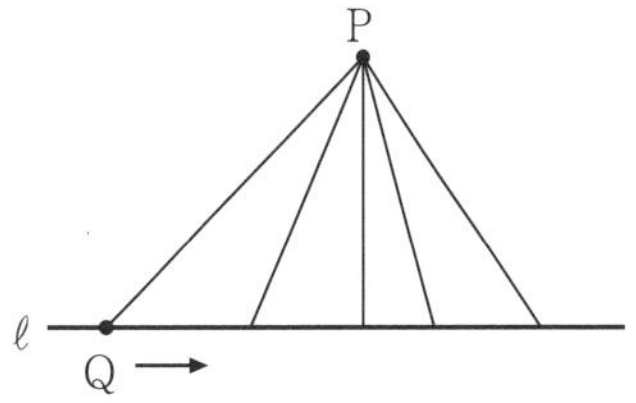

▶解答　**線分PQと直線ℓが垂直になるとき（$PQ \perp \ell$）。**

補充問題28　次のことがらを，記号で表しなさい。（教科書P.284）
(1)　線分ACと線分BDが平行である。
(2)　直線mと直線nが垂直である。

▶解答　(1)　$\boldsymbol{AC /\!/ BD}$　　(2)　$\boldsymbol{m \perp n}$

やってみよう

平面上の3直線で，交点の数は，何個の場合がありますか。それぞれの場合の図を1つずつかきましょう。

▶解答

交点が0個
（例）
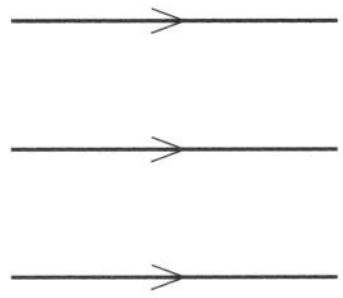
（3つの直線が平行）

交点が1個
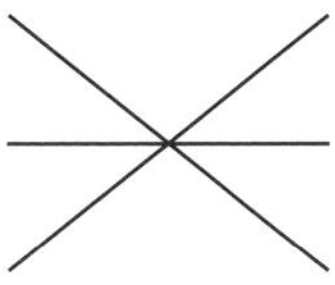

交点が2個
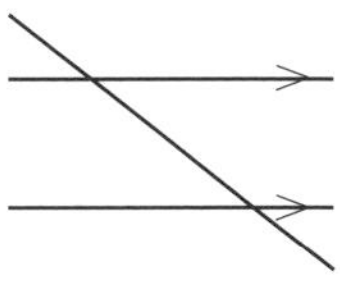
（2つの直線が平行）

交点が3個

3　円

基本事項ノート

➔弧と弦

・弧（こ）……円周上の2点をA，Bとするとき，円周のAからBまでの部分を$\overset{\frown}{AB}$と表す。

・弦（げん）……円周上の2点を結ぶ線分。A，Bを両端とする弦を弦ABという。

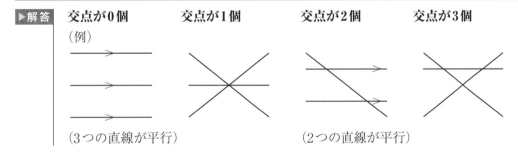

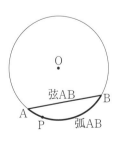

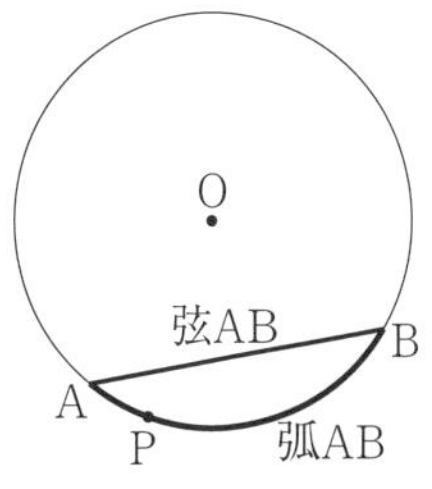

例　直径は中心を通る弦である。

注　右の図で，点Pをふくむ弧を$\overset{\frown}{APB}$と表すことで，ふくまない弧と区別する場合がある。

➔接線と接点

右の図のように，直線ℓと円Oが1点Pだけを共有するとき，直線ℓは円Oに接(せっ)するといい，直線ℓをこの円Oの接線(せっせん)，点Pを接点(せってん)という。

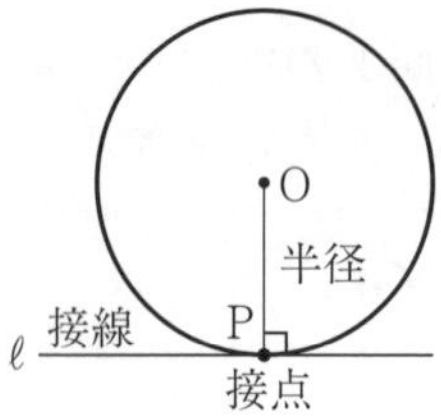

➔円の接線

円の接線は，接点を通る半径に垂直である。

Q 円は線対称な図形といえますか。また，点対称な図形といえますか。

考え方　円はどの直径で折ってもぴったりと重ね合わせることができる。
また，円周と直径の2つの交点を結ぶ線はいつも中心を通る。

▶解答　**円は線対称な図形とも点対称な図形ともいえる。**

問1　右の図のように，直線ℓが円Oの対称の軸mと垂直に交わっています。この直線ℓを，①の位置から③の位置まで矢印の方向にずらしていくと，直線ℓと円Oが共有する点の数はどのように変化しますか。

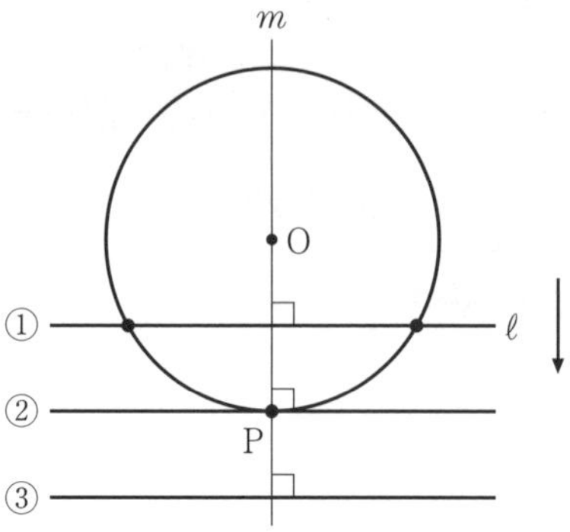

考え方　①　直線ℓが円周上の2点を通る場合
②　直線ℓが円と接する場合
③　直線ℓが円の外側にある場合

▶解答　①　**2個**　　②　**1個**　　③　**0個**

問2　右の図で，直線PA，PBは円Oの接線です。$\angle APB=40°$であるとき，$\angle AOB$の大きさを求めなさい。

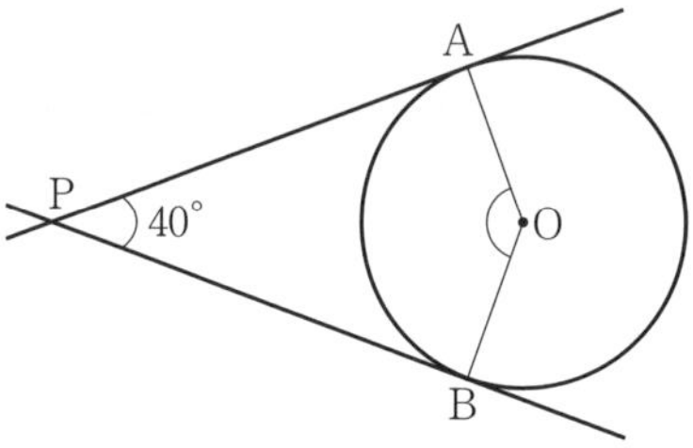

▶解答　直線PA，PBは円Oの接線だから，
$\angle PAO=\angle PBO=90°$
$\angle AOB=360°-(90°+90°+40°)=140°$
答　**$\angle AOB=140°$**

2節　図形の移動

1　図形の移動

基本事項ノート

➔図形の移動

図形を，その形や大きさを変えないで，ほかの位置に移すことを，図形の移動(いどう)という。

問1　右の図は，164ページで紹介（しょうかい）した麻（あさ）の葉（は）模様の一部で，正六角形ABCDEFの中に，18個の合同な二等辺三角形を，すき間なくしきつめたものです。㋐を，1回の移動で㋑～㋔に重ね合わせるには，それぞれどの移動をすればよいですか。

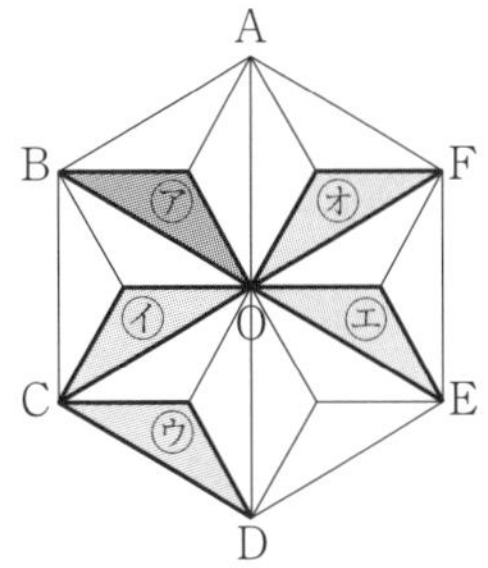

▶解答　㋑　**点Oを中心にした回転移動**　㋒　**線分ODに沿った平行移動**
㋓　**対称移動，または線分OEに沿った平行移動**
㋔　**ADを対称の軸とした対称移動，または点Aを中心にした回転移動**

補充問題29　右の図は，合同な直角二等辺三角形をしきつめたものです。次の問いに答えなさい。
（教科書P.284）

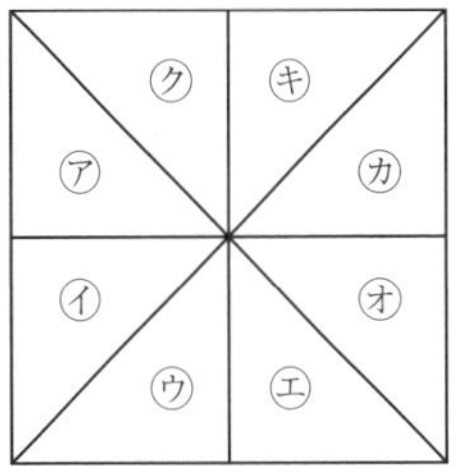

(1)　㋐を，1回の平行移動だけで重ね合わせられるものを，㋑～㋗の中からすべて選びなさい。
(2)　㋐を，1回の回転移動だけで重ね合わせられるものを，㋑～㋗の中からすべて選びなさい。
(3)　㋐を，1回の対称移動だけで重ね合わせられるものを，㋑～㋗の中からすべて選びなさい。

▶解答　(1)　**㋓**　(2)　**㋑，㋒，㋔，㋕，㋖，㋗**　(3)　**㋑，㋓，㋕，㋗**

やってみよう

問1の図について，くわしく調べてみましょう。㋐を，1回の平行移動で移せる場所に「平」，1回の回転移動で移せる場所に「回」，1回の対称移動で移せる場所に「対」の字を，それぞれかき入れましょう。1回の移動で移せない場所はありますか。

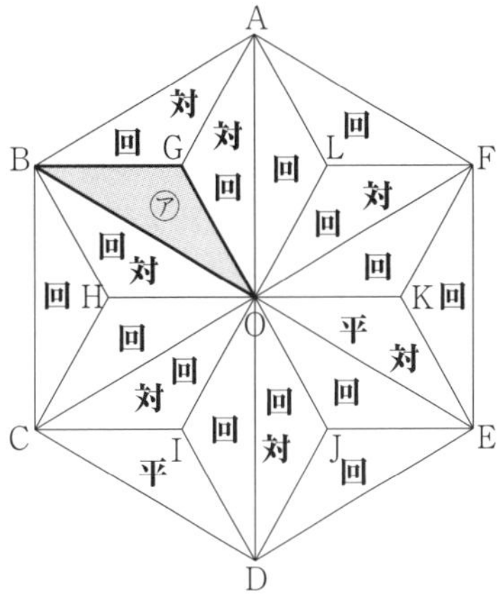

▶解答　右の図
1回の移動で移せない場所はない。
回転の中心は次の通り。
△LFAは線分AOの中点，△HBCは点B，△JDEは点F，△KEFは点L，
△LOFは点A，△GOAは点G，△GABは点G，△HOBは線分BOの中点，
△IOCは点H，△JODは点C，それ以外は，点Oが回転の中心である。

2 平行移動，回転移動，対称移動

基本事項ノート

➡平行移動

もとの図形とそれを移動した図形の対応する点を結ぶ線分は，すべて平行で，長さが等しい。

例　右の図で，△ABCを矢印の方向に矢印だけ平行移動した図形が△A′B′C′である。

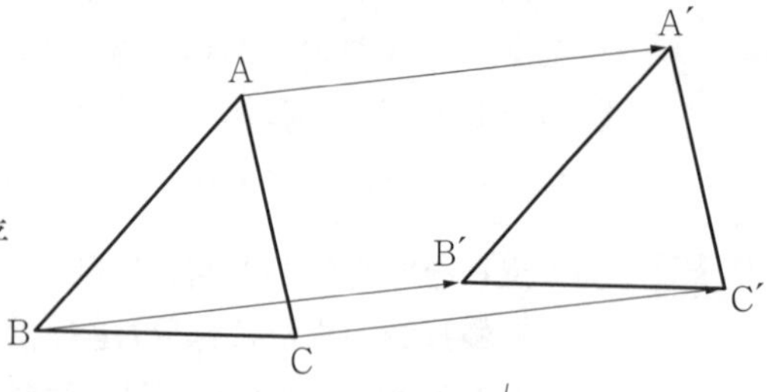

➡回転の中心

回転移動をするとき，中心とした点を回転の中心という。右の図では，点Oが回転の中心である。

➡回転移動

もとの図形とそれを移動した図形の対応する点は，回転の中心から等しい距離にある。

また，対応する点と回転の中心を結んでできる角の大きさは，すべて等しい。

例　右の図で，△ABCを，点Oを中心として時計まわりに120°回転移動した図形が△A′B′C′である。

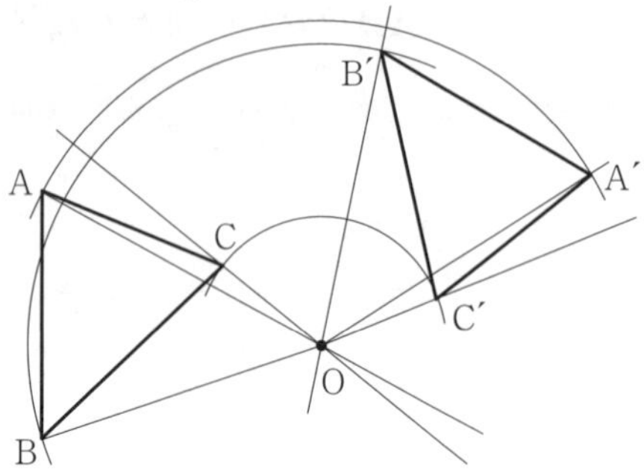

➡点対称移動

回転移動のうち，180°の回転移動を，特に点対称移動という。

➡対称の軸

対称移動をするとき，折り目とした直線を対称の軸という。右の図では，直線ℓが対称の軸である。

➡対称移動

もとの図形とそれを移動した図形の対応する点を結ぶ線分は，対称の軸によって垂直に2等分される。

例　左の図で，△ABCを，直線ℓを折り目として対称移動した図形が△A′B′C′である。

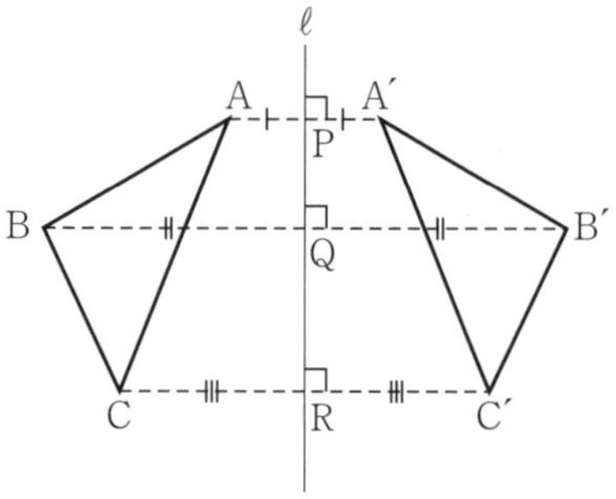

➡線分の中点

ある線分を2等分する点を，その線分の中点（ちゅうてん）という。

➡垂直二等分線

線分の中点を通る垂線を，その線分の垂直二等分線という。

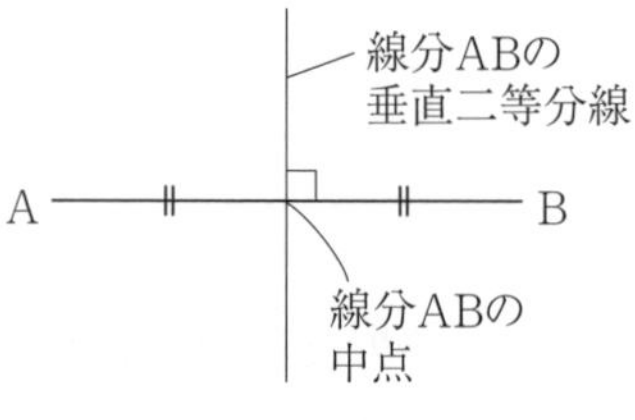

➡線対称な図形の性質

線対称な図形の対応する点を結ぶ線分は，対称の軸によって垂直に2等分される。

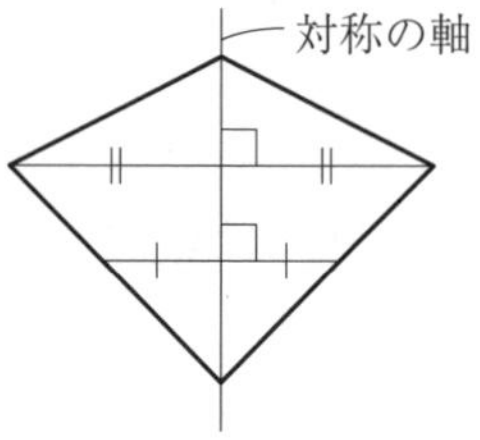

問1 **例1**の図に，対応する点を結ぶ線分をかき入れましょう。かき入れた線分の長さや位置関係について，どんなことがいえますか。

▶解答 右の図

3つの線分AA′，BB′，CC′はすべて平行で，長さが等しい。

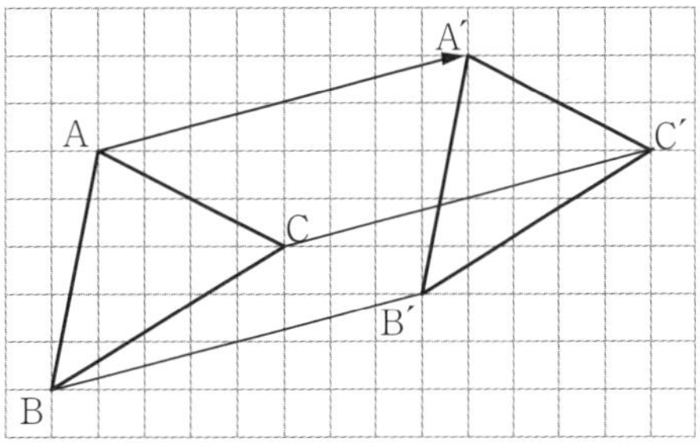

問2 左(図は右)の図は，四角形ABCDを平行移動した四角形A′B′C′D′をかいている途中(とちゅう)の図です。この図で，4つの直線k，ℓ，m，nはすべて平行です。四角形A′B′C′D′を完成しなさい。

考え方　AA′＝BB′＝CC′＝DD′となるように，直線ℓ，m，n上にそれぞれ点D′，B′，C′をとる。

▶解答 右の図

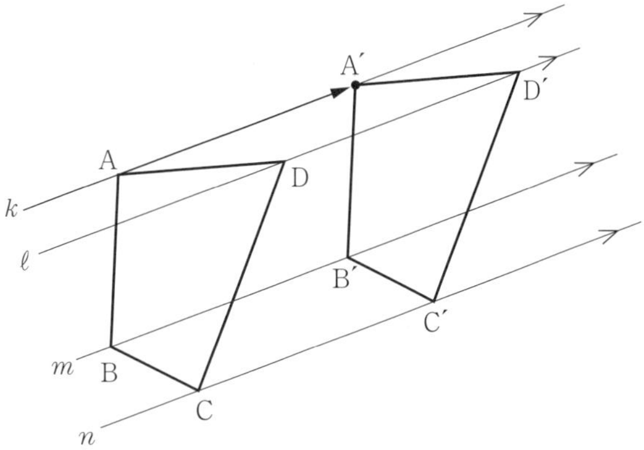

問3 **例2**の図で，線分OAとOA′，線分OBとOB′，線分OCとOC′の長さについて，それぞれどんな関係がありますか。また，∠AOA′，∠BOB′，∠COC′の大きさについて，どんな関係がありますか。

▶解答 **OA＝OA′，OB＝OB′，OC＝OC′　∠AOA′＝∠BOB′＝∠COC′(＝60°)**

問4 右の図の△ABCを，次のように移動した図を，それぞれかきなさい。

(1) 点Oを回転の中心として，反時計まわりに90°回転移動した△DEF

(2) 点Oを回転の中心として，180°回転移動した△GHI

▶解答 右の図

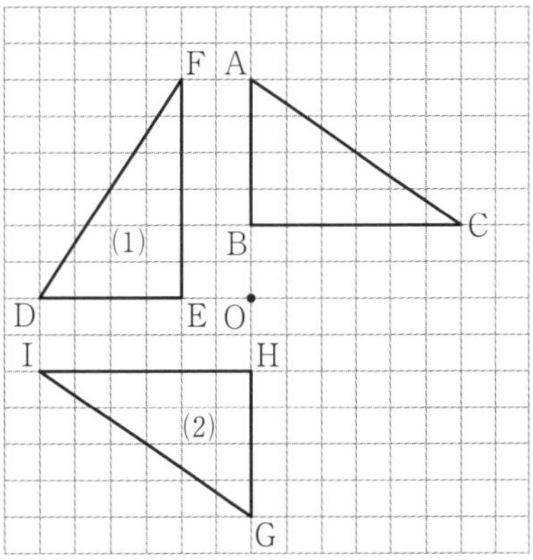

問5　**例3**の図に，対応する点を結ぶ線分をかき入れましょう。かき入れた線分と，対称の軸ℓとの間には，どんな関係がありますか。

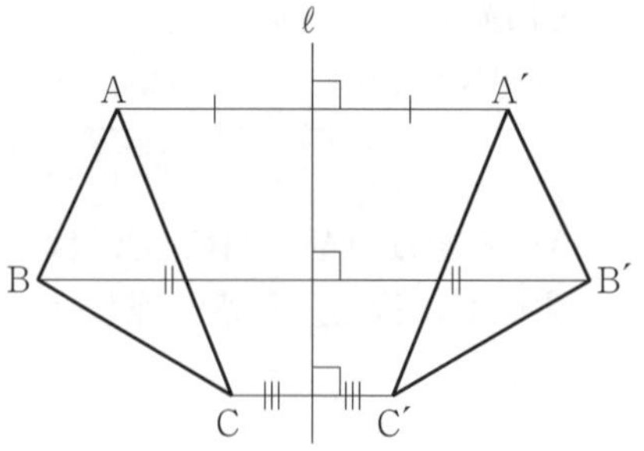

▶解答　右の図
AA′とBB′とCC′はそれぞれ対称の軸ℓと垂直である。
AA′，BB′，CC′はそれぞれ対称の軸ℓで2等分されている。

問6　**例3**の図で，線分AA′と直線ℓとの交点をMとするとき，直線ℓが線分AA′の垂直二等分線であることを，記号を使って表しなさい。

▶解答　ℓ **⊥** AA′，**AM** ＝ **A′M**

問7　下の図(図は解答欄)(1)，(2)の三角形を，直線ℓを対称の軸として対称移動した図を，それぞれかきなさい。

▶解答
(1)
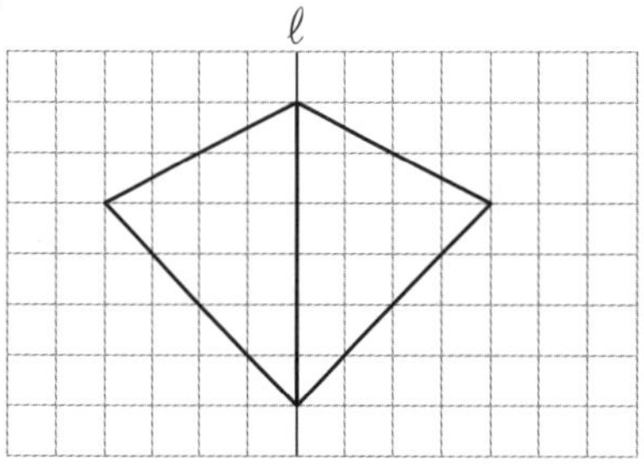

(2)
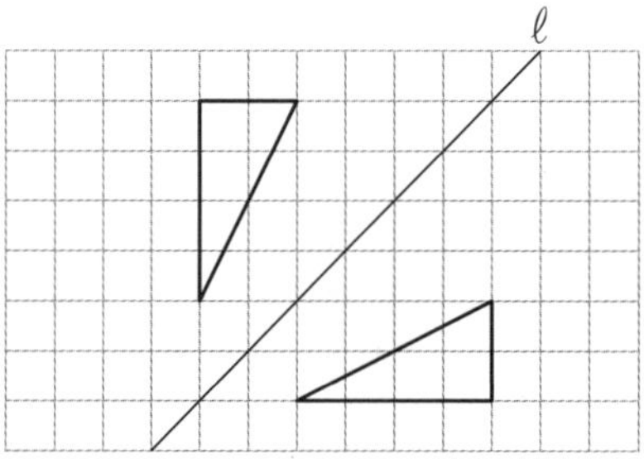

問8　下の図の△GHIは，直線ℓ，mを対称の軸として，△ABCを2回対称移動させたものです。△ABCを1回の移動で△GHIに重ね合わせる場合，どのような移動をすればよいですか。

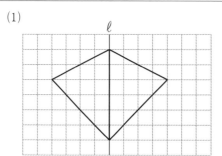

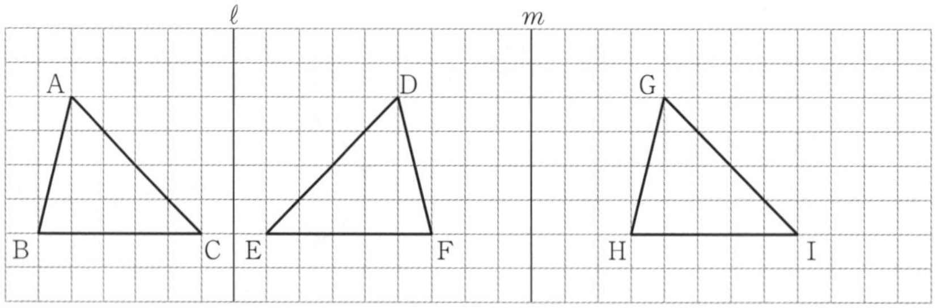

▶解答　**平行移動**

基本の問題

1　次の図(図は右)は，合同な直角二等辺三角形をしきつめたものです。次の問いに答えなさい。

(1)　㋐を，平行移動だけで重ね合わせられるものを㋑～㋗の中からすべて選びなさい。

(2)　1回の移動で㋐を㋒に重ね合わせるには，どの移動をすればよいですか。あてはまるものをすべて答えなさい。

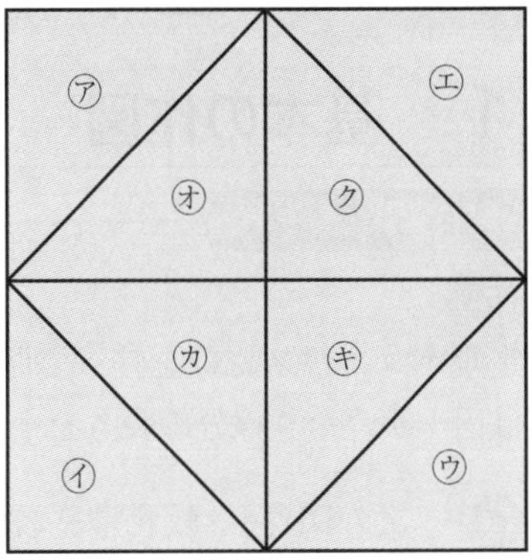

▶解答　(1)　㋖　　(2)　**対称移動，回転移動**

2　右の図で，△PQRは△ABCを平行移動したものです。次の□にあてはまるものをかき入れなさい。

(1)　AC＝□
(2)　∠B＝□
(3)　AP＝□＝□
(4)　AP∥□，AP∥□

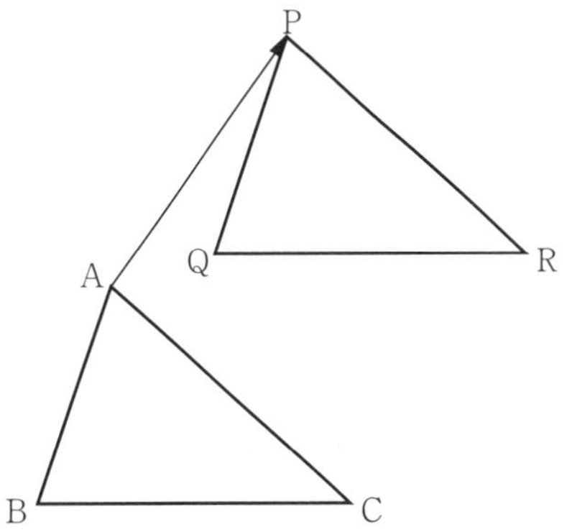

▶解答　(1)　**PR**　　(2)　**∠Q**
(3)　**BQ，CR**(順不同)
(4)　**BQ，CR**(順不同)

3　左の図(図は右)の台形ABCDを，次の(1)，(2)のように移動した図を，それぞれかきなさい。

(1)　点Oを回転の中心として180°回転移動した図
(2)　辺CDを対称の軸として対称移動した図

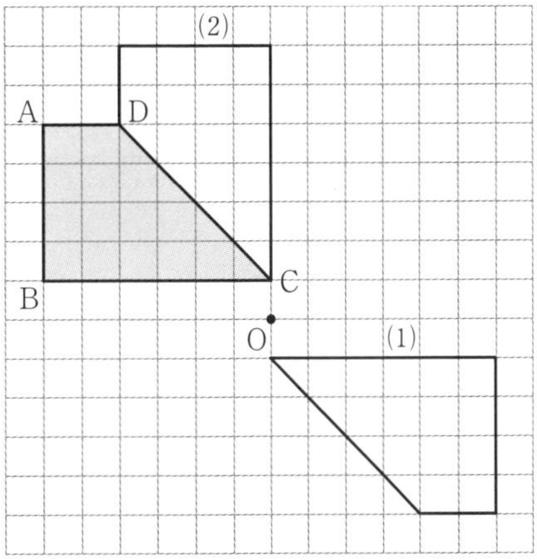

▶解答　右の図

3節　基本の作図

1　基本の作図

基本事項ノート

➔作図

定規とコンパスだけを使って図をかくことを作図という。定規は直線をひくために，コンパスは円をかいたり線分の長さをうつしとったりするために使う。

Q　次の図(図は教科書P.179)は，定規とコンパスを使って正六角形をかく手順を示しています。定規とコンパスを使って，正六角形をかいてみましょう。また，正六角形がかける理由を考えましょう。

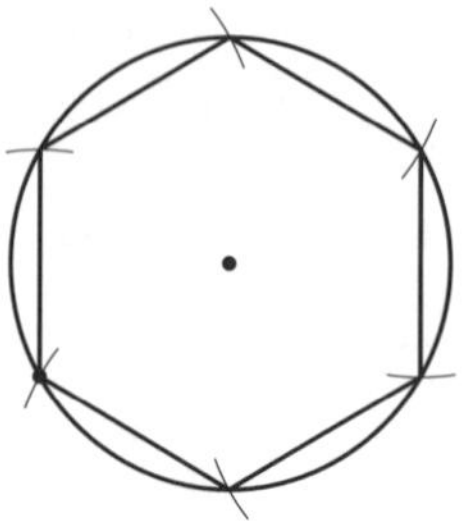

▶解答　右の図　(理由)　六角形の1辺の長さが円の半径に等しく，6つの合同な三角形になるので，角の大きさも等しい。

問1　△ABCの残りの2辺AB，ACの長さをコンパスでうつしとって，△ABCと合同な△A′B′C′を作図しなさい。

▶解答　右の図

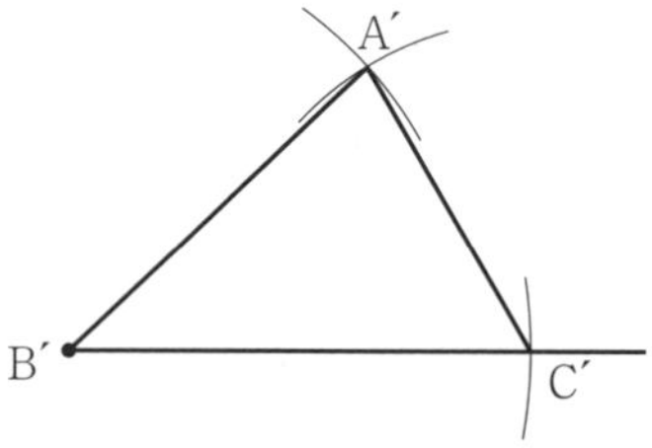

2　垂直二等分線の作図

基本事項ノート

➔垂直二等分線の作図のしかた

線分ABの垂直二等分線を作図しよう。

①　点A，Bを中心として，等しい半径の円を交わるようにかき，その交点をC，Dとする。

②　直線CDをひく。

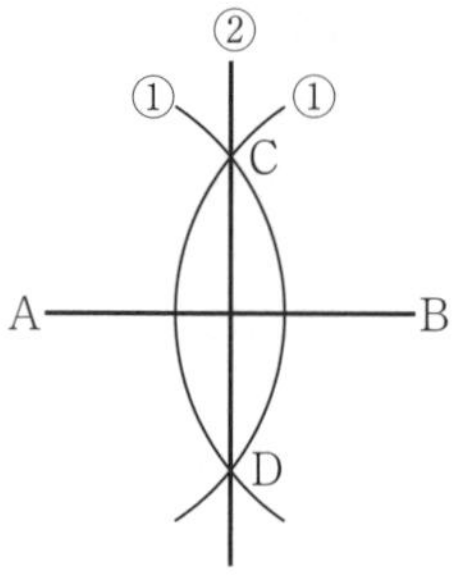

➔垂直二等分線の性質

線分ABの垂直二等分線ℓ上に点Pがあるとき，△PABは直線ℓを対称の軸とする線対称な図形になる。したがって，PA＝PBであるといえる。

また，2点A，Bからの距離が等しい点は，線分ABの垂直二等分線上にある。

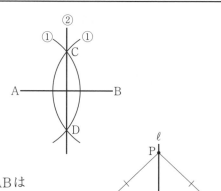

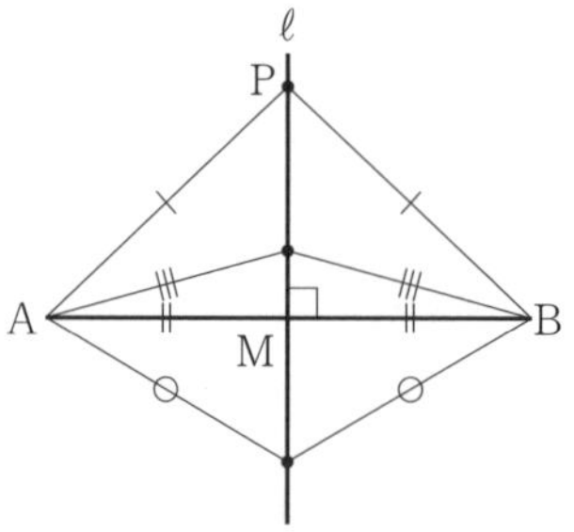

Q　右の図のように，半径が等しい2つの円を交わるようにかき，2つの円の中心と交点を結んでできる四角形を作図しましょう。どんな四角形がかけますか。
また，その四角形の対角線は，どんな交わり方をしますか。

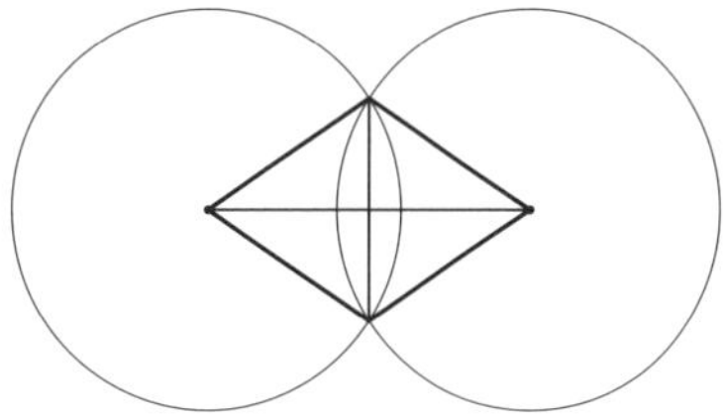

考え方　2つの円は半径が等しいから，四角形の辺の長さはすべて等しい。

▶解答　**ひし形がかける。**
対角線は，垂直に交わる。（図は右の図）

問1　ノートに線分ABを自由にかいて，その線分の垂直二等分線ℓを作図しなさい。
また，作図したℓ上に点Pをとり，Pを中心として，PAを半径とする円をかくと，その円は必ず点Bも通ることを確かめなさい。

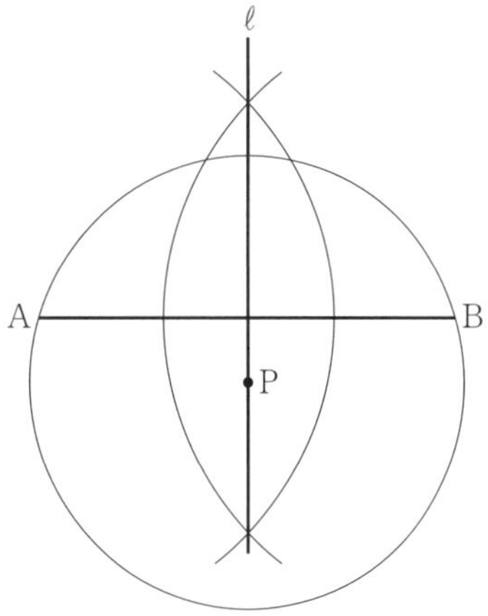

▶解答　右の図

問2　右の図で，2点P，Qを通り，中心Oが直線ℓ上にある円Oを作図しなさい。

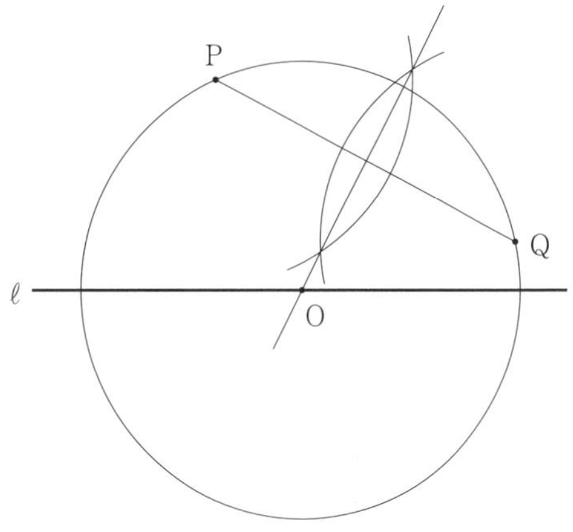

考え方　2点P，Qを通る円の中心は線分PQの垂直二等分線上にある。円Oの中心は直線ℓ上にもあるので，線分PQの垂直二等分線とℓの交点Oが円の中心となる。Oを中心に半径OPで円をかけばよい。

▶解答　右の図

補充問題30　直線ℓ上にあって，2点A，Bからの距離が等しい点Pを作図しなさい。（教科書P.284）
（図は解答欄）

▶解答

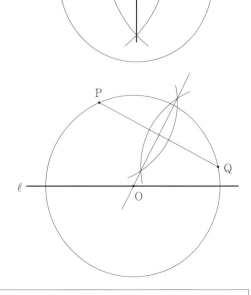

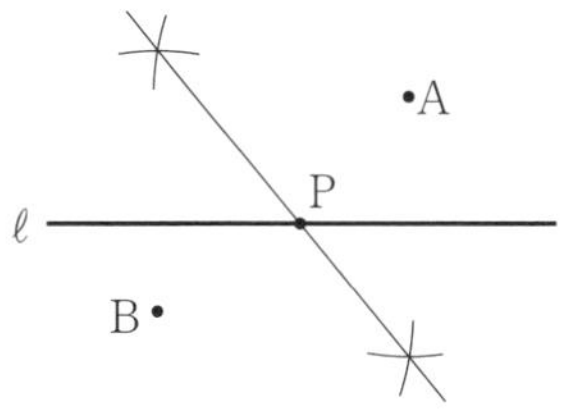

3 垂線の作図

基本事項ノート

➡垂線の作図

直線ℓ上にない点Pを通る，ℓの垂線を作図しよう。

① 直線ℓ上に点Aをとり，Aを中心として，APを半径とする円をかく。

② 直線ℓ上に点Bをとり，Bを中心として，BPを半径とする円をかく。2つの円の交点のうち，Pではない方をQとする。

③ 直線PQをひく。

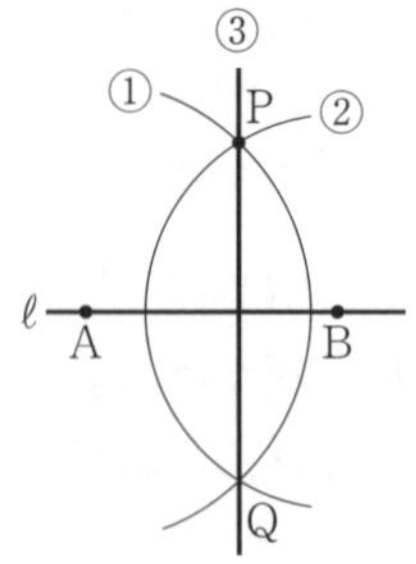

Q 右の図のように，半径が異なる2つの円を交わるようにかき，2つの円の中心と交点を結んでできる四角形を作図しましょう。その四角形の対角線は，どんな交わり方をしますか。

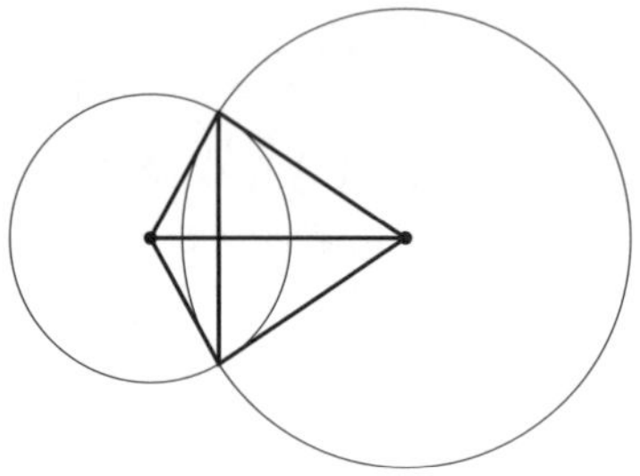

▶解答　右の図
対角線は，垂直に交わる。

問1 右の図の点Pを通る，直線ℓの垂線を，**例1**の方法で作図しなさい。

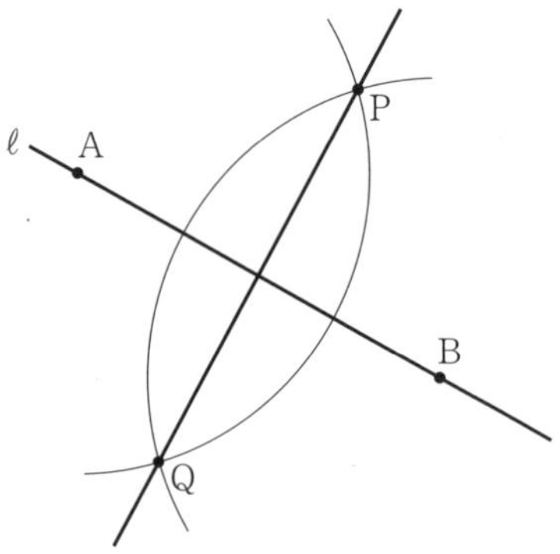

▶解答　右の図

問2 右の図は，**例1**とは異なる手順で，直線ℓ上にない点Pを通る，ℓの垂線を作図したものです。この作図の手順を説明しなさい。また，その手順で垂線が作図できる理由を説明しなさい。

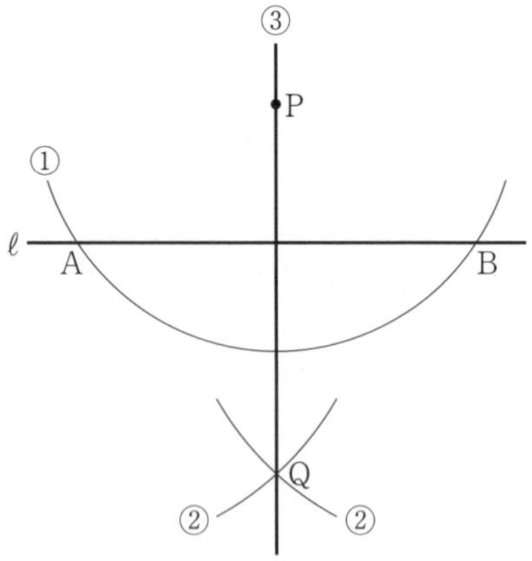

考え方　PA，PBは点Pを中心とする円の半径である。

▶解答
① **点Pを中心として直線ℓに交わる半円をかき，交点をそれぞれ点A，Bとする。**
② **点A，Bを中心として，等しい半径の円を交わるようにかき，その交点の1つをQとする。**

③　**直線PQを結ぶ。**

（理由）　・**2点A，Bから等しい距離(きょり)にある点Pと点Qを結んだ直線PQは直線ℓの垂線となる。**

・**PA＝PB、QA＝QBだから四角形PAQBは対角線PQを対称の軸とする線対称な図形であり，点Aと点Bは対応する点である。線対称な図形では，対応する点を結ぶ線分は対称の軸と垂直に交わるから，直線PQは直線ℓの垂線となる。**　など

問3　下の図（図は解答欄）の△ABCで，頂点Aから辺BCへの垂線と，頂点Bから辺CAへの垂線を，それぞれ作図しなさい。

▶解答　下の図（やってみようの作図も同じ図に掲載）

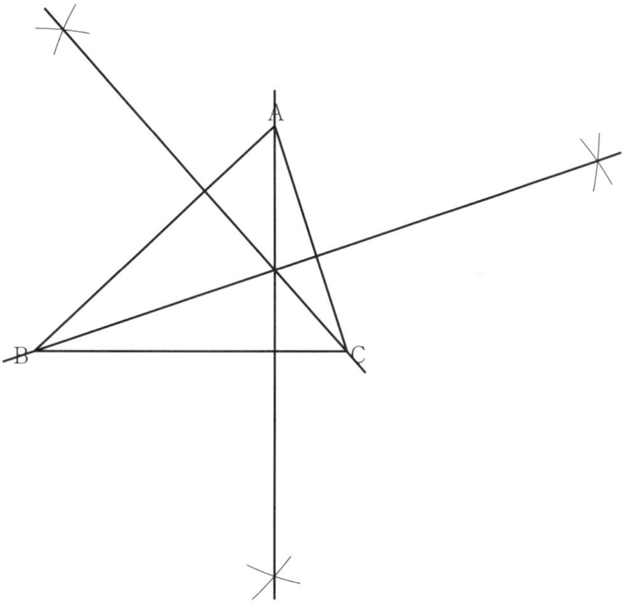

やってみよう

問3の図で，△ABCの頂点Cから辺ABへの垂線を作図しましょう。3つの垂線について，どんなことがいえますか。

▶解答　**問3**の図

三角形の各頂点から，それぞれの向かい合う辺にひいた垂線は1点で交わる。

4 角の二等分線の作図

基本事項ノート

➔角の二等分線

ある角を2等分する半直線を，その角の二等分線という。

例 右の図で，半直線OXは∠AOBの二等分線である。

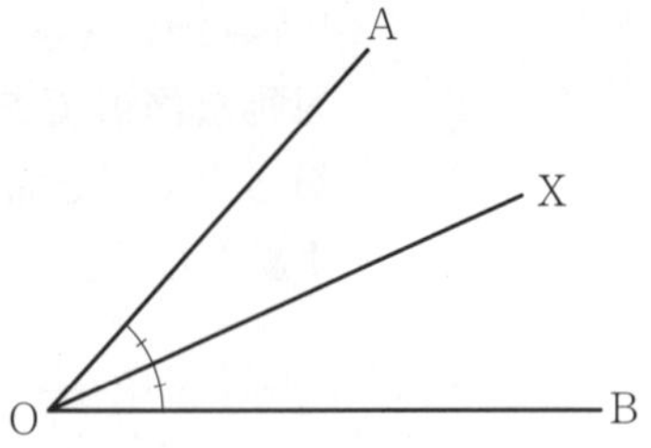

➔角の二等分線の作図

∠AOBの二等分線を作図しましょう。

① 点Oを中心として，適当な半径の円をかき，辺OA，OBとの交点をそれぞれC，Dとする。

② 点C，Dを中心として，等しい半径の円を交わるようにかき，その交点の1つをPとする。

③ 半直線OPをひく。

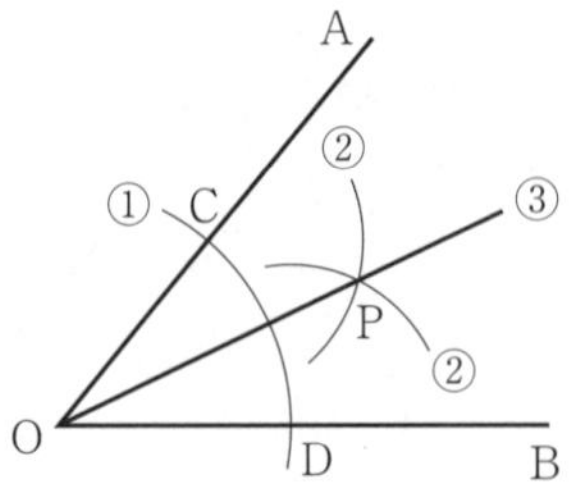

Q BA＝BC，DA＝DCである四角形ABCDを，対角線BDを折り目として折るとき，ぴったり重なる角の組を，記号を使って表しましょう。

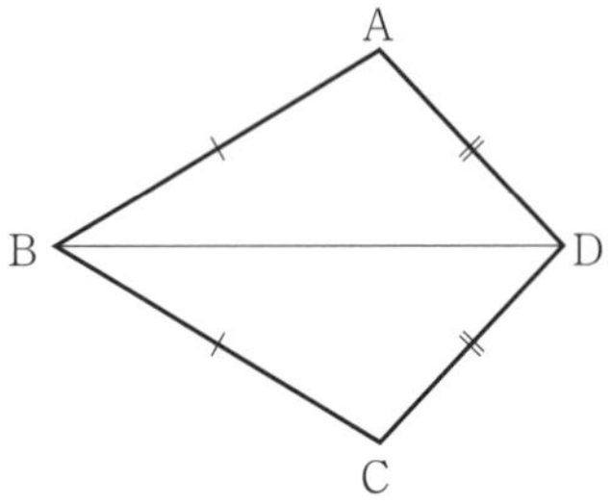

▶解答 **∠A＝∠C，∠ABD＝∠CBD，∠ADB＝∠CDB**

問1 ノートに∠AOBを自由にかいて，その角の二等分線を作図しなさい。

考え方 教科書P.184の**例1**の手順にしたがってかいてみよう。

▶解答 右の図

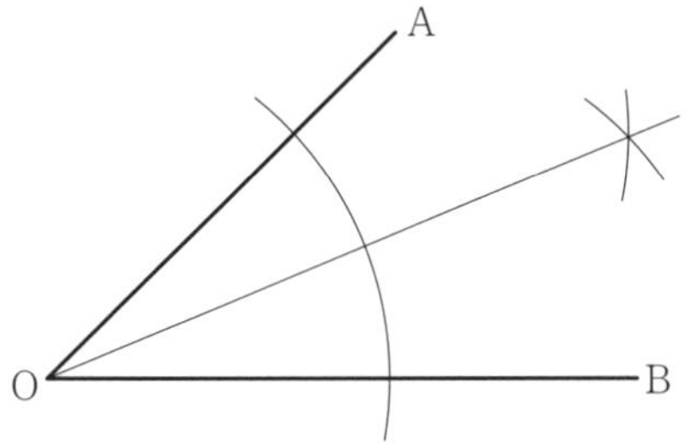

問2 右の図(図は解答欄)で，点Oは直線AB上の点です。∠AOCの二等分線OMと，∠COBの二等分線ONを，それぞれ作図しなさい。また，∠MONの大きさを求めなさい。

▶解答

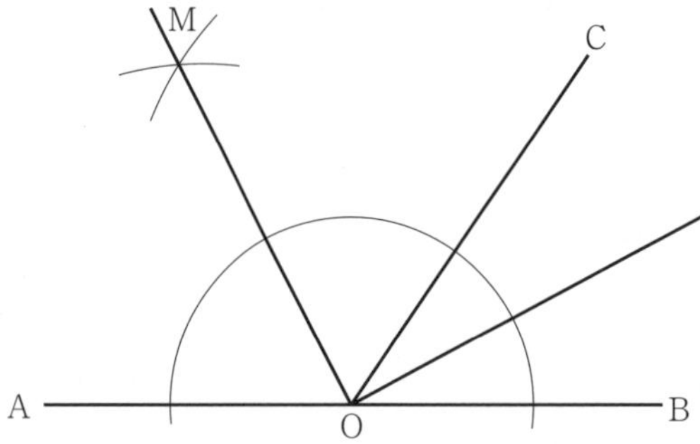

$\angle MOC=\frac{1}{2}\angle AOC$　$\angle CON=\frac{1}{2}\angle COB$

$\angle MON=\angle MOC+\angle CON=\frac{1}{2}\angle AOC+\frac{1}{2}\angle COB=\frac{1}{2}(\angle AOC+\angle COB)$

$\angle AOC+\angle COB=180°$　$\angle MON=90°$　　答　**$\angle MON=90°$**

▶別解　180°の$\frac{1}{2}$だから$\angle MON=90°$

問3　正三角形の1つの角は60°であることを使って，60°の角を作図しなさい。また，その角を2等分して，30°の角を作図しなさい。

▶解答

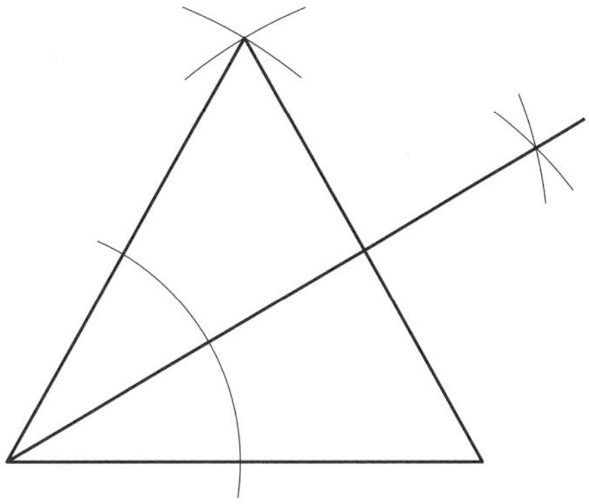

5　作図の活用

基本事項ノート

➔条件にあった図形の作図方法を考え説明する

これまでに，線分の垂直二等分線，角の二等分線，垂線を作図する方法を学んだ。

これらを活用して，条件にあったいろいろな図形を作図しよう。また，自分が見つけた作図方法や，その方法で作図ができる理由を，自分なりに説明してみよう。

Q　左(図は解答欄)の∠APBの二等分線ℓを作図しなさい。∠APBが大きくなり，3点A，P，Bが一直線上の点になったとき，ℓは，直線ABと，どのように交わりますか。

▶解答　**垂直に交わる。**

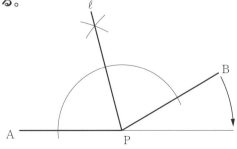

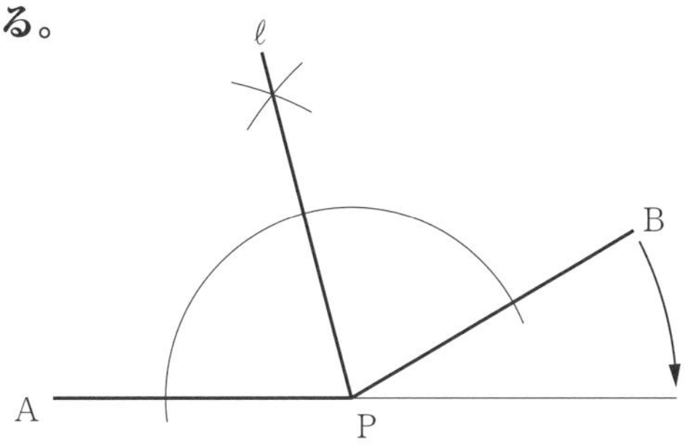

問1 ノートに直線を自由にひき，その直線上に点をとりなさい。そして，その点を通る，直線の垂線を作図しなさい。

考え方 教科書P.184の**例1**の手順にしたがってかいてみよう。

▶解答 右の図

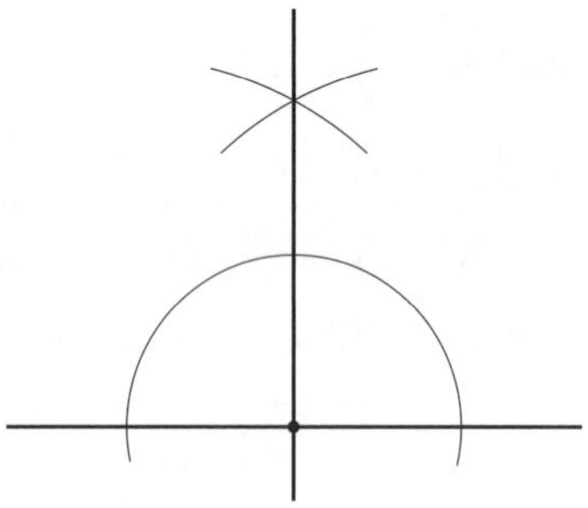

問2 左の図(図は右)で，円Oの周上の点Aを通る，円Oの接線を作図しなさい。

考え方 円周上の1点を通る半径とその1点を接点とする接線は垂直に交わる。

▶解答 右の図
線分OAの点Aを通る垂線を作図する。

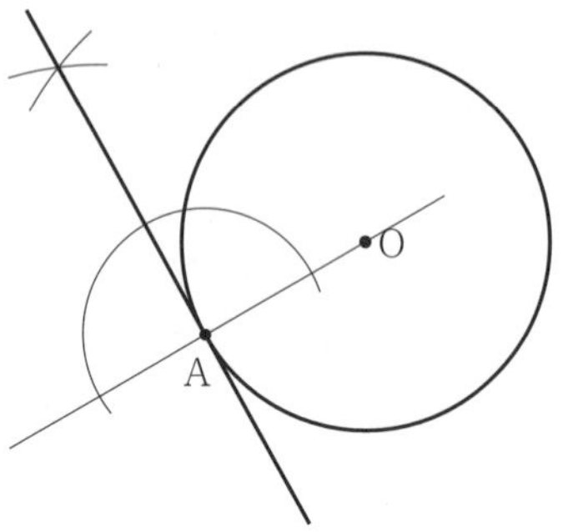

問3 下の図(図は解答欄)は，遺跡(いせき)から発掘(はっくつ)された皿の一部です。もとは円形だったと考えて，その円の中心を作図で求め，もとの円をかきなさい。

考え方 皿の円周上に3点A，B，Cをできるだけ離してとり，弦AB，BCの垂直二等分線の交点を求める。

▶解答

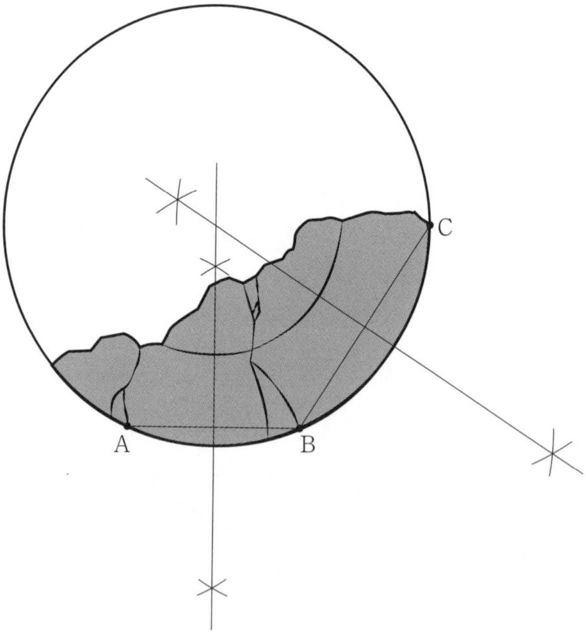

やってみよう

A地点を出発して，途中(とちゅう)で川の水をくんでからB地点へ行きます。この道のりを最短にするには，水をくむ地点を，どのように決めればよいでしょうか。
上の話を，図を使って考えます。直線ℓを川岸に見立て，ℓ上の点Pを，水をくむ地点とします。右の図(図は解答欄)で，

AP＋PB

が最短となるような点Pの位置を作図で求めましょう。

考え方　教科書P.182の**例1**の方法で，直線ℓを対称の軸として点Bを対称移動させた点B′を作図すると，直線ℓは線分BB′の垂直二等分線になる。
点Pは直線ℓ上の点だからPB＝PB′
よってAP＋PB＝AP＋PB′
AP＋PB′が最短となるのは，3点A，P，B′が一直線上にあるときだから，点Pが線分AB′と直線ℓの交点の位置にあるとき，AP＋PBが最短となる。

▶解答

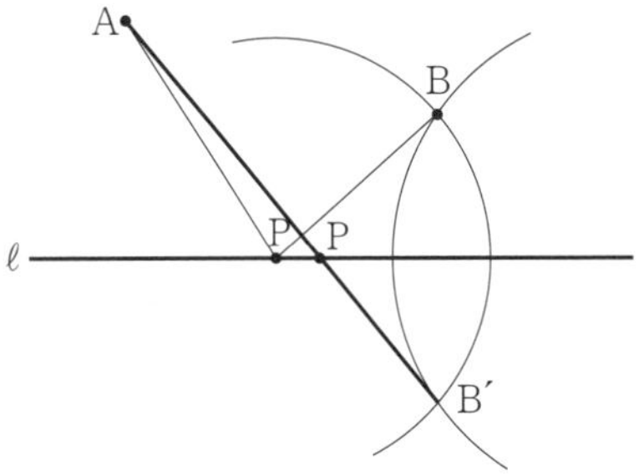

6　作図の方法を説明しよう

基本事項ノート

➔見通しをもつ

45°がどのような角かをしっかりと考える。
これまで学んできた線分の垂直二等分線，角の二等分線，垂線を作図する方法で，どの方法が使えるかを考える。

➔考える，説明する

条件にあったいろいろな図形を作図し，自分で考えた作図方法を説明し，その方法で作図できる理由を，自分なりに説明する。
実際に45°の角を作図する場面では，必ずしも直線ℓの左端で45°を作る必要はなく，直線ℓ上のどこを使ってもよい。
角，直線，線分，垂直二等分線などの用語を用いて筋道を立てて説明する。また，記号を用いて対象を明確に表現することにより，相手に伝わりやすい。

Q　45°の角を作図して，その方法を説明しましょう。

▶解答　次の**1**～**5**に示す。

1 45°がどんな角か考え，これまでに学習したことと結びつけましょう。

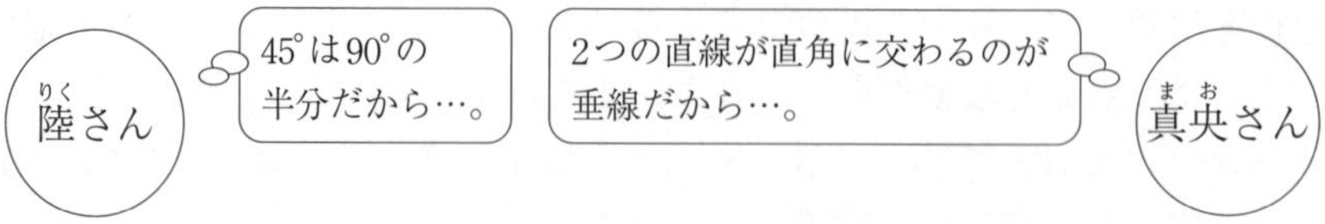
陸さん
45°は90°の
半分だから…。
2つの直線が直角に交わるのが
垂線だから…。
真央さん

考え方 角の二等分線や垂線の作図を活用する。

▶解答 **45°は90°の半分だから，垂線を作図する方法を使って90°の角をつくり，その角の二等分線を作図すれば，45°の角を作図することができる。**

2 45°の角を作図する方法を考えましょう。

考え方 必ずしも直線ℓの左端で45°を作る必要はなく，直線ℓ上のどこを使ってもよい。

▶解答 （例）

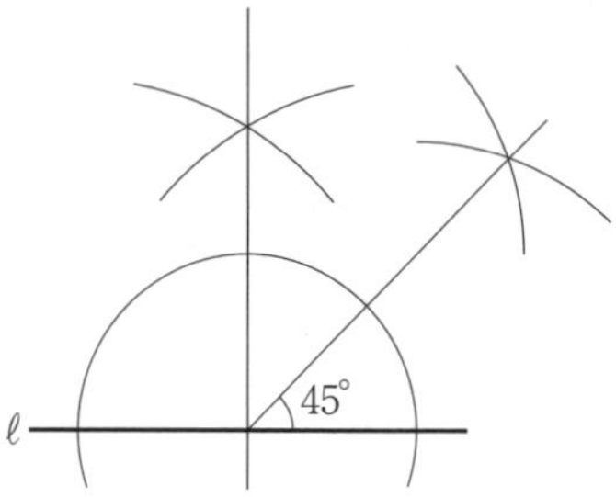

3 自分で考えた方法を説明したり，ほかの人が考えた方法を聞いたりして，伝え合いましょう。

考え方 角，直線，線分，垂直二等分線などの用語を用いて筋道を立てて説明するとよい。

▶解答 ・**直線ℓの垂線をひく。そのときできた4つの90°の角のうち，1つの角を使い，角の二等分線をひく。**　など

問1 次の問いに答えなさい。

(1) 陸さんは，45°の角の作図の方法を，次のように説明しています。陸さんが考えた方法で，45°の角を作図しなさい。

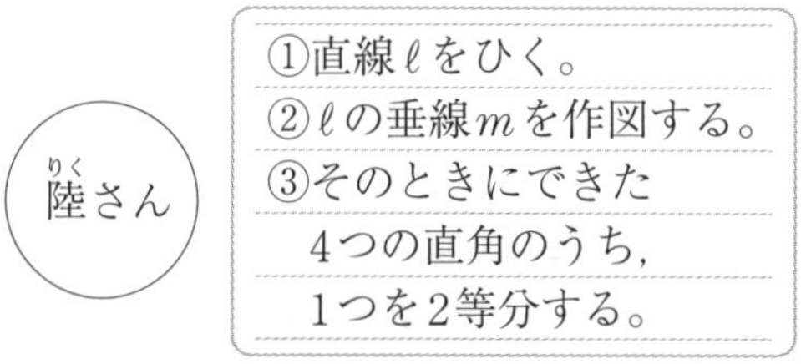
陸さん
①直線ℓをひく。
②ℓの垂線mを作図する。
③そのときにできた
4つの直角のうち，
1つを2等分する。

(2) 彩さんは，右の図のように45°の角を作図しました。彩さんが考えた方法を図から読み取って，この方法で45°の角が作図できる理由を説明しなさい。

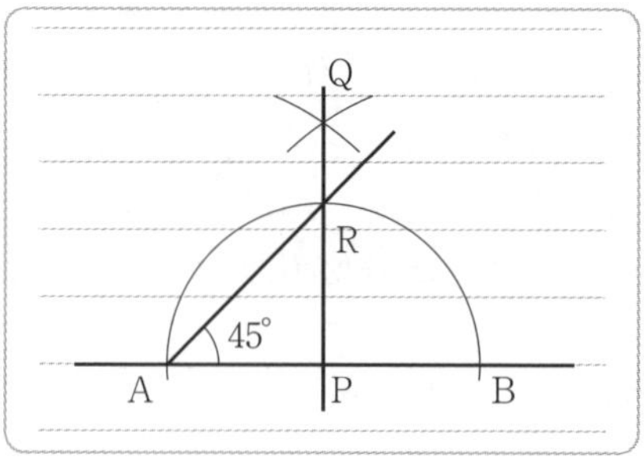

考え方　(2)　二等辺三角形の1つの角が45°であることを使って作図していることを説明する。

▶解答　(1)

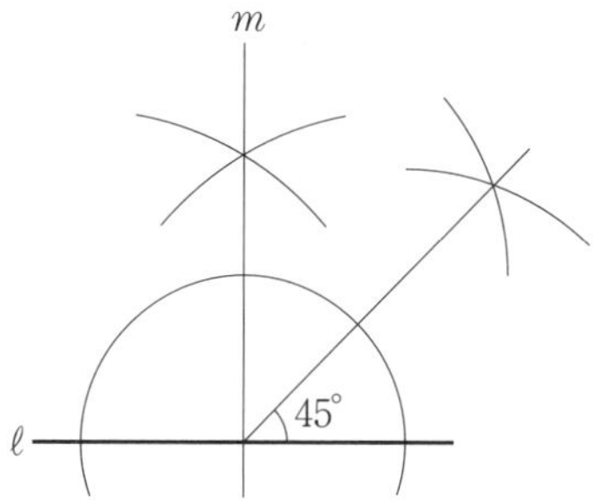

(2)　(彩さんが考えた方法)

①　点Pを中心とする円をかく。

②　点Pを通る直線をひき，①でかいた円との交点をA，Bとする。

③　2点A，Bを中心として，等しい半径の円を交わるようにかき，その交点の1つをQとする。

④　直線PQをひき，線分PQと①でかいた円の交点をRとする。

⑤　半直線ARをひくと，∠RABは45°の角になる。

(この方法で45°の角が作図できる理由)

直線PQは直線ABの垂線だから，∠APRは90°である。また，△APRはPA＝PRの二等辺三角形だから，∠RAP＝∠ARPである。さらに，三角形の3つの角の大きさの和は180°だから，∠RAPと∠ARPの大きさの和は90°となり，∠RAPは90°の半分の45°となる。

4　みんなの説明で，共通するところやちがうところはどこですか。また，これまでに学んだことを活用して，ほかにどんな作図をしてみたいですか。

考え方　友だちの作図の仕方と同じ考え方のところはあったかを考える。
45°以外に，どのような角が作図できるかを考える。

▶解答　(共通するところやちがうところ)

・**アルファベットを図に入れることで，線分PQや∠RAB，△APRなどの数学用語を使って説明することで，どの線や角のことを説明しているかわかりやすい。**　など

(ほかの作図でしてみたいこと)

・**正三角形を使った作図。**　など

5　ほかにはどんな大きさの角が作図できるかを考え，その方法を説明しましょう。

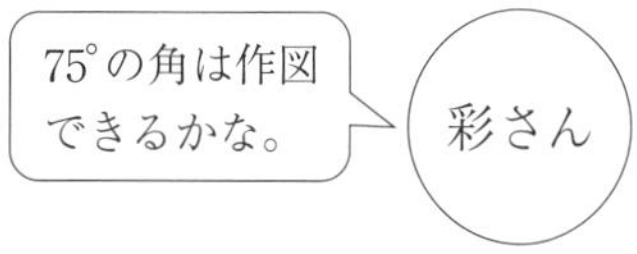

75°の角は作図できるかな。
彩さん

考え方　正三角形を作図したときにできる60°と，垂線の作図でできる90°をもとに作図できる角について考える。

▶解答　・**正三角形を作図すれば，その1つの角は60°である。60°の角を2等分すれば30°の角ができる。30°の角を2等分すれば，15°の角ができる。30°と45°の角を組み合わせれば75°の角ができる。45°と60°の角を組み合わせれば105°の角ができる。**　など

基本の問題

1　線分ABの中点Mを作図で求めなさい。

▶解答

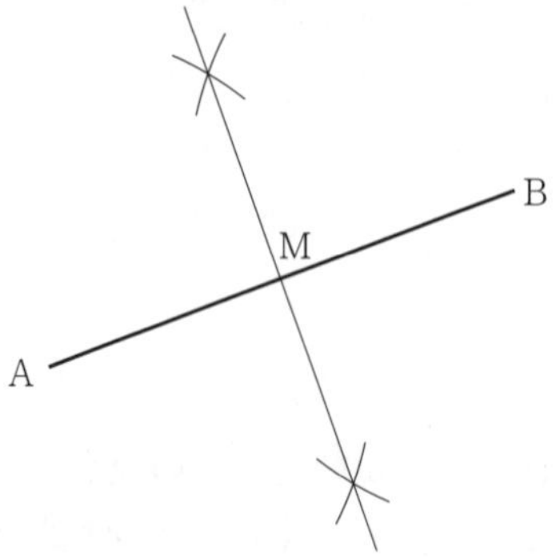

2　∠XOYの二等分線ℓを作図しなさい。

▶解答

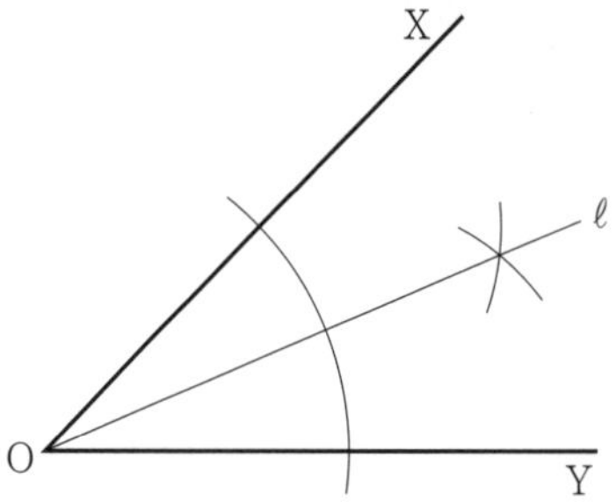

3　次の図を，(1)，(2)の順に作図しなさい。
(1)　点Pを通る，直線ℓの垂線m
(2)　点Pを通る，直線ℓに平行な直線n

▶解答

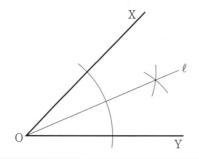

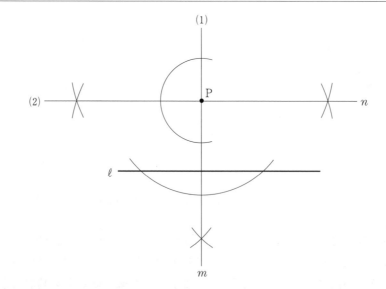

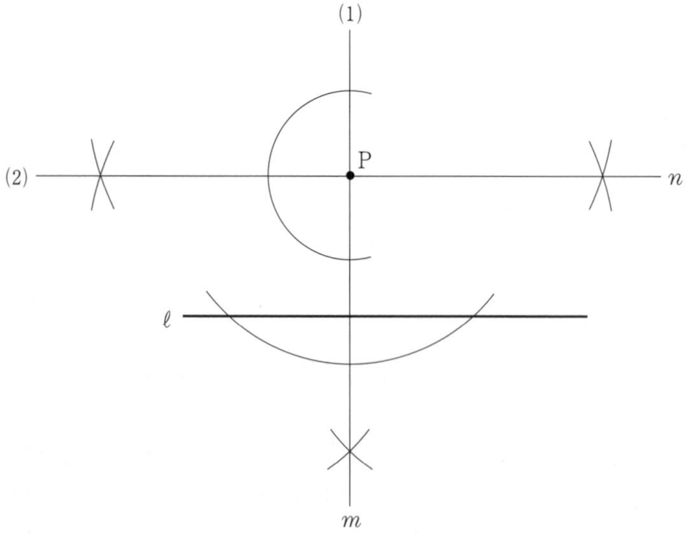

4節　おうぎ形

1　おうぎ形の弧の長さと面積

基本事項ノート

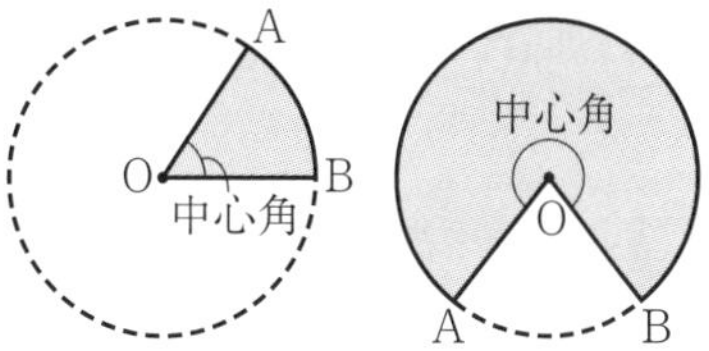

➔おうぎ形，中心角

・おうぎ形…円を2つの半径で切りとった図形

・中心角（ちゅうしんかく）…おうぎ形の両端の2つの半径がつくる角

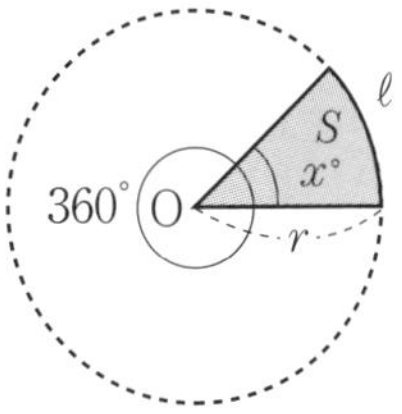

➔おうぎ形の弧の長さと面積

おうぎ形の弧の長さや面積は，中心角に比例する。

半径r，中心角$x°$のおうぎ形の弧の長さをℓ，面積をSとすると

$\ell=2\pi r\times\dfrac{x}{360}$　　$S=\pi r^2\times\dfrac{x}{360}$　　$S=\dfrac{1}{2}\ell r$

例　半径10cm，中心角108°のおうぎ形について

弧の長さ$\ell=2\pi\times10\times\dfrac{108}{360}$　面積$S=\pi\times10^2\times\dfrac{108}{360}$

$=6\pi(\mathrm{cm^2})$　　$=30\pi(\mathrm{cm^2})$

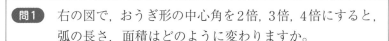

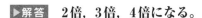

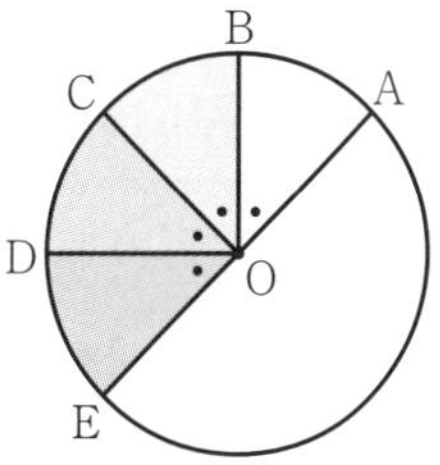

問1　右の図で，おうぎ形の中心角を2倍，3倍，4倍にすると，弧の長さ，面積はどのように変わりますか。

▶解答　**2倍，3倍，4倍になる。**

問2　半径が6cm，中心角が150°のおうぎ形の弧の長さと面積を求めなさい。

考え方　公式は正確に覚え，文字の値の代入は慎重に！

半径r（6cm），中心角$x°$（150°）のおうぎ形の弧の長さ$\ell=2\pi r\times\dfrac{x}{360}$（$r$→6，$x$→150）

面積$S=\pi r^2\times\dfrac{x}{360}$（$r$→6，$x$→150）

▶解答　弧の長さ$\ell=2\pi\times6\times\dfrac{150}{360}=5\pi(\mathrm{cm})$　　面積$S=\pi\times6^2\times\dfrac{150}{360}=15\pi(\mathrm{cm^2})$

答　弧の長さ　**5πcm**　面積　**15πcm²**

問3　半径12cm，弧の長さ4πcmのおうぎ形の中心角の大きさを求めなさい。

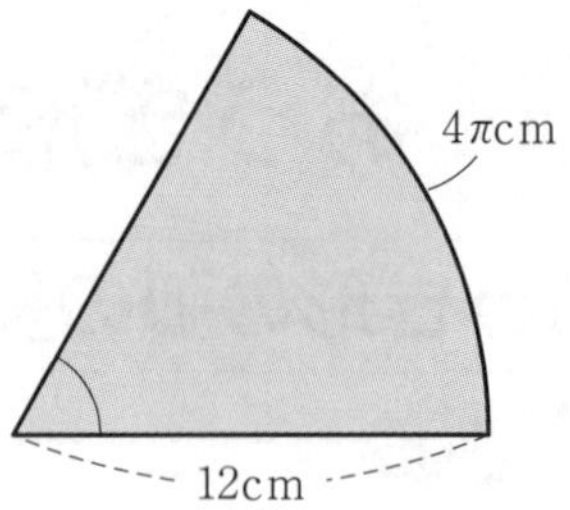

▶解答　半径が12cmの円の周の長さは
$2\pi\times12=24\pi$(cm)
求める中心角の大きさは
$360^\circ\times\frac{4\pi}{24\pi}=360^\circ\times\frac{1}{6}=60^\circ$
答　**60°**

▶別解　$4\pi=2\pi\times12\times\frac{x}{360}$　$4=\frac{x}{15}$　$x=60$　答　**60°**

問4　半径10cm，弧の長さ5πcmのおうぎ形の面積を求めなさい。

考え方　半径r，弧の長さℓのおうぎ形の面積Sは
$S=\frac{1}{2}\ell r$

▶解答　$S=\frac{1}{2}\times5\pi\times10=25\pi(\text{cm}^2)$　答　**25πcm²**

補充問題31　次の数量を求めなさい。（教科書P.284）
(1)　半径6cm，中心角30°のおうぎ形の弧の長さと面積
(2)　半径5cm，弧の長さ2πcmのおうぎ形の中心角の大きさ
(3)　半径16cm，弧の長さ2πcmのおうぎ形の面積

考え方　おうぎ形の半径をr，中心角をx°，弧の長さをℓ，面積をSとすると
(1)(2)　$\ell=2\pi r\times\frac{x}{360}$　　$S=\pi r^2\times\frac{x}{360}$
(3)　$S=\frac{1}{2}\ell r$

▶解答　(1)　弧の長さ$\ell=2\pi\times6\times\frac{30}{360}=\pi$(cm)　答　**$\pi$cm**
面積$S=\pi\times6^2\times\frac{30}{360}=3\pi(\text{cm}^2)$　答　**3πcm²**
(2)　$2\pi=2\pi\times5\times\frac{x}{360}$　$5x=360$　$x=72$　答　**72°**
(3)　$S=\frac{1}{2}\times2\pi\times16=16\pi(\text{cm}^2)$　答　**16πcm²**

基本の問題

1　半径が3cm，中心角が120°のおうぎ形の弧(こ)の長さと面積を求めなさい。

▶解答　弧の長さ$\ell=2\pi\times3\times\frac{120}{360}=2\pi$(cm)
面積$S=\pi\times3^2\times\frac{120}{360}=3\pi(\text{cm}^2)$　答　弧の長さ　**2πcm**，面積　**3πcm²**

2	半径が4cm，弧の長さが6πcmのおうぎ形の中心角の大きさと面積を求めなさい。

▶解答　半径が4cmの円の周の長さは

$2\pi\times4=8\pi$(cm)

求める中心角の大きさは

$360°\times\frac{6\pi}{8\pi}=360°\times\frac{3}{4}=270°$

$S=\frac{1}{2}\times6\pi\times4=12\pi$ (cm^2)　　答　中心角　**270°**，面積　**$12\pi cm^2$**

▶別解　$6\pi=2\pi\times4\times\frac{x}{360}$　$6=\frac{x}{45}$　$x=270$

5章の問題

1	次のことがらを，記号を使って表しなさい。 (1)　線分ABと線分ACの長さは等しい。 (2)　半直線PQ，PRでつくられる角の大きさが60°である。

▶解答　(1)　**AB＝AC**　(2)　**∠QPR＝60°**

2	右の図は，合同な6つの正三角形㋐～㋕をしきつめてできた正六角形です。この図について，次の問いに答えなさい。 (1)　㋐を，平行移動で重ね合わせられるものを，㋑～㋕の中からすべて選びなさい。 (2)　㋐を，点Oを中心とした回転移動で㋔に重ね合わせたとき，㋐の頂点Bは，どの点に重なりますか。 (3)　㋐を，1回の対称移動で重ね合わせられるものを㋑～㋕の中からすべて選びなさい。

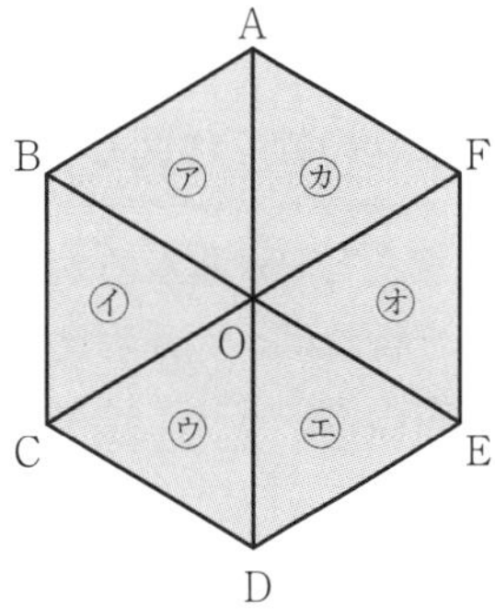

▶解答　(1)　**㋒，㋔**

(2)　**頂点F**

(3)　**㋑，㋒，㋓，㋔，㋕**

3	縦の長さが右の線分PQの半分で，横の長さが線分PQに等しい長方形ABCDを，ノートに作図しなさい。

▶解答　右の図

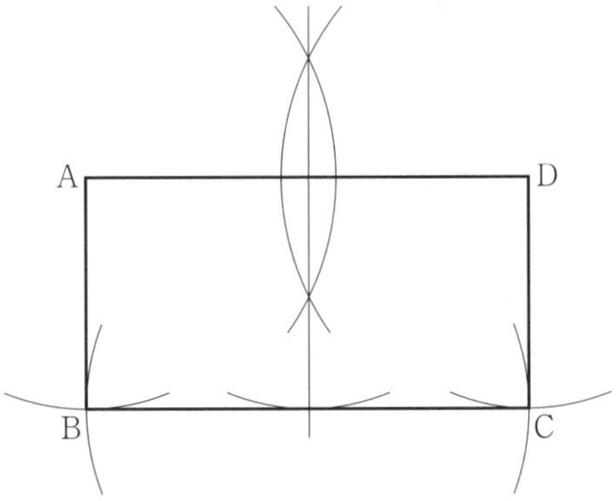

4 右の2つの正方形は合同で，一方を1回だけ対称移動すると，他方に重ね合わせることができる位置にあります。その対称の軸を作図しなさい。

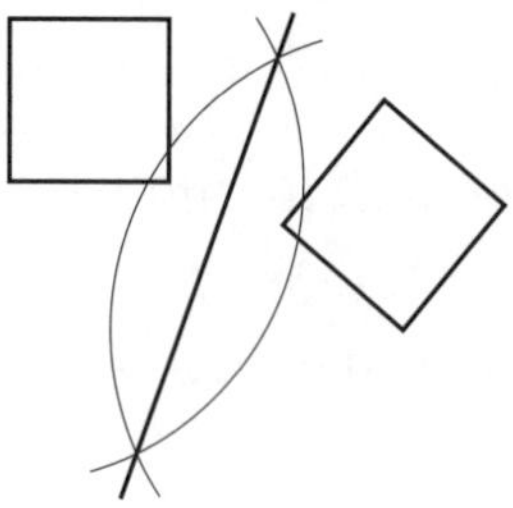

考え方 対応する点を結ぶ線分の垂直二等分線を作図する。

▶解答 右の図

とりくんでみよう

1 平面上の3直線ℓ，m，nが，次の場合について，ℓとnの位置関係を，記号を使って表しなさい。

(1)　$\ell /\!/ m$，$m /\!/ n$の場合　　(2)　$\ell /\!/ m$，$m \perp n$の場合

▶解答 (1)　$\boldsymbol{\ell /\!/ n}$　　(2)　$\boldsymbol{\ell \perp n}$

2 右の図のように，△ABCの辺BC上に点Pがあります。この三角形を折って，頂点Aが点Pに重なるようにするには，どこで折ればよいですか。その折り目の線を作図しなさい。

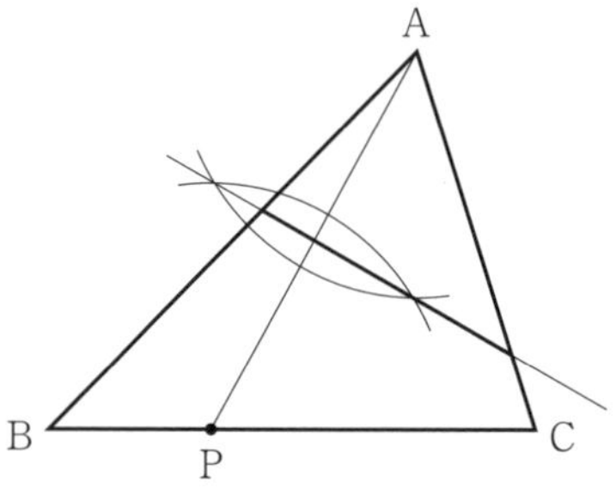

(線分APの垂直二等分線を折り目とする。)

考え方 点AとPが重なるから，線分APのどこを折ればよいか考える。

▶解答 右の図

3 左の図(図は右)で，直線ℓと点Aで接し，点Bを通る円を作図しなさい。

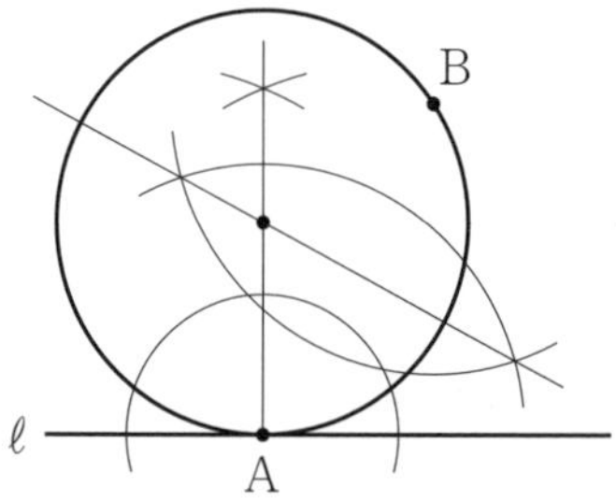

考え方 円の中心は直線ℓのAを通る垂線上にある。また，線分ABの垂直二等分線上にもある。したがって，2つの直線の交点が中心となる。

▶解答 右の図

4 右の図の△ABCにおいて，△ABCの面積を2等分する線分をAMとするとき，点Mを辺BC上に作図する方法を，上にならって説明しなさい。

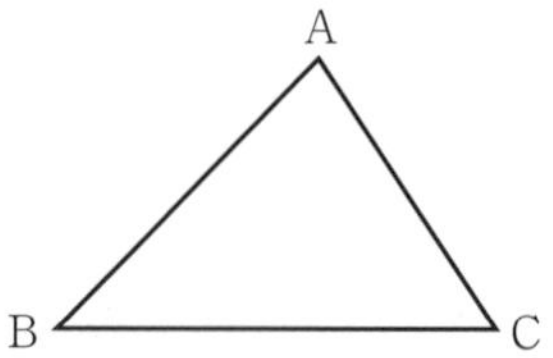

▶解答 **△ABCの辺BCの垂直二等分線を作図し，その垂直二等分線と辺BCの交点をMとする。**

次の章を学ぶ前に

1　右の図の直方体について，次の問いに答えましょう。
(1)　頂点，辺，面の数はそれぞれいくつですか。
(2)　体積を求めましょう。

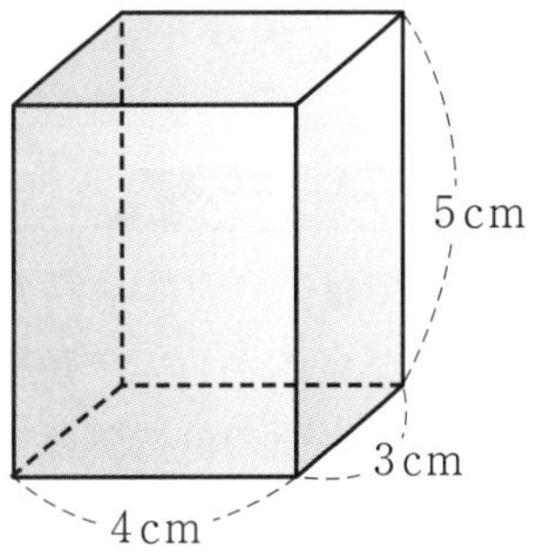

考え方　(2)　(体積)＝(底面積)×(高さ)

▶解答　(1)　頂点　**8**，辺　**12**，面　**6**
(2)　底面積は　$3\times4=12$(cm²)
体積は　$12\times5=60$(cm³)　　答　**60cm³**

2　右の図の円柱について，次の問いに答えましょう。
(1)　底面積を求めましょう。
(2)　体積を求めましょう。

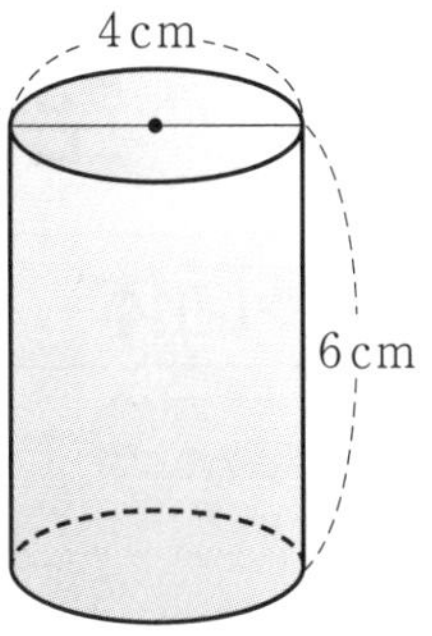

考え方　(1)　(円の面積)＝(半径)×(半径)×(円周率)
円周率は π で表す。

▶解答　(1)　底面積は　$\pi\times2^2=4\pi$(cm²)　　答　**4πcm²**
(2)　体積は　$4\pi\times6=24\pi$(cm³)　　答　**24πcm³**

6章 空間図形

この章について

小学校では，立方体や直方体をもとにして，辺や面の平行，垂直を学習しています。さらに，基本的な立体として，角柱・円柱についても簡単に学習しています。ここでは，空間における直線や平面の位置関係を学習するとともに，平面図形と空間図形のつながり，表面積や体積の計量など，空間図形の性質や特徴をくわしく学びます。そして，辺や面の位置関係を頭の中にイメージできるようになることが，ここでの学習のポイントです。

1節 空間図形の観察

1 多面体

基本事項ノート

➔角柱

平行に向かい合った1組の合同な多角形と，いくつかの長方形で囲まれた立体を角柱という。

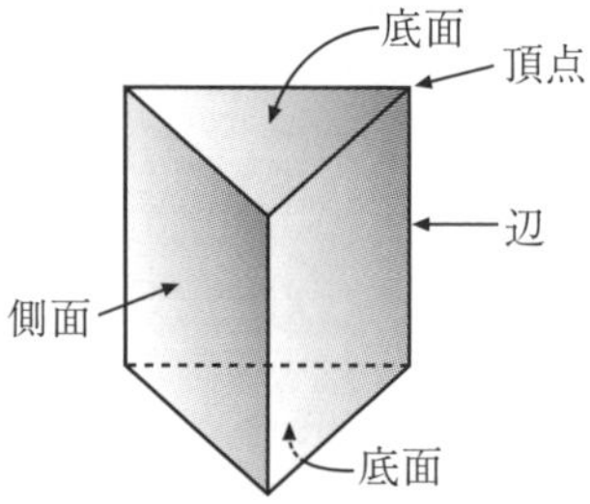

➔角錐

1つの多角形と，その各辺を底辺とする三角形で囲まれた立体を角錐（かくすい）という。

例　角錐は，底面の形によって，三角錐，四角錐などという。

例　角柱や角錐のうち，底面が正多角形で，側面が合同な長方形や二等辺三角形であるものを，とくに正三角柱，正四角錐などという。

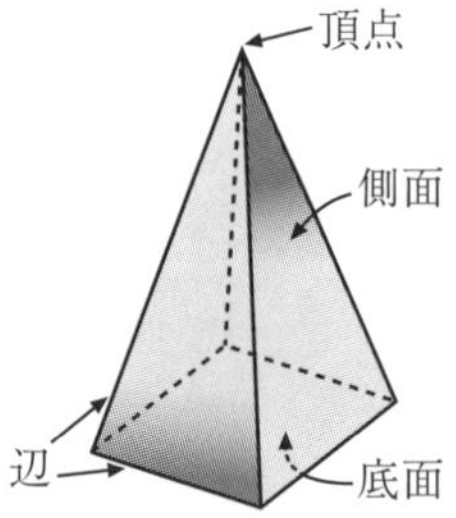

➔多面体

角柱や角錐のように，いくつかの平面で囲まれた立体を多面体（ためんたい）といい，面の数によって，それぞれ四面体，五面体，六面体などという。

➔正多面体

すべての面が合同な正多角形で，1つの頂点に集まる面の数がどの頂点でも同じで，へこみのない多面体を正多面体という。

問1　立方体と直方体は，それぞれ四角柱といえますか。また，正四角柱といえますか。

▶解答　**どちらも底面の形が四角形なので，四角柱といえる。**
立方体は底面が正方形なので正四角柱といえるが，直方体は必ずしも正四角柱とはいえない。

問2　次の(1)～(3)の角柱や角錐は何面体ですか。
(1)　四角柱　(2)　三角柱　(3)　三角錐

▶解答　(1)　**六面体**　(2)　**五面体**　(3)　**四面体**

問3　巻末の折りこみ2にある①～③の展開図を切り取って，正多面体を組み立てなさい。

考え方　①は正八面体，②は正十二面体，③は正二十面体である。

▶解答　略

問4　同じ大きさの正四面体2つを，面がぴったり重なるようにくっつけると，右の図のような六面体ができます。この六面体は，すべての面が合同な正三角形ですが，正多面体とはいえません。その理由を説明しなさい。

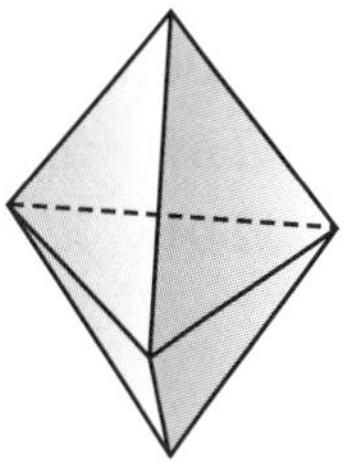

▶解答　**1つの頂点に集まる面の数が，3つの面と4つの面があり，頂点に集まる面の数がどの頂点でも同じではないから，正多面体とはいえない。**

補充問題32　次の角柱や角錐は何面体ですか。（教科書P.285）
(1)　五角柱　(2)　四角錐

▶解答　(1)　**七面体**　(2)　**五面体**

2　点，直線と平面

基本事項ノート

平面

平らな面でどの方向にも限りなく広がっている面を平面という。同じ直線上にない3点をふくむ平面は1つに決まる。

例　平面は，P，Qなどの記号をつけ，平面P，平面Qなどと表す。

ねじれの位置

空間では，平行でなくても交わらない2直線がある。このような2直線は，ねじれの位置にあるという。

例　空間の2直線の位置関係には，次の場合がある。

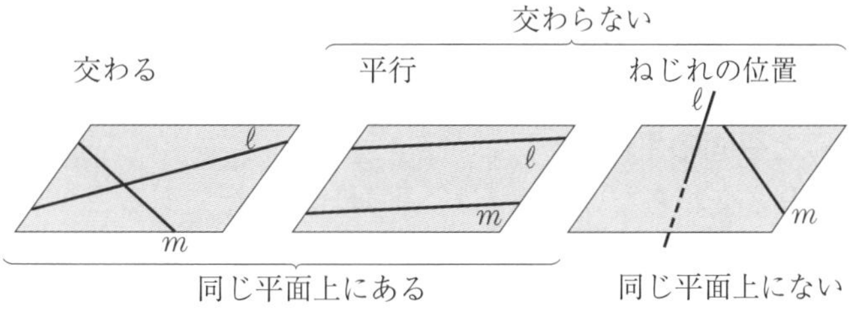

Q カメラの三脚(さんきゃく)は，その名の通り，脚(あし)が3本です。三脚の脚が，2本や4本でなく，3本であるのは，なぜでしょうか。

▶解答 （例）**3本だとがたつくことはなく，安定するから。**

問1 右の図の立方体で，次の辺をすべて答えなさい。
(1) 直線ABに平行な辺
(2) 直線ABと交わる辺
(3) 直線ABに平行でなく交わらない辺

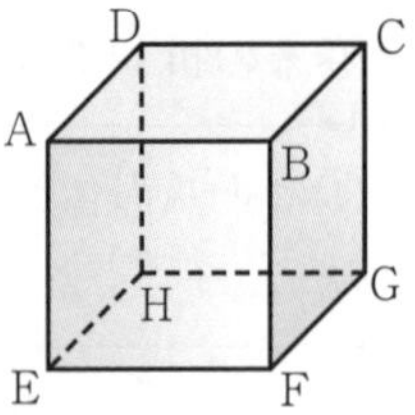

▶解答 (1) **辺DC，辺EF，辺HG**
(2) **辺AD，辺AE，辺BC，辺BF**
(3) **辺DH，辺EH，辺CG，辺FG**

問2 右の図の正四角錐で，辺BCとねじれの位置にある辺をすべて答えなさい。

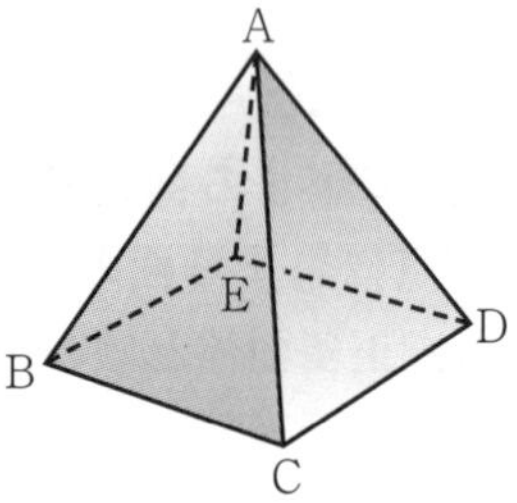

▶解答 **辺AD，辺AE**

問3 右の図の正五角柱で，辺ABとねじれの位置にある辺をすべて答えなさい。

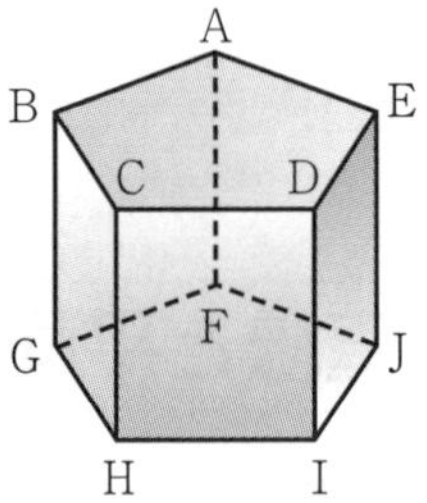

▶解答 **辺CH，辺DI，辺EJ，辺FJ，辺GH，辺HI，辺IJ**

3 直線と平面，平面と平面の位置関係

基本事項ノート

➔直線と平面の垂直

直線ℓが平面P と点Aで交わり，点Aを通る平面P上のどの直線とも垂直であるとき，直線ℓは平面Pに垂直であるといい，$\ell \perp P$と表す。このとき，直線ℓを平面Pの垂線という。

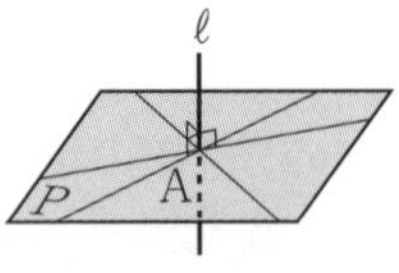

➔直線と平面の平行

平面Pと交わらない直線ℓは，平面Pに平行であるといい，$\ell /\!/ P$と表す。

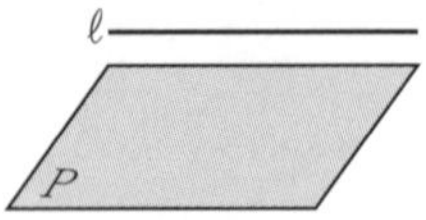

➔平面と平面の平行

平面PとQが交わらないとき，平面Pと平面Qは平行であるといい，P//Qと表す。

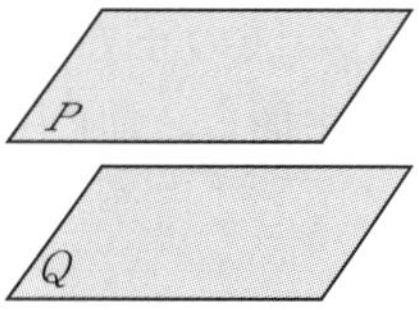

➔平面と平面の垂直

平面Pと，平面Pに垂直な直線ℓがあるとき，ℓをふくむ平面Qを平面Pに垂直な平面といい，Q⊥Pと表す。

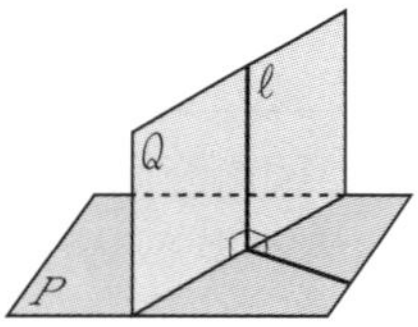

➔点と平面との距離，平面と平面の距離

平面P上にない点Aと平面P上の点Bを結ぶ線分ABの長さが最も短くなるのは，AB⊥Pのときである。このときの線分ABの長さを，点Aと平面Pとの距離(きょり)という。

また，2つの平面PとQが平行であるとき，平面P上のどの点をとっても，平面Qまでの距離は等しくなる。この距離を，平行な2平面間の距離という。

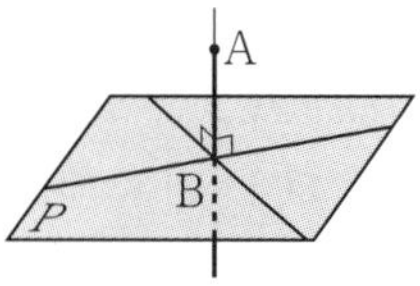

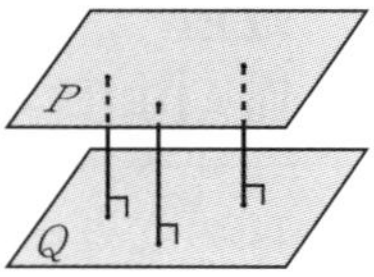

➔立体の高さ

・角柱や円柱では，2つの底面の間の距離を，その角柱や円柱の高さという。

・角錐では，底面と，それに対する頂点との距離を，その角錐の高さという。

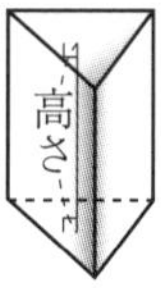

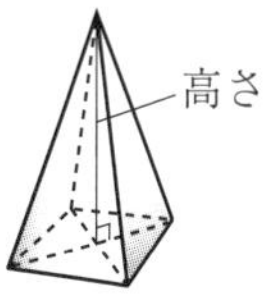

Q　教科書P.204の写真のように，まっすぐな棒を机の面に立てます。この棒を，机の面に対して，どの方向にも傾(かたむ)かないように立てるには，三角定規が少なくとも何枚必要ですか。

▶解答　**2枚**

問1　右の図の三角柱について，次の(1)～(3)にあてはまるものをすべて答えなさい。

(1)　辺ACをふくむ面

(2)　辺ACに平行な面

(3)　面ABCに垂直な辺

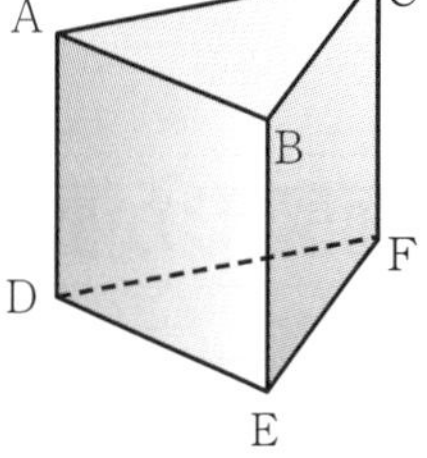

▶解答

(1)　**面ABC，面ADFC**

(2)　**面DEF**

(3)　**辺AD，辺BE，辺CF**

問2　右の図の正五角柱で，面ABGFをふくむ平面と，面CHIDをふくむ平面は交わるでしょうか，交わらないでしょうか。

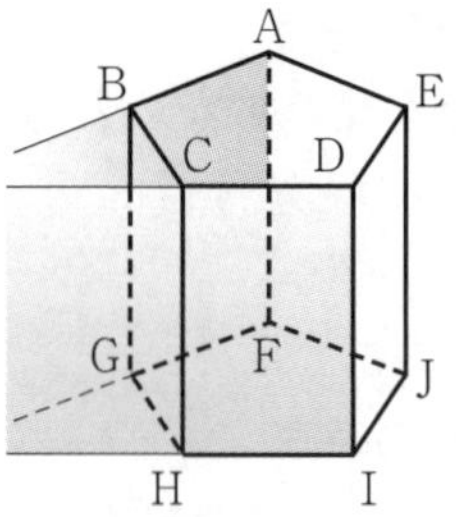

▶解答　**交わる。**

補充問題33　右の図の三角柱について，次の(1)～(4)にあてはまるものをすべて答えなさい。(教科書P.285)

(1)　辺BCに平行な辺
(2)　辺ADとねじれの位置にある辺
(3)　辺CFと平行な面
(4)　面DEFに垂直な辺

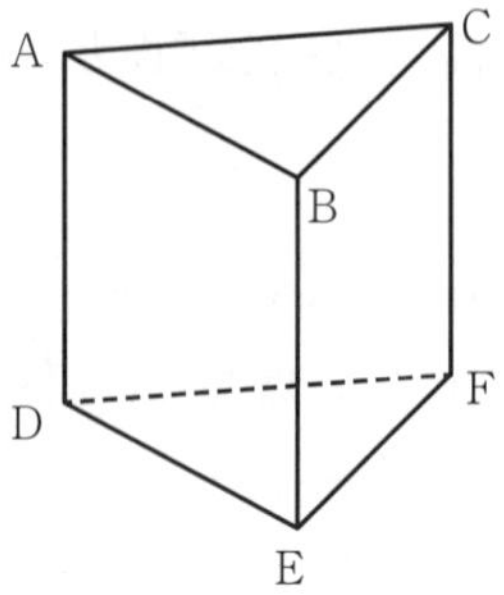

▶解答
(1)　**辺EF**　　(2)　**辺BC，辺EF**
(3)　**面ADEB**　　(4)　**辺AD，辺BE，辺CF**

問3　右の図の立方体について，次の(1)，(2)にあてはまるものをすべて答えなさい。

(1)　面AEFBに平行な面
(2)　面AEFBに垂直な面

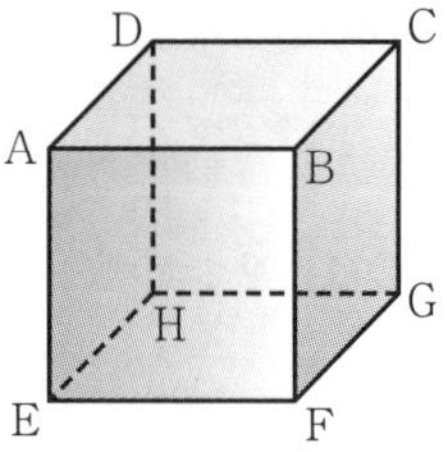

▶解答
(1)　**面DHGC**
(2)　**面ABCD，面AEHD，面BFGC，面EFGH**

問4　右の図は，直方体の一部を切り取ってできた三角錐です。次の面を底面とみたとき，三角錐の高さは，それぞれ，どの辺の長さと等しくなりますか。

(1)　面BCD　　(2)　面ACD

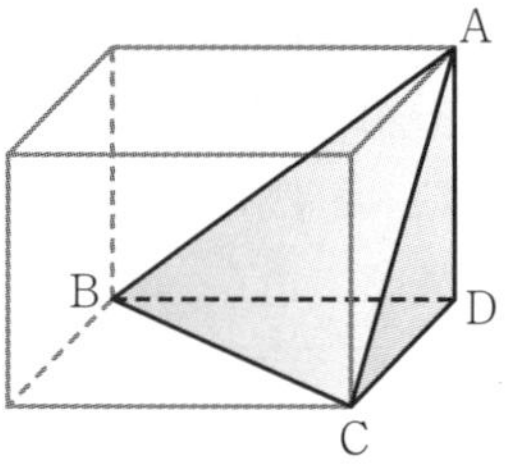

▶解答　(1)　**辺AD**　　(2)　**辺BD**

4　平面図形が動いてできる立体

基本事項ノート

➔点が動いたあとには，線ができ，線が動いたあとには，面ができ，面が動いたあとには，立体ができる。角柱や円柱は，底面の多角形や円が，底面と垂直な方向に動いてできた立体とみることができる。このときできた角柱や円柱の高さは，底面が動いた距離である。

➔円錐

右の図①のように，直角三角形を，直線ℓを軸として1回転させると，そのまわったあとに，図②のような立体ができる。このような立体を円錐という。

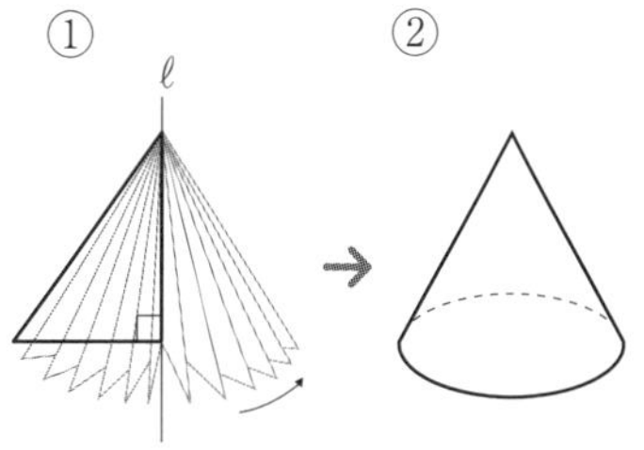

➔回転体，回転の軸

直線ℓを軸として，図形を1回転させてできる立体を回転体といい，直線ℓを回転の軸という。

➔母線

回転体の側面をつくる線分ABを，その回転体の母線という。

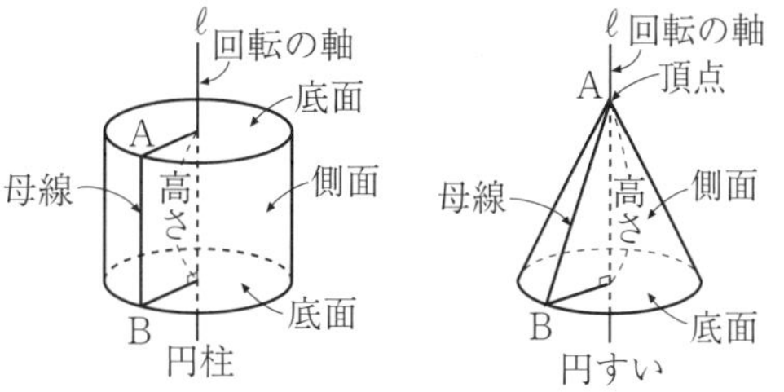

Q　百人一首の札や10円硬貨を，教科書207ページの写真のように積み重ねたとき，それぞれどんな立体ができると考えられますか。

▶解答　百人一首の札…**四角柱**　　10円硬貨…**円柱**

問1　半径3cmの円が，それと垂直な方向に5cm動くと，どんな立体ができますか。

考え方　合同な円が，高さ5cmになるまで上に積み重なった形で，上と下の面は平行，その面に平行な切り口は，いつでも合同な円である。

▶解答　**底面の半径が3cm，高さ5cmの円柱**

問2　右の図の長方形や半円を，直線ℓを軸として1回転させると，それぞれどんな立体ができますか。

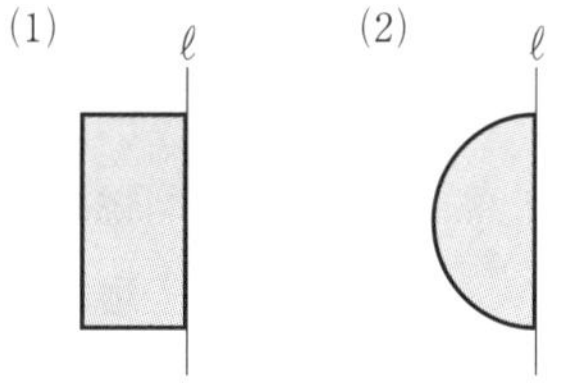

考え方　(1)　上下にある横の辺は，それぞれ半径になり，円ができる。軸ℓ上にない縦の辺は，上下の円周の間にできる曲面になる。

(2)　半円の周が軸ℓに両端をつけたままだから，ボールのような丸い形になる。

▶解答　(1)　**円柱**　　(2)　**球**

問3　円柱や円錐を，回転の軸をふくむ平面で切ると，切り口は，それぞれどんな図形になりますか。また，回転の軸に垂直な平面で切ると，切り口は，どんな図形になりますか。

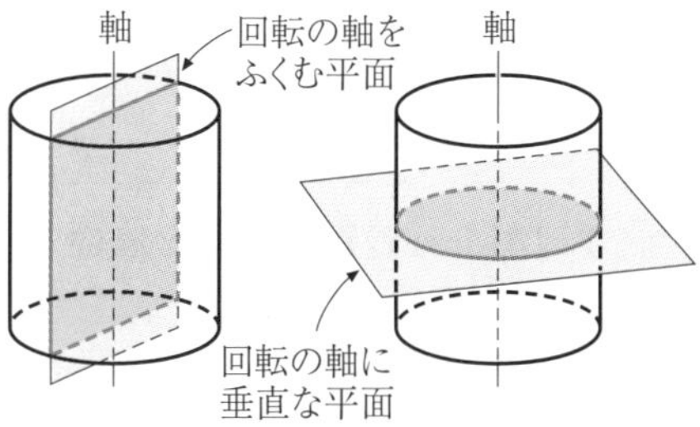

考え方　円柱，円錐，球などの回転体を軸に垂直な平面で切ると，その切り口はいつも円になる。

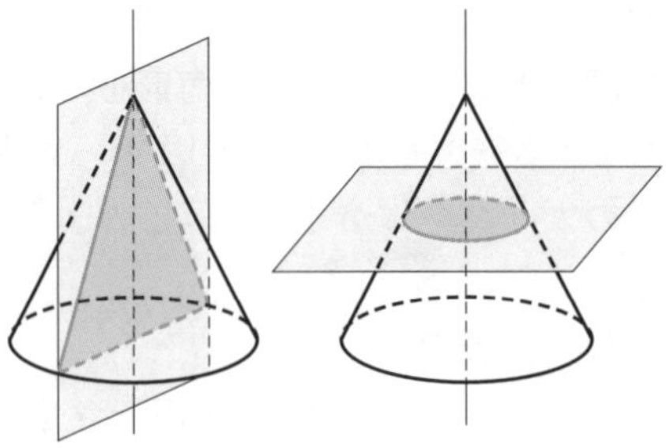

▶解答　円柱…回転の軸をふくむ平面で切ると**長方形**，回転の軸に垂直な平面で切ると**底面と同じ半径の円**
円錐…回転の軸をふくむ平面で切ると**二等辺三角形**，回転の軸に垂直な平面で切ると**切る場所によって半径の異なる円**

問4　次の(1)～(3)のそれぞれについて，同じところやちがうところはどこですか。
(1)　角柱と角錐　　(2)　円柱と円錐
(3)　角柱と円柱

▶解答　(1)　(例)　同じところ……**多面体である。**
ちがうところ…**角柱には平行な面の組はあるが，角錐には平行な面の組がない。**
角柱の側面は長方形で，角錐の側面は三角形である。
(2)　(例)　同じところ……**底面が円である。**
平面と曲面で囲まれている。
回転体である。
回転の軸に垂直な平面で切ると，切り口は円になる。
ちがうところ…**円柱には平行な面の組があるが，円錐には平行な面の組がない。**
(3)　(例)　同じところ……**平行で合同な面の組がある。**
展開図の側面の部分が長方形になる。
面が，それと垂直な方向に動いてできた立体とみることができる。
ちがうところ…**角柱の底面は多角形であるが，円柱の底面は円である。**
角柱は平面だけで囲まれているが，円柱は平面と曲面で囲まれている。

補充問題34　1辺が4cmの正三角形が，それと垂直な方向に6cm動くと，どんな立体ができますか。
(教科書P.285)

▶解答　**1辺が4cmの正三角形を底面とする高さが6cmの三角柱**

やってみよう
面が，それと垂直な方向に動いてできた立体とみることができるものや，回転体とみることができるものを身のまわりからさがしてみましょう。

▶解答　(面が，それと垂直な方向に動いてできた立体とみることができるものの例)
・**ボックスティッシュ**(直方体)
・**削る前の鉛筆**(正六角柱)
・**缶詰**(円柱)
・**トイレットペーパー**　など
(回転体とみることができるものの例)
・**ボール**(球)
・**紙コップ**
・**缶詰**(円柱)
・**トイレットペーパー**　など

5　見取図，展開図，投影図

基本事項ノート

➔見取図

立体をななめ上などから見て形の特徴をわかりやすく表した図を見取図という。
見取図はわかりやすいが，長さや角度などは立体そのままではない。

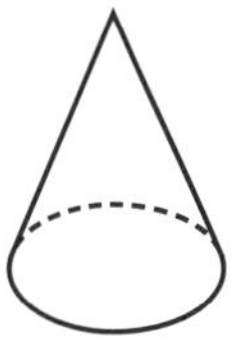

➔展開図

立体をある線で切り開いて平面に表した図を展開図という。展開図では組み立てたとき，どの点や辺が重なるかに注意する必要がある。

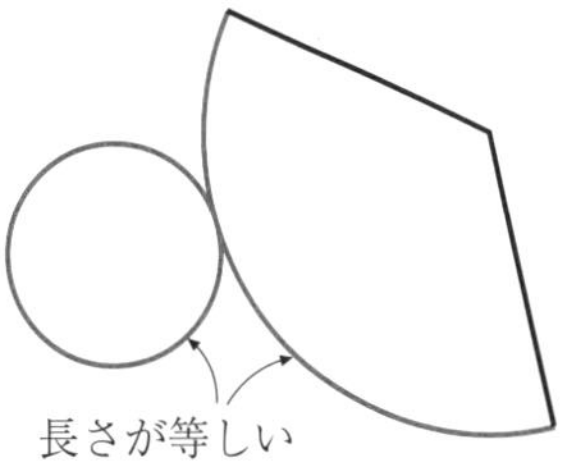

➔投影図

立体を，正面から見た図と真上から見た図を組にして表した図を投影図(とうえいず)という。正面から見た図を立面図(りつめんず)，真上から見た図を平面図(へいめんず)という。立面図と平面図だけでは立体の形がよくわからないときは，真横から見た図をつけ加えて表すこともある。これらの図では，見取図と同じように，実際に見える線を実線――で，見えない線を-----でかく。

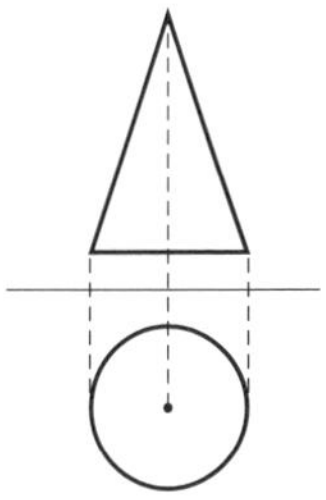

Q　次の図は，ある立体の展開図です。立体の名前を答えましょう。

(1)

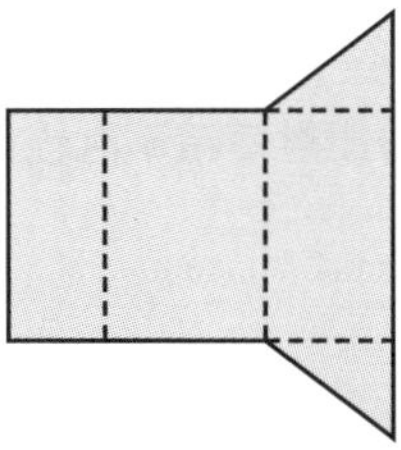

(2)

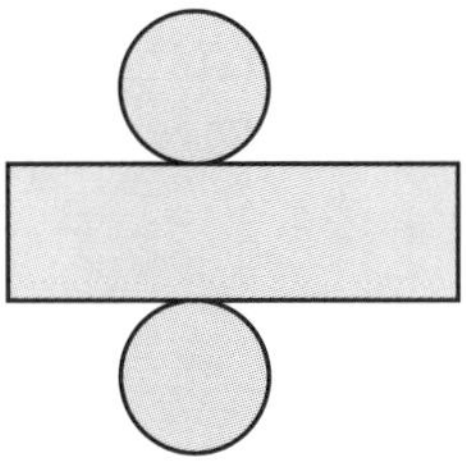

▶解答　(1)　**三角柱**　　(2)　**円柱**

問1　次の図(図は解答欄)は，正四角錐の展開図です。この展開図を組み立てて正四角錐をつくったとき，点Aと重なるすべての点に○印をつけなさい。

▶解答

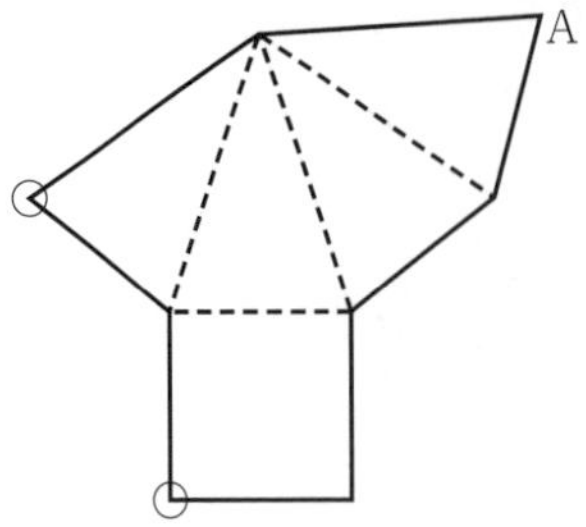

問2　右の図は，正三角錐の展開図です。この展開図を組み立てて正三角錐をつくったとき，辺BFとねじれの位置にあるのは，どの辺ですか。

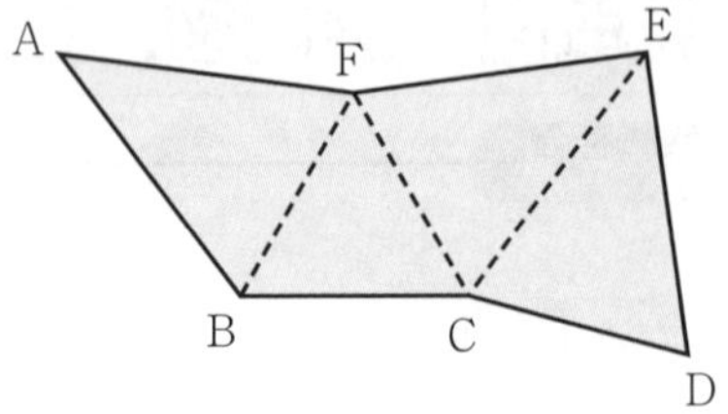

▶解答　**辺CE**

問3　円錐の底面の周の長さが16πcmであるとき，この円錐について，次の問いに答えなさい。

(1)　展開図で，側面にあたるおうぎ形の弧の長さを求めなさい。

(2)　底面の円の半径を求めなさい。

考え方　(1)　側面のおうぎ形の弧の長さは，底面の円の周の長さと等しくなることから考える。

▶解答　(1)　**16πcm**

(2)　底面の円の半径を$r$cmとすると

$2\pi r=16\pi$　$r=8$　　答　**8cm**

問4　右の図のように，立方体の頂点Aから頂点Gまで，辺BF上を通るように糸を張ります。糸の長さが最も短くなるように，たるみなく張るものとして，次の問いに答えなさい。

(1)　右の展開図(図は解答欄)の○に，立方体の頂点を示す記号をかき入れなさい。

(2)　糸が通る線を，展開図にかき入れなさい。

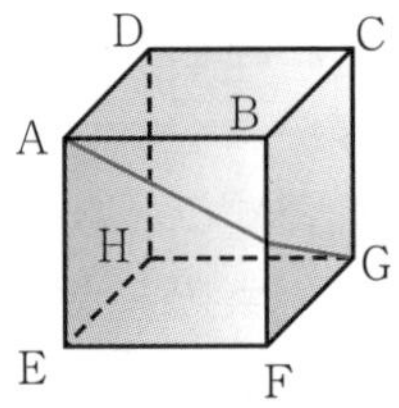

考え方　(1)　辺AEをふくむ面は，見取図から面AEFBと面AEHDの2つであることがわかる。このことより，頂点H，Dが決まる。

(2)　糸が通る線は展開図のBF上の点を通り，AとGを最短距離で結ぶ直線(長方形AEGCの対角線)になる。

▶解答　(1), (2)　下の図

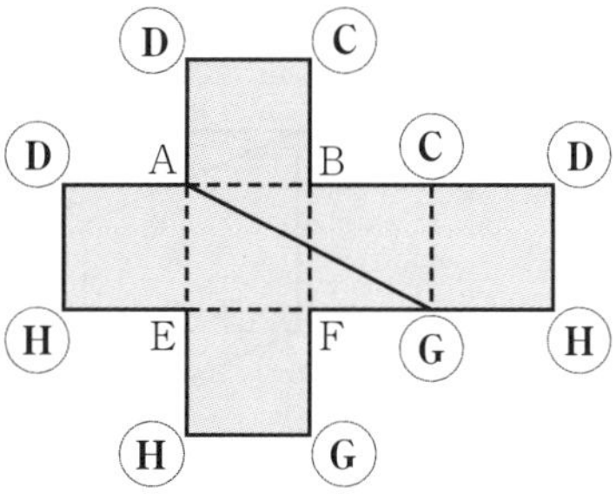

問5　次の投影図は，四角柱，四角錐，三角柱，三角錐，円柱，円錐，球の中で，どの立体を表していますか。

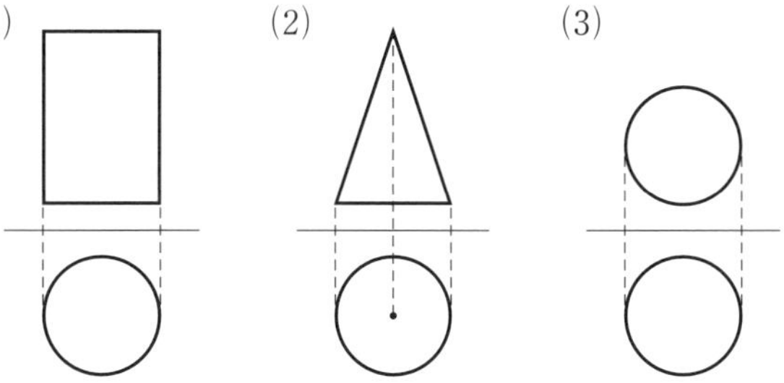

▶解答　(1)　**円柱**　　(2)　**円錐**　　(3)　**球**

問6　右の投影図の立面図と平面図は，合同な長方形です。どんな立体の投影図と考えられますか。2つ以上考えて，その見取図をかきなさい。

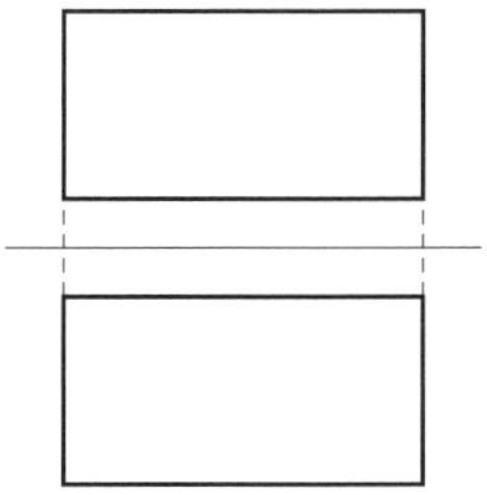

考え方　角柱だけでなく円柱も長方形に見える。いろいろ考えてみよう。

▶解答　(例)　・正四角柱　　・円柱　　・三角柱

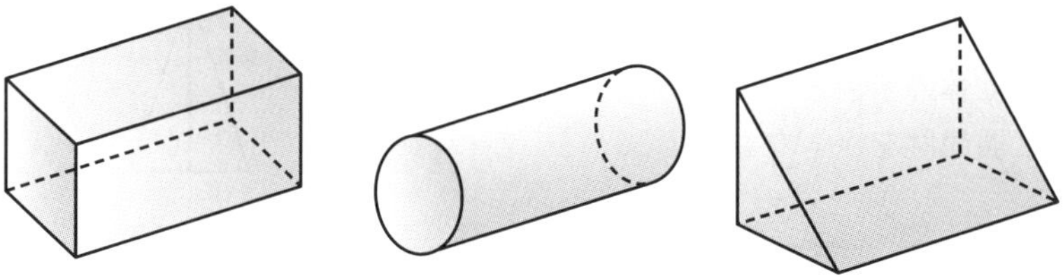

(底面が直角二等辺三角形)

基本の問題

1 底面が直角三角形である右の図のような三角柱について，次の(1)～(3)にあてはまるものをすべて答えなさい。

(1)　辺BCに平行な面

(2)　辺ADとねじれの位置にある辺

(3)　頂点Aと面DEFとの距離と長さが等しい辺

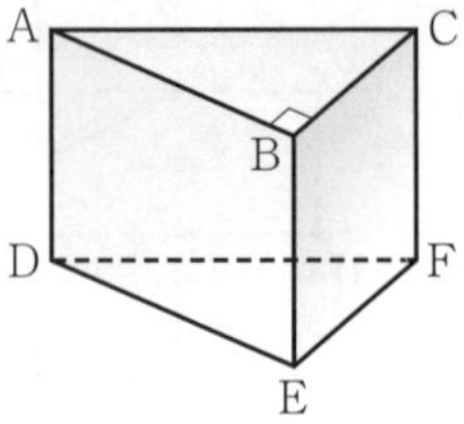

考え方　(1)　辺BCと交わらない面

(2)　辺ADと平行でなく，しかも交わらない辺

(3)　点と平面の距離…点から平面にひいた垂直な線分の長さ。

▶解答　(1)　**面DEF**　　(2)　**辺BC，辺EF**　　(3)　**辺AD，辺BE，辺CF**

2 次の㋐～㋓の立体の中から，下の(1)～(4)にあてはまるものを1つずつ選びなさい。

㋐

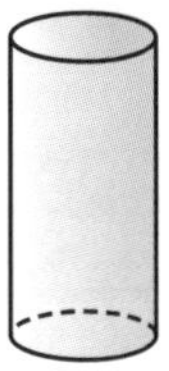

㋑

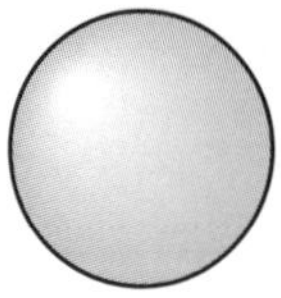

㋒

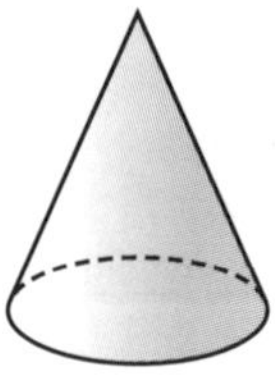

㋓

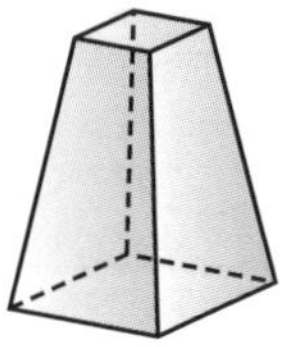

(1)　多面体である立体

(2)　ある平面図形が，それと垂直な方向に動いてできる立体

(3)　半円を1回転させてできる回転体

(4)　投影図で，立面図が二等辺三角形となる立体

▶解答　(1)　**㋓**　　(2)　**㋐**　　(3)　**㋑**　　(4)　**㋒**

3 右の(1)，(2)の図は，ある立体の投影図です。それぞれの立体の名前を答えなさい。また，立体の見取図と展開図をかきなさい。

(1)

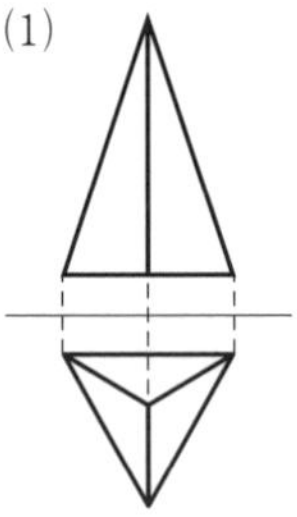

(2)

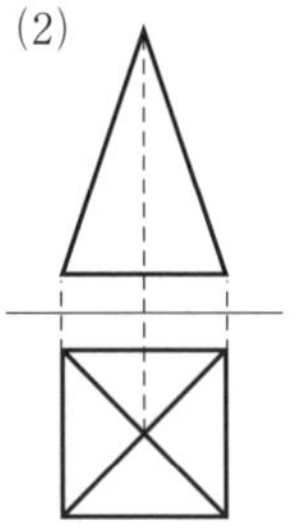

▶解答　(1)　**三角錐(正三角錐)**

見取図

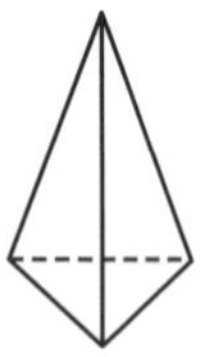

展開図

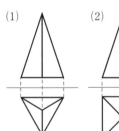

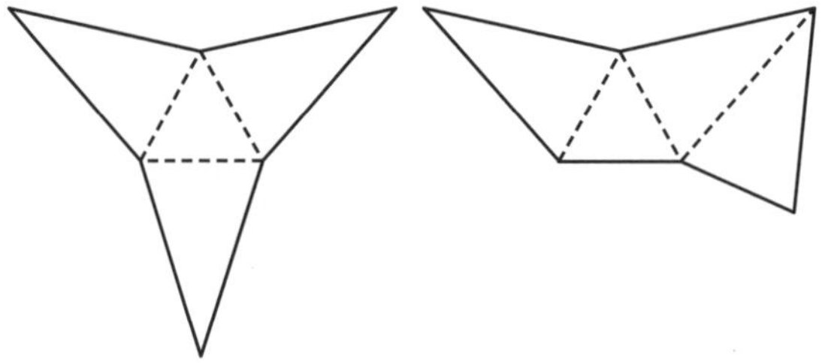

など

(2)　**四角錐（正四角錐）**

見取図　　　　展開図

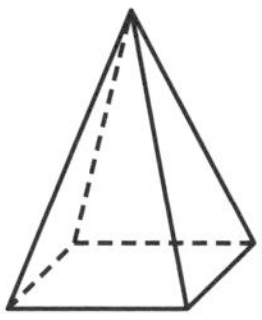

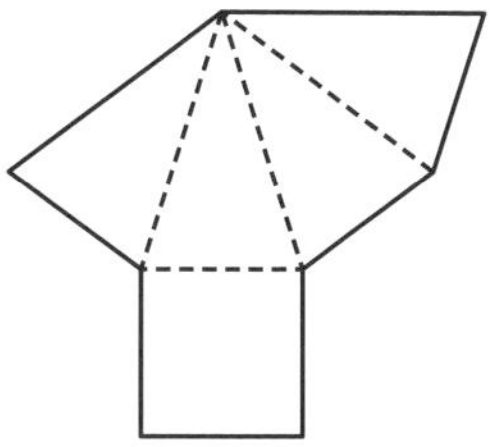

など

2節　空間図形の計量

1　角柱，円柱，角錐，円錐の表面積

基本事項ノート

➔底面積，側面積，表面積

立体の底面1つ分の面積を底面積（ていめんせき），側面全体の面積を側面積（そくめんせき）という。

立体の表面全体の面積を表面積（ひょうめんせき）という。

例　三角柱の表面積

底面積　$3\times4\div2=6(\text{cm}^2)$

側面積　$7\times(4+5+3)=84(\text{cm}^2)$

表面積　（底面積）×2＋（側面積）

$=6\times2+84$

$=96(\text{cm}^2)$

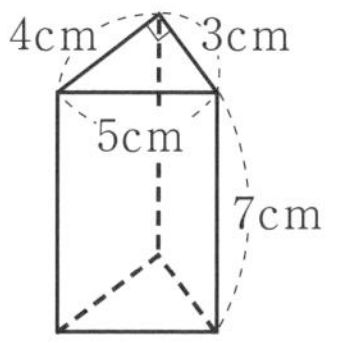

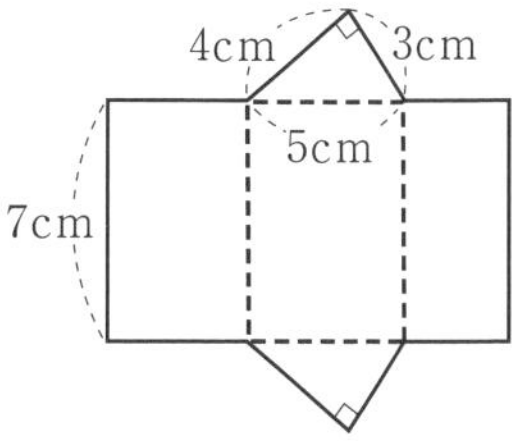

例　円柱の表面積

底面積　$\pi\times5^2=25\pi(\text{cm}^2)$

側面積　$15\times2\times\pi\times5=150\pi(\text{cm}^2)$

表面積　（底面積）×2＋（側面積）

$=25\pi\times2+150\pi$

$=200\pi(\text{cm}^2)$

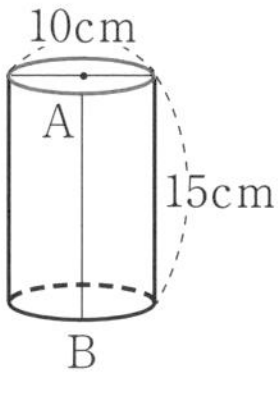

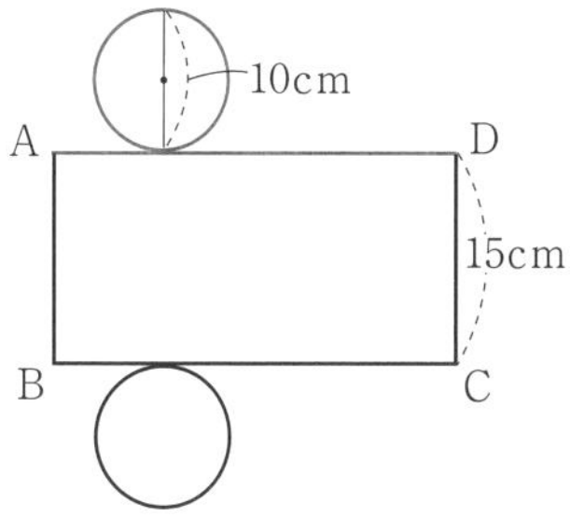

例　円錐の表面積

底面積　$\pi\times3^2=9\pi(\text{cm}^2)$

側面積　$\dfrac{1}{2}\times$（弧BCの長さ）$\times9$

$=\dfrac{1}{2}\times2\pi\times3\times9=27\pi(\text{cm}^2)$

表面積　（底面積）＋（側面積）$=9\pi+27\pi=36\pi(\text{cm}^2)$

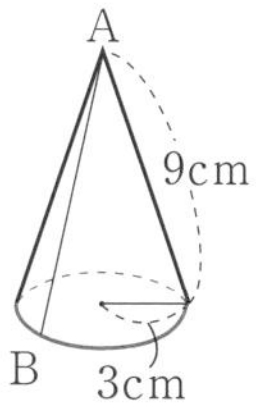

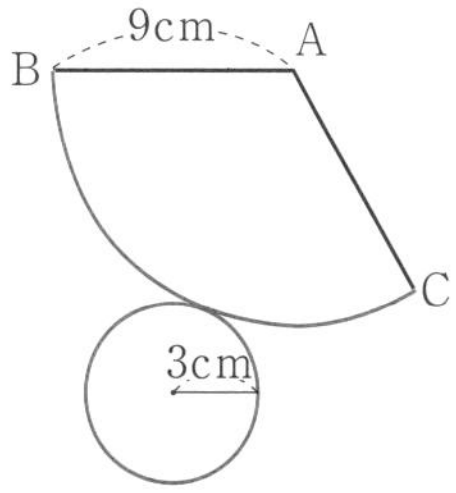

Q　右の図(図は下)は三角柱の見取図と展開図です。展開図の㋐～㋓の長さを求めましょう。

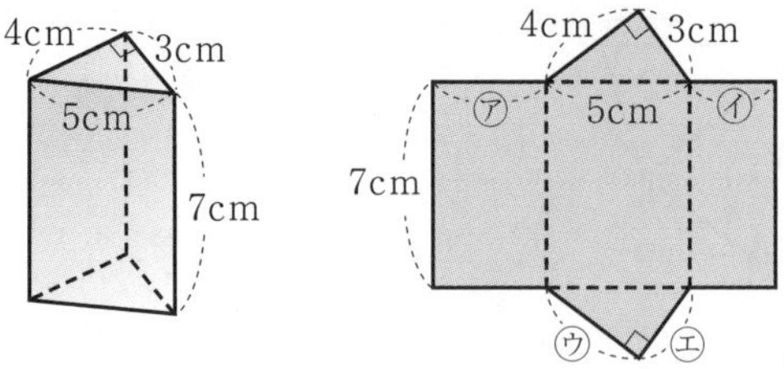

考え方　展開図を組み立てたとき，どの辺が重なるか考える。
㋐の辺は4cmの辺と重なる。㋑の辺は3cmの辺と重なる。

▶解答　㋐　**4cm**　　㋑　**3cm**　　㋒　**4cm**　　㋓　**3cm**

例1　**Q** の三角柱の表面積を求めましょう。

▶解答　底面積は　$\frac{1}{2}\times3\times4=6(\text{cm}^2)$

側面積は　$7\times($ **4** $+5+$ **3** $)=$ **84** (cm^2)

三角柱の表面積は，底面積2つ分に側面積を加えたものだから

$6\times2+$ **84** $=$ **96** (cm^2)

答　**96** cm^2

問1　底面が縦5cm，横4cmの長方形で，高さが6cmである四角柱の表面積を求めなさい。

▶解答　底面積は　$5\times4=20(\text{cm}^2)$

側面積は　$6\times(5+4+5+4)=108(\text{cm}^2)$

表面積は　$20\times2+108=148(\text{cm}^2)$

答　**148cm²**

問2　右の図のような正四角錐(すい)の表面積を求めなさい。

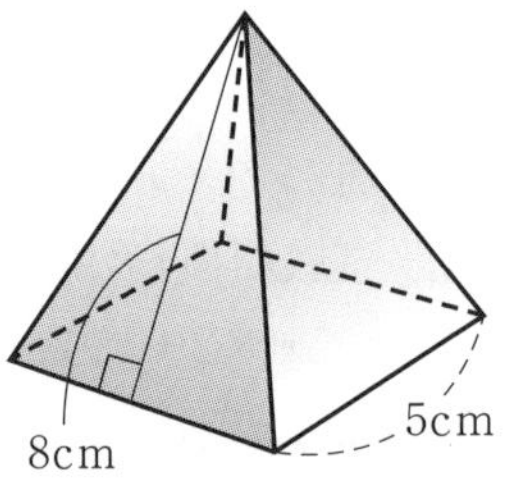

▶解答　底面積は　$5\times5=25(\text{cm}^2)$

側面積は　$\frac{1}{2}\times5\times8\times4=80(\text{cm}^2)$

表面積は　$25+80=105(\text{cm}^2)$　　答　**105cm²**

例2　右の図(図は下)のような円柱の表面積を求めましょう。

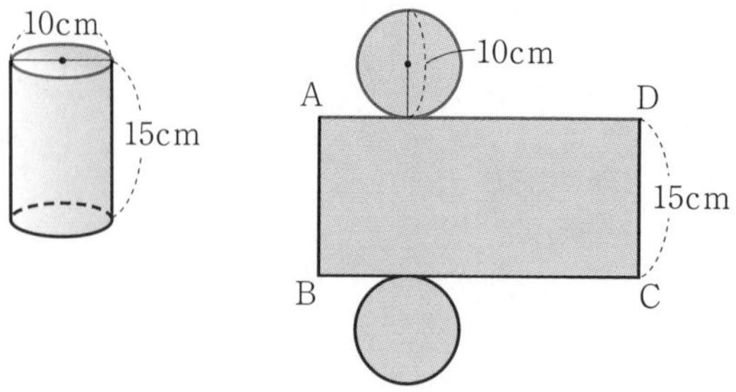

▶解答　底面積は　$\pi\times5^2=25\pi(\mathrm{cm}^2)$

側面積は　$\mathrm{DC}\times\mathrm{AD}=15\times10\pi=150\pi(\mathrm{cm}^2)$

円柱の表面積は，底面積2つ分に側面積を加えたものだから

$\boxed{\mathbf{25\pi}}\times2+\boxed{\mathbf{150\pi}}=\boxed{\mathbf{200\pi}}(\mathrm{cm}^2)$

答　$\boxed{\mathbf{200\pi}}\,\mathrm{cm}^2$

例3　底面の半径が3cmで，母線の長さが9cmの円錐の側面積を求めましょう。

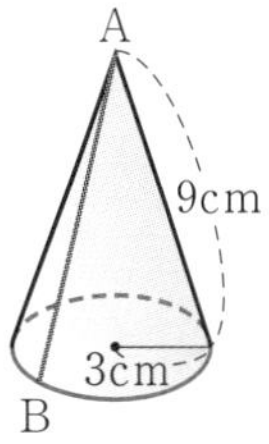

考え方　円錐の側面は，母線ABで切って開くと，右下の図のようなおうぎ形になる。

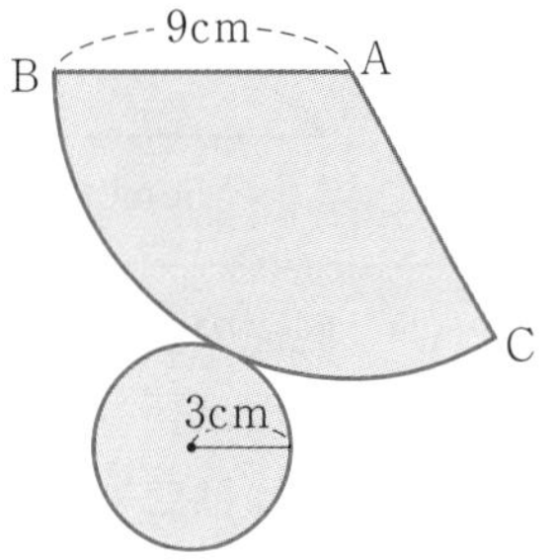

▶解答　$\overset{\frown}{\mathrm{BC}}$の長さは，底面の円周の長さに等しいから

$\overset{\frown}{\mathrm{BC}}=2\pi\times\boxed{\mathbf{3}}=\boxed{\mathbf{6\pi}}(\mathrm{cm})$

193ページで学んだ公式$S=\dfrac{1}{2}\ell r$より，

側面のおうぎ形の面積は

$\dfrac{1}{2}\times\boxed{\mathbf{6\pi}}\times\boxed{\mathbf{9}}=\boxed{\mathbf{27\pi}}(\mathrm{cm}^2)$

答　$\boxed{\mathbf{27\pi}}\,\mathrm{cm}^2$

問3　**例3**の円錐の表面積を求めなさい。

考え方　(円錐の表面積)＝(底面積)＋(側面積)で，底面積は円の面積，側面積はおうぎ形の面積である。

▶解答　底面積は　$\pi\times3^2=9\pi(\mathrm{cm}^2)$

側面積は　$27\pi\,\mathrm{cm}^2$

表面積は　$9\pi+27\pi=36\pi(\mathrm{cm}^2)$　　答　**36πcm²**

問4　次の立体の表面積を求めなさい。

(1)　底面の半径が3cmで，母線の長さが7cmの円柱

(2)　底面の半径が2cmで，母線の長さが8cmの円錐

考え方　(1)　側面は長方形になる。　(2)　側面はおうぎ形になる。

▶解答　(1)　底面積は　$\pi\times3^2=9\pi(\mathrm{cm}^2)$

側面積は　$7\times2\pi\times3=42\pi(\mathrm{cm}^2)$

表面積は　$9\pi\times2+42\pi=60\pi(\mathrm{cm}^2)$　　答　**60πcm²**

(2)　底面積は　$\pi\times2^2=4\pi(\mathrm{cm}^2)$

側面積は　$\dfrac{1}{2}\times(2\pi\times2)\times8=16\pi(\mathrm{cm}^2)$

表面積は　$4\pi+16\pi=20\pi(\mathrm{cm}^2)$　　答　**20πcm²**

補充問題35　次の立体の表面積を求めなさい。(教科書P.285)

(1)　三角柱

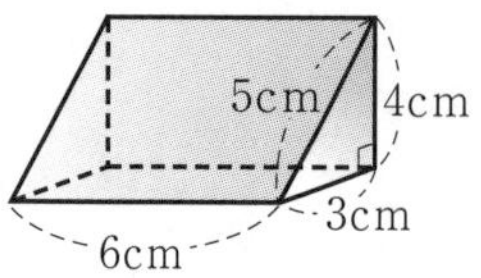

(2)　円柱

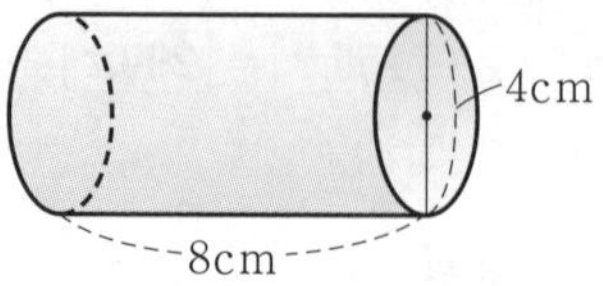

(3)　正四角錐

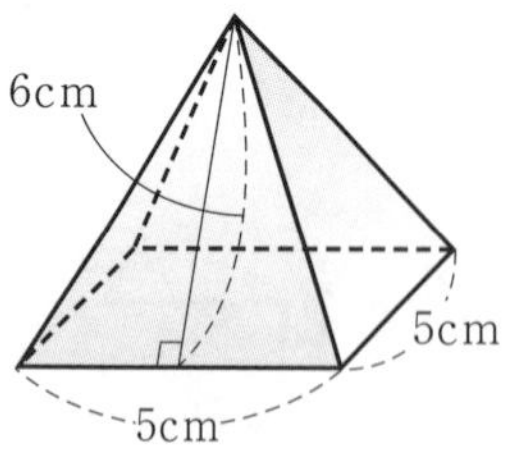

(4)　円錐

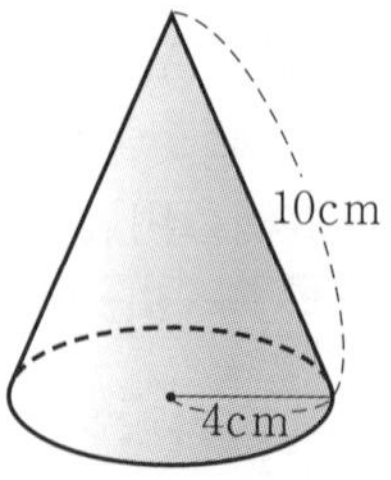

考え方　(1)　側面の長方形3つを合わせると，縦6cm，横(3+4+5)cmの長方形になる。

(2)　側面は長方形になる。

(3)　側面は二等辺三角形，底面は正方形である。

(4)　側面の展開図のおうぎ形の弧の長さを求めて，$S=\frac{1}{2}\ell r$ の公式にあてはめる。

▶解答　(1)　底面積は　$\frac{1}{2}\times3\times4=6(\text{cm}^2)$

側面積は　$6\times(3+4+5)=72(\text{cm}^2)$

表面積は　$6\times2+72=84(\text{cm}^2)$　　答　**84cm²**

(2)　底面積は　$\pi\times2^2=4\pi(\text{cm}^2)$

側面積は　$8\times4\pi=32\pi(\text{cm}^2)$

表面積は　$32\pi+4\pi\times2=40\pi(\text{cm}^2)$　　答　**40πcm²**

(3)　底面積は　$5\times5=25(\text{cm}^2)$

側面積は　$\frac{1}{2}\times5\times6\times4=60(\text{cm}^2)$

表面積は　$25+60=85(\text{cm}^2)$　　答　**85cm²**

(4)　底面積は　$\pi\times4^2=16\pi(\text{cm}^2)$

側面積は　$\frac{1}{2}\times(2\pi\times4)\times10=40\pi(\text{cm}^2)$

表面積は　$40\pi+16\pi=56\pi(\text{cm}^2)$　　答　**56πcm²**

2 角柱，円柱，角錐，円錐の体積

基本事項ノート

角柱，円柱の体積

（角柱，円柱の体積）＝（底面積）×（高さ）

角柱または円柱の底面積をS，高さをh，体積をVとすると　$V=Sh$

角錐，円錐の体積

角錐，円錐の体積は，底面積と高さが等しい角柱，円柱の体積の$\frac{1}{3}$になる。

角錐または円錐の底面積をS，高さをh，体積をVとすると

$V=\frac{1}{3}Sh$

例　角柱の体積

（底面積）×（高さ）＝$\frac{1}{2}\times4\times4\times6=48$（cm^3）

例　円錐の体積

$\frac{1}{3}$×（底面積）×（高さ）＝$\frac{1}{3}\times\pi\times3^2\times6=18\pi$（cm^3）

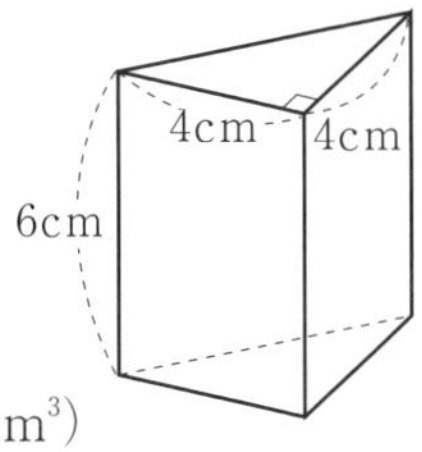

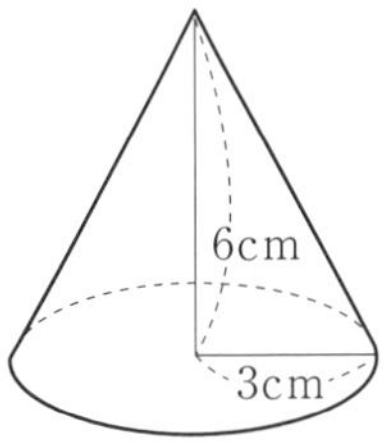

Q　次の図のような立体の体積を求めましょう。

(1)　直方体

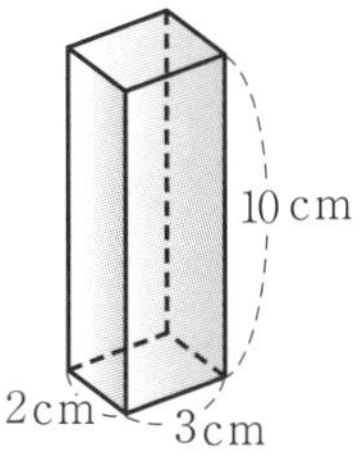

(2)　三角柱

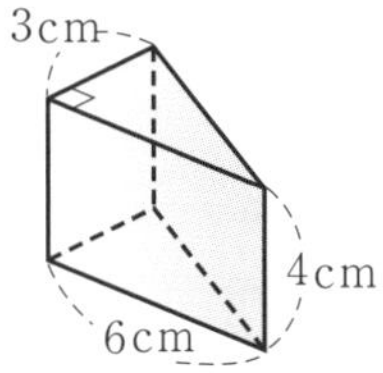

(3)　円柱

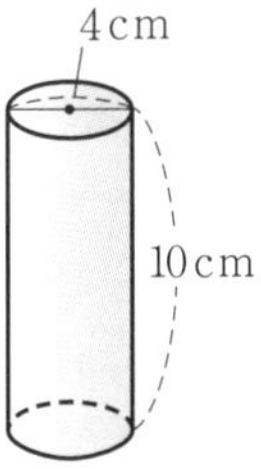

▶解答

(1)　底面積は　$2\times3=6$（cm^2）

体積は　$6\times10=60$（cm^3）　　答　**60cm^3**

(2)　底面積は　$\frac{1}{2}\times6\times3=9$（cm^2）

体積は　$9\times4=36$（cm^3）　　答　**36cm^3**

(3)　底面積は　$\pi\times2^2=4\pi$（cm^2）

体積は　$4\pi\times10=40\pi$（cm^3）　　答　**40πcm^3**

問1　半径5cmの円を，それと垂直な方向に8cm動かしてできる立体の体積を求めなさい。

考え方　円を，それと垂直な方向に動かすと円柱になる。

▶解答　底面積は　$\pi\times5^2=25\pi$（cm^2）

体積は　$25\pi\times8=200\pi$（cm^3）　　答　**200πcm^3**

問2　△ABCを，それと垂直な方向に10cm動かしてできる立体の体積が350cm³であるとき，△ABCの面積を求めなさい。

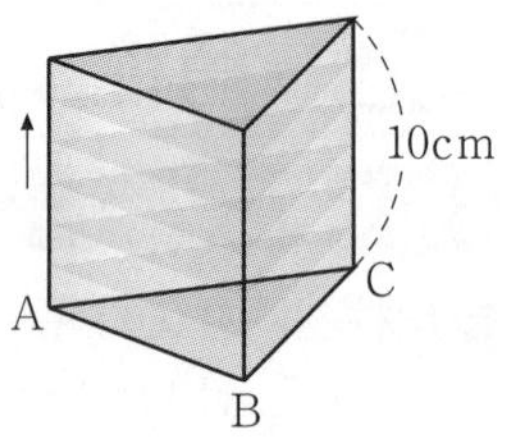

考え方　(三角柱の体積)＝(底面積)×(高さ)であるから，
(底面積)＝(体積)÷(高さ)となる。

▶解答　$350 \div 10 = 35(\text{cm}^2)$　　　答　**35cm²**

問3　底面積と高さが等しい円柱と円錐の容器を用意し，円錐の容器いっぱいに入れた水を円柱の容器に移すと，水面の高さは円柱の容器の高さの$\frac{1}{3}$になります。このことから，円柱と円錐の体積には，どんな関係があると考えられますか。

▶解答　**円錐の体積は，底面積と高さが，それぞれ等しい円柱の体積の$\frac{1}{3}$になる。**

問4　次の立体の体積を求めなさい。
(1)　底面の1辺の長さが6cmで，高さが8cmの正四角錐
(2)　底面の半径が4cmで，高さが15cmの円錐

考え方　(1)　底面は正方形である。

▶解答　(1)　底面積は　$6 \times 6 = 36(\text{cm}^2)$
体積は　$\frac{1}{3} \times 36 \times 8 = 96(\text{cm}^3)$　　　答　**96cm³**
(2)　底面積は　$\pi \times 4^2 = 16\pi(\text{cm}^2)$
体積は　$\frac{1}{3} \times 16\pi \times 15 = 80\pi(\text{cm}^3)$　　　答　**80πcm³**

補充問題36　次の立体の体積を求めなさい。(教科書P.286)
(1)　三角柱　　(2)　正四角錐　　(3)　円錐

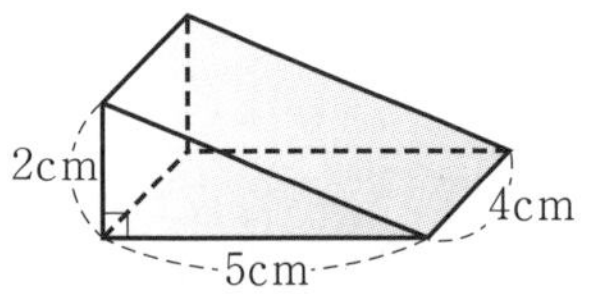

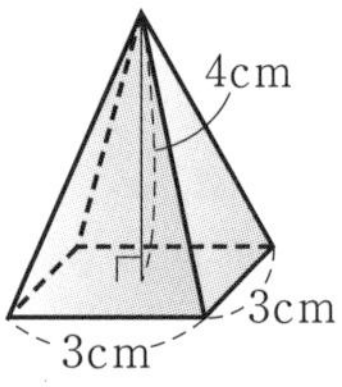

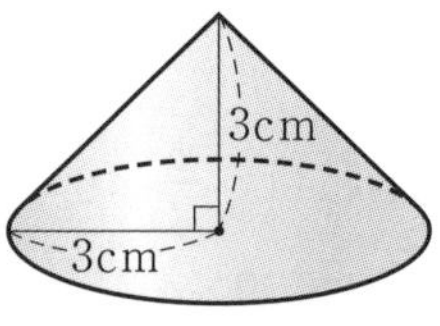

考え方　(1)　底面は三角形である。
(2)　底面は正方形である。
(3)　底面は円である。

▶解答　(1)　底面積は　$\frac{1}{2} \times 2 \times 5 = 5(\text{cm}^2)$
体積は　$5 \times 4 = 20(\text{cm}^3)$　　　答　**20cm³**
(2)　底面積は　$3 \times 3 = 9(\text{cm}^2)$
体積は　$\frac{1}{3} \times 9 \times 4 = 12(\text{cm}^3)$　　　答　**12cm³**
(3)　底面積は　$\pi \times 3^2 = 9\pi(\text{cm}^2)$
体積は　$\frac{1}{3} \times 9\pi \times 3 = 9\pi(\text{cm}^3)$　　　答　**9πcm³**

3 球の表面積と体積

基本事項ノート

➔球の表面積

半径rの球の表面積をSとすると

$S=4\pi r^2$

例　半径4cm の球の表面積は，

$4\pi\times4^2=64\pi(\mathrm{cm}^2)$

例　半径rの球の表面積Sは，底面の半径r，高さ$2r$の円柱の側面積S'に等しい

$S=4\pi r^2$

$S'=2r\times2\pi r=4\pi r^2$

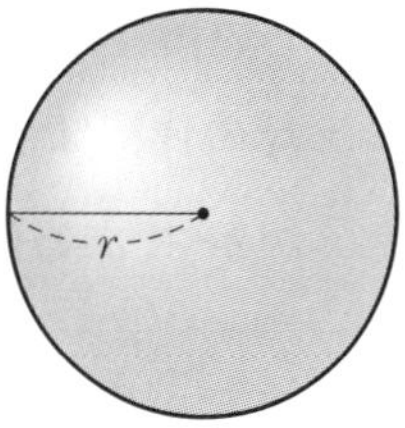

➔球の体積

半径rの球の体積をVとすると

$V=\dfrac{4}{3}\pi r^3$

例　半径5cmの球の体積は，

$\dfrac{4}{3}\pi\times5^3=\dfrac{500}{3}\pi(\mathrm{cm}^3)$

例　半径rの球の体積Ｖは，底面の半径r，高さ$2r$ の円柱の体積V'の$\dfrac{2}{3}$である。

$V=\dfrac{4}{3}\pi r^3$

$V'=\pi r^2\times2r=2\pi r^3$

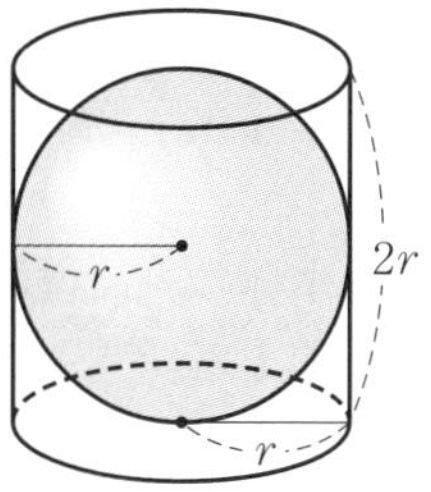

Q　右の㋐のように，半球の曲面にひもを巻きつけます。巻きつけたひもをほどいて，㋑のように平面上で巻いて円をつくると，もとの半球と半径が等しい円が2つできます。このことから，半径rの球の表面積を求めましょう。

㋐

㋑

考え方　㋐は半径rの球の表面積の$\dfrac{1}{2}$，㋑は半径rの円の面積の2つ分である。

▶解答　(半径rの球の表面積)＝㋐×2＝㋑×4＝$\pi r^2\times4$

答　$\boldsymbol{4\pi r^2}$

問1　半径5cmの球の表面積を求めなさい。

考え方　**例1**にならって表面積を求める。

(球の表面積)＝(円の面積)×4

▶解答　$(\pi\times5^2)\times4=100\pi(\mathrm{cm}^2)$

答　$\boldsymbol{100\pi\mathrm{cm}^2}$

問2 半径5cmの半球の容器と，底面の半径が5cm，高さが10cmの円柱の容器を用意し，半球の容器いっぱいに入れた水を円柱の容器に移すと，水の高さは円柱の容器の高さの$\frac{1}{3}$になります。このことから，円柱と球の体積には，どんな関係があると考えられますか。

▶解答
- **球の体積は半球の体積の2倍だから，球の体積は，底面の直径と高さが球の直径と等しい円柱の体積の$\frac{2}{3}$になると考えられる。**
- **球の体積は半球の体積の2倍だから，半径rの球の体積は，底面の半径がrで，高さが$2r$である円柱の体積の$\frac{2}{3}$であると考えられる。** など

問3 半径3cmの球の体積を求めなさい。

▶解答 $\frac{4}{3}\pi\times3^3=36\pi$(cm³) 答 **$36\pi$cm³**

問4 半径9cmの半球の表面積と体積を求めなさい。

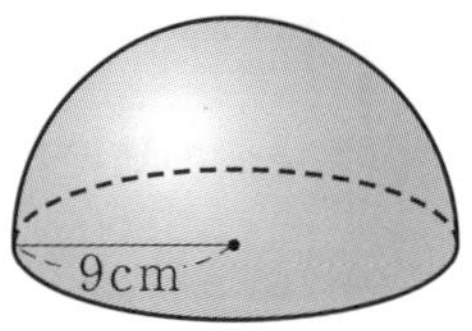

考え方 半球の表面積は，球の表面積の$\frac{1}{2}$と底面の円の面積を加える。
半球の体積は，球の体積の$\frac{1}{2}$である。

▶解答 表面積は $4\pi\times9^2\times\frac{1}{2}+\pi\times9^2=243\pi$(cm²)
体積は $\frac{4}{3}\pi\times9^3\times\frac{1}{2}=486\pi$(cm³) 答 表面積 **$243\pi$cm²**，体積 **$486\pi$cm³**

補充問題37 次の数量を求めなさい。(教科書P.286)
(1) 半径4cmの球の表面積
(2) 半径6cmの球の体積
(3) 半径8cmの半球の表面積

▶解答
(1) $4\pi\times4^2=64\pi$(cm²) 答 **64πcm²**
(2) $\frac{4}{3}\pi\times6^3=288\pi$(cm³) 答 **$288\pi$cm³**
(3) 底面積は $\pi\times8^2=64\pi$(cm²)
表面積は $4\pi\times8^2\times\frac{1}{2}+64\pi=192\pi$(cm²) 答 **$192\pi$cm²**

やってみよう
身のまわりにある球の表面積や体積を調べてみましょう。

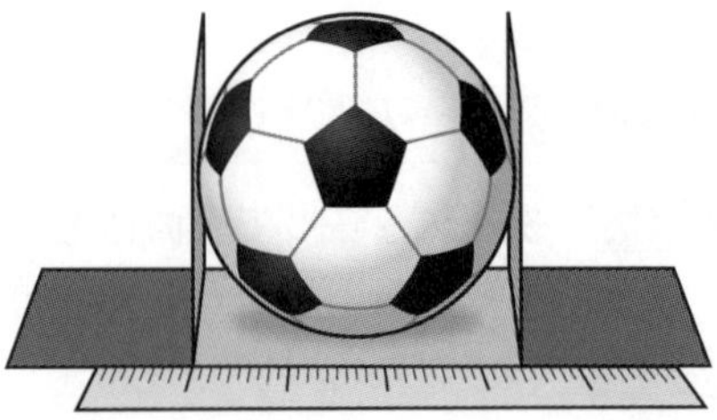

▶解答 (例) **ボールの直径を教科書の写真のようにはかって，表面積や体積を求めてみましょう。**

基本の問題

1　右の図のような直方体について，次の問いに答えなさい。
(1)　表面積を求めなさい。
(2)　体積を求めなさい。

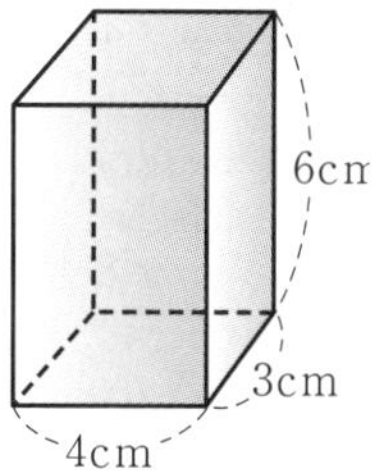

考え方　(1)　(表面積)＝(底面積)×2＋(側面積)

▶解答　(1)　底面積は　$3\times4=12$(cm^2)
側面積は　$6\times(3+4+3+4)=84$(cm^2)
表面積は　$12\times2+84=108$(cm^2)　　答　**108cm^2**

(2)　底面積は　$3\times4=12$(cm^2)
体積は　$12\times6=72$(cm^3)　　答　**72cm^3**

2　展開図が右の図で表される円錐について，次の問いに答えなさい。
(1)　底面の円の周の長さを求めなさい。
(2)　底面の円の半径を求めなさい。
(3)　表面積を求めなさい。

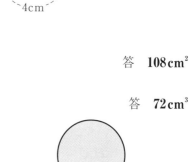

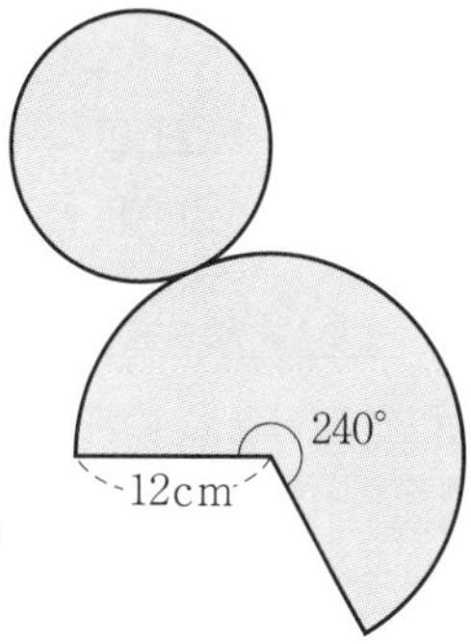

考え方　(1)　底面の円の周の長さは，おうぎ形の弧の長さに等しくなる。

▶解答　(1)　おうぎ形の弧の長さは
$2\pi\times12\times\frac{240}{360}=24\pi\times\frac{2}{3}=16\pi$(cm)　　答　**16πcm**

(2)　底面の半径を$x$cmとすると
$2\pi x=16\pi$　$x=8$　　答　**8cm**

(3)　底面積は　$\pi\times8^2=64\pi$(cm^2)
側面積は　$\frac{1}{2}\times16\pi\times12=96\pi$(cm^2)
表面積は　$64\pi+96\pi=160\pi$(cm^2)　　答　**160πcm^2**

3　次の立体の体積を求めなさい。
(1)　底面の1辺の長さが3cmで，高さが10cmの正四角錐
(2)　底面の直径が12cmで，高さが9cmの円錐

考え方　(体積)＝$\frac{1}{3}$×(底面)×(高さ)

▶解答　(1)　底面積は　$3\times3=9$(cm^2)
体積は　$\frac{1}{3}\times9\times10=30$(cm^3)　　答　**30cm^3**

(2)　底面積は　$\pi\times6^2=36\pi$(cm^2)
体積は　$\frac{1}{3}\times36\pi\times9=108\pi$(cm^3)　　答　**108πcm^3**

4　半径が10cmの球について，次の問いに答えなさい。
(1)　表面積を求めなさい。
(2)　体積を求め，$4000cm^3$より大きいか小さいかを判断しなさい。

▶解答　(1)　$4\pi\times10^2=400\pi(cm^2)$　　答　**$400\pi cm^2$**

(2)　体積は　$\frac{4}{3}\pi\times10^3=\frac{4000}{3}\pi(cm^3)$

$\pi>3$であるから　$\frac{4000}{3}\pi>4000$　　答　**$4000cm^3$より大きい。**

6章の問題

1　直方体から三角柱を切り取ってできた，右の図のような立体について，次の(1)～(3)にあてはまるものをすべて答えなさい。
(1)　辺BCに平行な辺
(2)　辺BFとねじれの位置にある辺
(3)　面AEFBに垂直な面

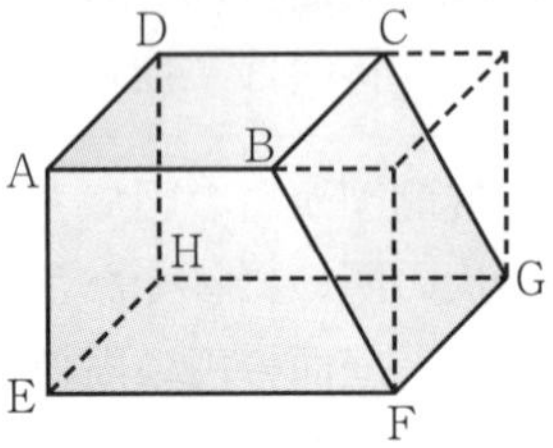

考え方　(2)　ねじれの位置…平行でない2直線が，たがいに交わらない。

▶解答　(1)　**辺AD，辺EH，辺FG**
(2)　**辺AD，辺CD，辺DH，辺EH，辺GH**
(3)　**面ABCD，面AEHD，面EFGH，面BFGC**

2　次のことは，いつも成り立ちますか。
(1)　同じ平面に平行な2つの直線は平行である。
(2)　同じ平面に垂直な2つの直線は平行である。
(3)　同じ平面に平行な2つの平面は平行である。
(4)　同じ平面に垂直な2つの平面は平行である。

考え方　(1)　平面上の直線は，平面上でいろいろな向きのものがある。
(2)　同じ平面に垂直な2直線と平面との交点を通る直線は，2直線に垂直である。
(3)　平面と平面は平行だから，どこでも距離は変わらない。
(4)　1つの平面に対して垂直な平面は，いろいろな向きのものがある。

▶解答　(1)　**成り立たない(交わる場合や，ねじれの位置の場合が考えられる)。**
(2)　**成り立つ。**　　(3)　**成り立つ。**
(4)　**成り立たない(交わる場合がある)。**

3　右の写真の粘着(ねんちゃく)テープは，ある平面図形を回転させてできる回転体とみることができます。その平面図形の名前を答えなさい。

▶解答　**長方形**

4　次の図のような立体の表面積と体積を求めなさい。

(1)　三角柱　(2)　円柱　(3)　正四角錐

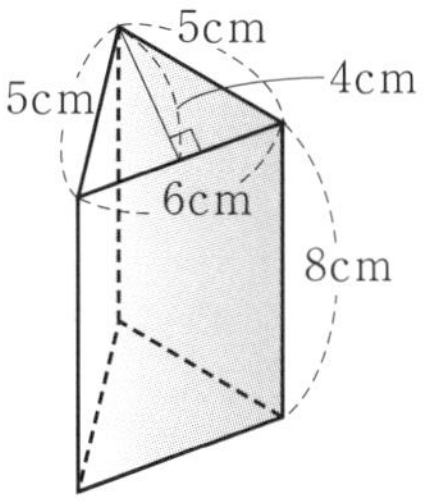

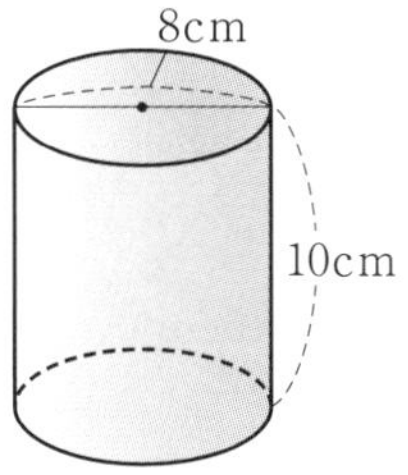

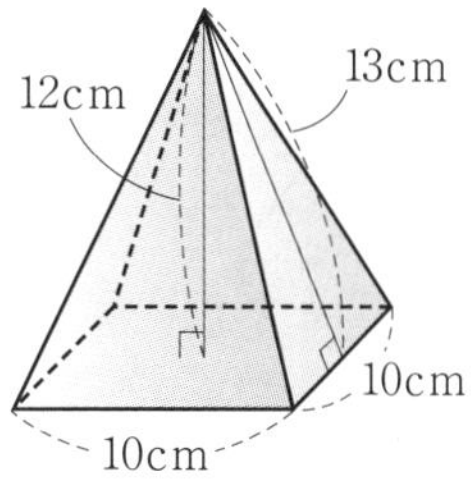

▶解答　(1)　底面積は　$\frac{1}{2}\times6\times4=12(\text{cm}^2)$

側面積は　$8\times(5+6+5)=128(\text{cm}^2)$

表面積は　$12\times2+128=152(\text{cm}^2)$

体積は　$12\times8=96(\text{cm}^3)$　　答　表面積　**152cm^2**　体積　**96cm^3**

(2)　底面積は　$\pi\times4^2=16\pi(\text{cm}^2)$

側面積は　$10\times2\times\pi\times4=80\pi(\text{cm}^2)$

表面積は　$16\pi\times2+80\pi=112\pi(\text{cm}^2)$

体積は　$16\pi\times10=160\pi(\text{cm}^3)$　　答　表面積　**$112\pi\text{cm}^2$**　体積　**$160\pi\text{cm}^3$**

(3)　底面積は　$10\times10=100(\text{cm}^2)$

側面積は　$\frac{1}{2}\times10\times13\times4=260(\text{cm}^2)$

表面積は　$100+260=360(\text{cm}^2)$

体積は　$\frac{1}{3}\times100\times12=400(\text{cm}^3)$　　答　表面積　**360cm^2**　体積　**400cm^3**

とりくんでみよう

1　右の図（図は解答欄）に正多角形の面を1つつけ加えると，それぞれ正多面体の展開図が完成します。残りの面はどこにつければよいですか。あてはまる辺すべてに○印をつけなさい。

▶解答　(1)　正四面体　(2)　正六面体

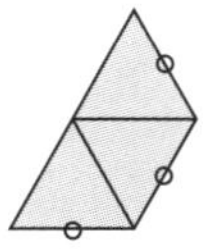

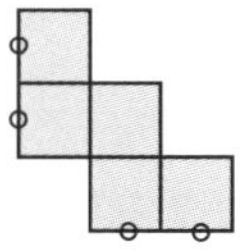

2　右の図の直角三角形を，次の(1)，(2)の直線を軸として1回転させてできる立体について，それぞれ表面積と体積を求めなさい。

(1)　直線ℓ

(2)　直線m

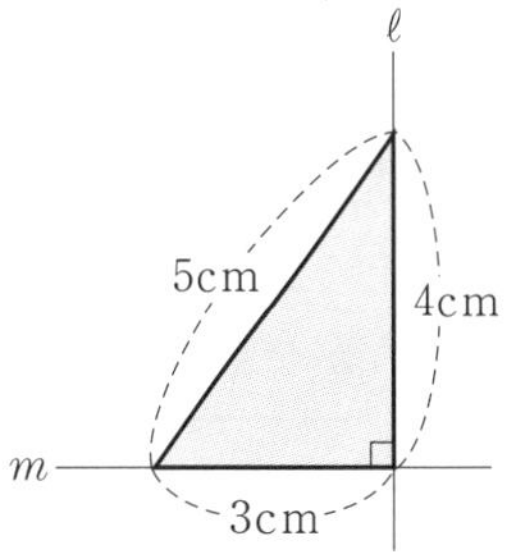

考え方　それぞれの軸で1回転させると，次のような円錐になる。

(1)　直線ℓを軸にする。　(2)　直線mを軸にする。

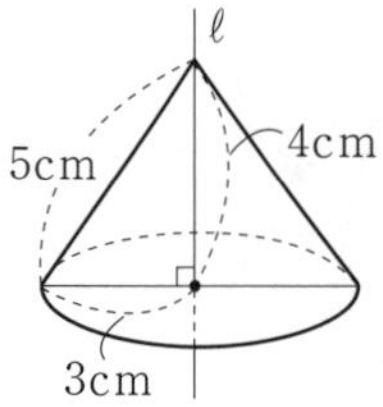

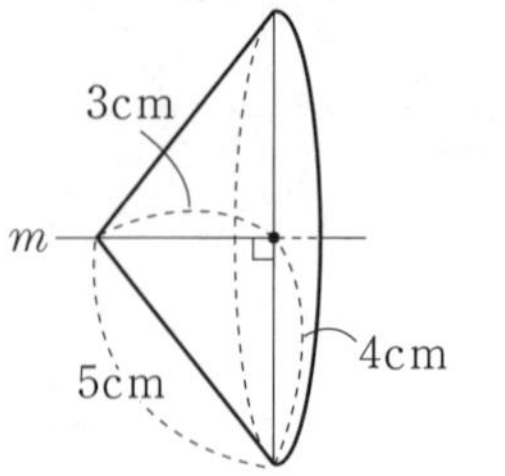

▶解答　(1)　底面積は　$\pi \times 3^2 = 9\pi(\mathrm{cm}^2)$

側面積は　$\frac{1}{2} \times (2\pi \times 3) \times 5 = 15\pi(\mathrm{cm}^2)$

表面積は　$9\pi + 15\pi = 24\pi$　答　**$24\pi\mathrm{cm}^2$**

体積は　$\frac{1}{3} \times 9\pi \times 4 = 12\pi$　答　**$12\pi\mathrm{cm}^3$**

(2)　底面積は　$\pi \times 4^2 = 16\pi(\mathrm{cm}^2)$

側面積は　$\frac{1}{2} \times (2\pi \times 4) \times 5 = 20\pi(\mathrm{cm}^2)$

表面積は　$16\pi + 20\pi = 36\pi$　答　**$36\pi\mathrm{cm}^2$**

体積は　$\frac{1}{3} \times 16\pi \times 3 = 16\pi$　答　**$16\pi\mathrm{cm}^3$**

（3）　縦4cm，横5cm，高さ3cmの直方体の形をした容器に水を入れ，静かに傾(かたむ)けて，右の図のような状態にしました。このとき，容器にはいっている水の体積を求めなさい。

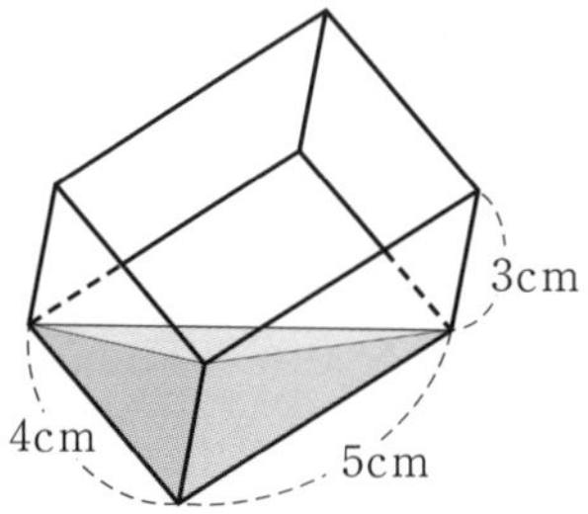

考え方　容器にはいっている水を，次のような底面が直角三角形の三角錐とみる。

底面の直角三角形の底辺……5cm

底面の直角三角形の高さ……4cm

三角錐の高さ…………………3cm

▶解答　底面積は　$\frac{1}{2} \times 5 \times 4 = 10(\mathrm{cm}^2)$　体積は　$\frac{1}{3} \times 10 \times 3 = 10(\mathrm{cm}^3)$　答　**$10\mathrm{cm}^3$**

（4）　次の文章は，右の図のような立体で，辺ABが面BCFEに垂直かどうかを調べる方法を説明したものです。

> 辺ABが面BCFEに垂直かどうかを調べるには，
> 辺ABと辺BC，辺ABと辺BEが，それぞれ
> 垂直かどうかを調べればよい。

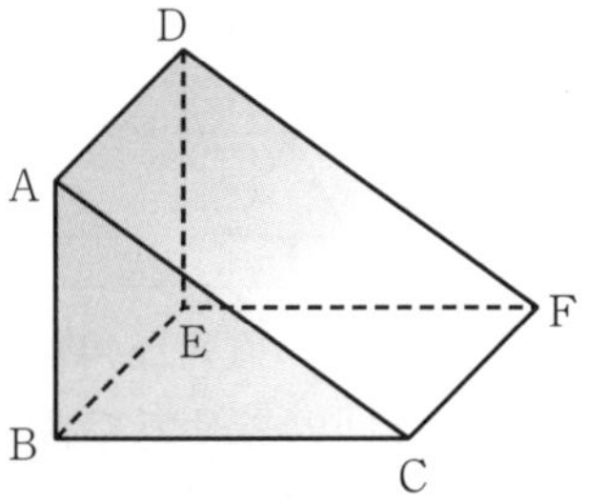

上の説明を参考にして，辺CFが面ABCに垂直かどうかを調べる方法を説明しなさい。

▶解答　**辺CFが面ABCに垂直かどうかを調べるには，辺CFと辺AC，辺CFと辺BCが，それぞれ垂直かどうかを調べればよい。**

次の章を学ぶ前に

1　次の表は，ある中学校の1年1組女子20人のハンドボール投げの記録です。また，下の図は，この表をもとにかいたドットプロットです。

ハンドボール投げの記録（1年1組女子）(m)

15	19	13	17	10
11	16	17	11	17
12	12	13	10	14
17	11	9	13	17

ハンドボール投げの記録（1年1組女子）

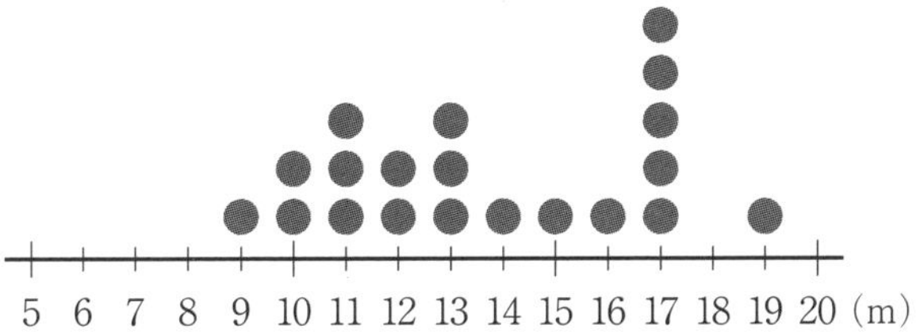

このデータについて，次の問いに答えましょう。

(1)　平均値を求めましょう。

(2)　中央値を求めましょう。

(3)　最頻値（さいひんち）を求めましょう。

考え方　(1)　$(\text{平均値})=\dfrac{(\text{個々の値の合計})}{(\text{値の個数})}$

(2)　データの値を大きさの順に並べたときの中央の値のこと。値が偶数（ぐうすう）個ある場合は，中央の2つの値の平均値を中央値とする。

(3)　データの中で最も多く現れている値のこと。

▶解答　(1)　$\dfrac{274}{20}=13.7$　　答　**13.7m**

(2)　$\dfrac{(13+13)}{2}=13$　　答　**13m**

(3)　5人が17mの記録を出し，最多の人数である。　　答　**17m**

7章 データの活用

この章について

小学校では，数直線に記録などの印を並べた図ドットプロットや，平均値，中央値，最頻値の3つの代表値を学びました。ここでは，小学校に引き続き，データの散らばりの程度を表したり，複数のデータ分布を比較する方法について学習します。
また，天気予報の降水確率のような，はずれることもある不確かさをもつ予想でも，生活に大いに役立っているものがあります。この章では，あることがらの起こりやすさを数で表すことを学習します。

1節 データの分布

1 度数分布表

基本事項ノート

➔範囲

データの最大値から最小値をひいた値を，そのデータの範囲，またはレンジという。データの散らばりの程度を表す値である。

（範囲）＝（最大値）－（最小値）

➔階級，階級の幅，階級値，度数

データの値を一定の幅に分けた区間を階級という。区間の幅を階級の幅という。階級の真ん中の値を階級値という。それぞれの階級にはいる値の個数をその階級の度数という。

➔度数分布表

階級ごとに度数を整理した表を度数分布表という。度数分布表に整理すると，データの分布が読み取りやすくなる。

問1　前ページ（教科書P.227）の表2と表3から，2つのデータの最大値と最小値をそれぞれ求めましょう。その結果から，どんなことがいえますか。

▶解答

・20世紀前半　最大値　**12.5℃**，最小値　**6.6℃**
・20世紀後半　最大値　**12.5℃**，最小値　**7.6℃**

（いえること）

・2つのデータの最大値は等しい。
・2つのデータの最小値を比べると，20世紀前半より20世紀後半の方が大きい（高い）。
など

問2　20世紀後半のデータの範囲を求めなさい。2つのデータのうち，範囲が大きいのはどちらですか。

考え方　（範囲）＝（最大値）－（最小値）

▶解答　12.5－7.6＝4.9　　答　**4.9℃**，（範囲が大きいのは）**20世紀前半**

問3　表4の20世紀前半のデータについて，次の問いに答えなさい。
(1)　8℃以上9℃未満の階級の度数は何回ですか。
(2)　10.0℃は，どの階級にふくまれますか。
(3)　12℃以上13℃未満の階級の階級値は何℃ですか。
(4)　度数が最も多いのは，どの階級ですか。

考え方　(1)　それぞれの階級にはいる値の個数をその階級の度数という。
(3)　階級の真ん中の値を階級値という。

▶解答　(1)　**14回**
(2)　**10℃以上11℃未満**
(3)　$\frac{(12+13)}{2}=12.5$　　答　**12.5℃**
(4)　9℃以上10℃未満の記録を16回出し，最多である。　　答　**9℃以上10℃未満**

問4　（教科書）227ページの表3をもとに，上の表4を完成して，2つのデータの分布の傾向を比べてみましょう。どんなことがいえますか。

考え方　まず，表3をもとに表4の20世紀後半の欄をまとめてみる。
まとめた表から，前半と後半の同じところやちがうところを見つけてみる。

▶解答

表4　高知（こうち）市の3月の平均気温

階級（℃）	度数（回）	
	20世紀前半	20世紀後半
以上　未満 6～7	2	**0**
7～8	3	**2**
8～9	14	**2**
9～10	16	**17**
10～11	8	**14**
11～12	6	**12**
12～13	1	**3**
合計	50	**50**

（いえること）
・**2つのデータの度数が最も大きい階級は同じで，9℃以上10℃未満である。**
・**平均気温が低い方から3つ目までの階級の度数は20世紀前半の方が大きく，4つ目からの階級の度数は20世紀後半の方が大きい。**　など

2 ヒストグラム

基本事項ノート

➔ヒストグラム

階級の幅を横，度数を縦とする長方形を順に並べてかいたグラフをヒストグラムまたは柱状(ちゅうじょう)グラフという。ヒストグラムの柱状の長方形の面積は，各階級の度数に比例する。

問1　上の表4（表4は教科書P.230）をもとに20世紀後半のデータのヒストグラムを左の図3（図3は右）にかきなさい。

▶解答　右の図

図3　20世紀後半（1951～2000年）

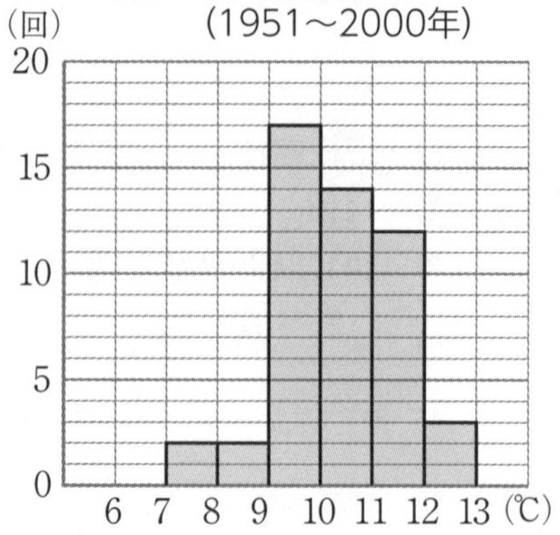

問2　次の表（表は解答欄）の①～⑤は，前ページの2つのヒストグラムの特徴(とくちょう)を整理するためのものです。この表の空(くう)らんをうめて，2つのデータの分布についてどんなことがいえるか考えましょう。また，各自で考えたことを話し合いましょう。

考え方　③　それぞれの階級にはいる値の個数をその階級の度数という。

▶解答

	図2　20世紀前半	図3　20世紀後半
①　山の数	1つ	**1つ**
②　山が最も高い階級	9℃以上10℃未満	**9℃以上10℃未満**
③　②の度数	16回	**17回**
④　②より左側の階級の度数の合計	19回	**4回**
⑤　②より右側の階級の度数の合計	15回	**29回**

（いえること）

- **2つのヒストグラムの山の数，山が最も高い階級は同じである。**
- **山の高さはほぼ同じである。**
- **山のすそ（ヒストグラム全体）の幅は20紀前半の方が広い。**
- **20世紀前半のヒストグラムは山が最も高い部分から左側に高い部分が寄っているのに対して，20世紀後半のヒストグラムは山が最も高い部分から右側に高い部分が寄っている。**　など

問3　次の枠(わく)内の文章(文章は解答欄)は，2つのデータの分布を比較してわかったことを説明したものです。□にあてはまる数やことばをかき入れなさい。また，最後の(　)にあてはまることがらとして最も適切なものを，次の㋐～㋒の中から1つ選びなさい。

㋐　20世紀の前半より後半の方が高かった。

㋑　20世紀の前半より後半の方が低かった。

㋒　20世紀の前半と後半で大きなちがいはなかった。

▶解答

図2と図3を比べると，山の数は1つで同じ，山が最も高い階級も
9 ℃以上 **10** ℃未満で同じ，山の高さもほぼ同じといえる。
そこで，9℃未満の階級の度数の合計を求めて比べると，
20世紀の前半は **19** 回，後半は **4** 回で，**後半** の方が少ない。
また，10℃以上の階級の度数の合計を求めて比べると，
20世紀の前半は **15** 回，後半は **29** 回で，**後半** の方が多い。
このことは，2つのヒストグラムを比べたときに，全体的に右側に
寄っているのが20世紀の **後半** の方であることからもわかる。
したがって，高知市の3月の平均気温は，(　㋐　)といえる。

問4　表2と表3のデータの分布のちがいを比較(ひかく)したいとき，どの図とどの図を使うのがよいでしょうか。その理由も考えましょう。

考え方　同一のデータをもとにかいたヒストグラムでも，階級の幅を変えると形が変わり，印章も変わる。

▶解答　**図2と図3**

(理由)

・**図4と図5はほぼ似ているため比較できない。一方，図6と図7では，特に図6のデータの分布が散らばっているため特徴がわかりにくい。**　など

3　階級値を使った代表値の求め方

基本事項ノート

➔代表値，平均値

データの特徴を，適当な1つの値で代表させるとき，その値を代表値という。

データの個々の値が等しい大きさになるようにならした値を平均値という。平均値は，代表値の1つである。

$$(\text{平均値})=\frac{(\text{データの個々の値の合計})}{(\text{データの個数})}$$

➔中央値

データの値を大きさの順に並べたときの中央の値を中央値，またはメジアンという。中央値も代表値である。値が偶数(ぐうすう)個ある場合は，中央の2つの値の平均値を中央値という。

➔最頻値

データの中で最も多く現れている値や，度数分布表やヒストグラムで度数が最も大きい階級の階級値を最頻値（さいひんち），またはモードという。最頻値も代表値である。

問1　（教科書）227ページの表2と表3から，それぞれのデータの最頻値を求めなさい。

考え方　データの中で最も多く現れている値のこと。

▶解答　表2　**9.7℃**　　表3　**9.4℃**

問2　前ページ（教科書P.232）の図3から，20世紀後半のデータの最頻値を求めなさい。

考え方　**例1**と同じように，図3では，9℃以上10℃未満の階級の度数が最多である。この階級の階級値を最頻値とする。

▶解答　**9.5℃**

問3　（教科書）227ページの表2と表3から，それぞれのデータの中央値を求め，右上の表5（表は解答欄）にかき入れなさい。

考え方　データの値を大きさの順に並べたときの中央の値のこと。値が偶数個ある場合は，中央の2つの値の平均値を中央値とする。

▶解答　20世紀前半　$\frac{(9.3+9.4)}{2}=9.35$　　20世紀後半　$\frac{(10.1+10.2)}{2}=10.15$

表5　代表値

	20世紀前半	20世紀後半
平均値（℃）	9.38	10.32
中央値（℃）	**9.35**	**10.15**
最頻値（℃）	9.5	9.5

問4　「高知（こうち）市の3月の平均気温は，20世紀の前半より後半の方が高かった」と主張するとき，あなたならその根拠（こんきょ）として表5の平均値，中央値，最頻値のどれを使いますか。

考え方　最頻値は前半も後半も同じであるので比較できない。

▶解答　**平均値や中央値**

問5　右の表7（表は解答欄）を使って，20世紀後半のデータの平均値を求めなさい。

▶解答

表7　高知市の3月の平均気温(20世紀後半)

階級(℃)	階級値(℃)	度数(回)	(階級値)×(度数)
以上　未満 6 ～ 7	6.5	0	**0**
7 ～ 8	7.5	2	**15**
8 ～ 9	8.5	2	**17**
9 ～ 10	9.5	17	**161.5**
10 ～ 11	10.5	14	**147**
11 ～ 12	11.5	12	**138**
12 ～ 13	12.5	3	**37.5**
合計		50	**516**

$\frac{516}{50}=10.32$　　答　**10.32℃**

問6　**例2**，**問5**で求めた平均値を，前ページの表5の平均値とそれぞれ比べてみましょう。どんなことがいえますか。

考え方　20世紀前半と後半について，**例2**，**問5**で求めた平均値，表5の平均値をそれぞれ比べてみる。

▶解答

・20世紀後半は，表5と問5で求めた平均値はどちらも10.32℃になるが，20世紀前半は，表5では9.38℃，例2では9.44℃の平均値となり値は異なる。

(いえること)

・20世紀前半に関しては，値は異なるが9.4℃に近い値であり，適切な階級の幅であれば，どちらの方法で求めても近い平均値を得ることができる。　など

問7　次の表8（表は解答欄）を使って(教科書)227ページの表2のデータの平均値を求め，表5の平均値と比べてみましょう。どんなことがいえますか。

考え方　階級の幅に着目してみる。

▶解答

表8　高知市の3月の平均気温(20世紀前半)

階級(℃)	階級値(℃)	度数(回)	(階級値)×(度数)
以上　未満 0 ～ 10	**5**	**35**	**175**
10 ～ 20	**15**	**15**	**225**
合計		50	**400**

$\frac{400}{50}=8.0$　　答　**8.0℃**

(いえること)

・度数分布表から平均値を求める場合，その階級の取り方しだいで得られる値が変わる。

など

4 データの分布と代表値

基本事項ノート

➔データの分布の例

データによっては，平均値や中央値の近くに値が多く分布していない場合もある。

注 代表値は，データの分布を確かめてから用いる。

ヒストグラムは，全体の形，全体の幅，山の山頂の位置，極端（きょくたん）に離（はな）れた値の有無に注意する。

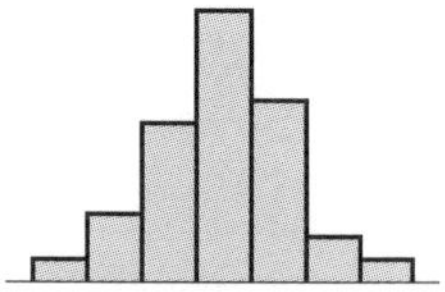

対称（たいしょう）な分布
（線対称に近い形）

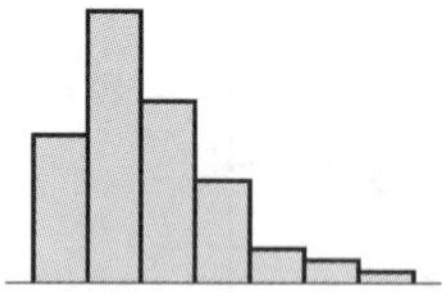

対称ではない分布

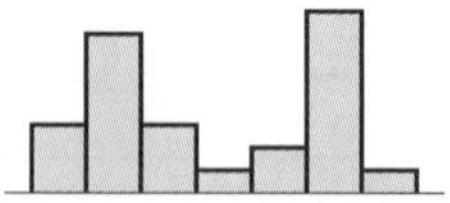

山が複数ある分布

Q 2つのデータを比較（ひかく）して，「目標の70gに近いカップケーキを多くつくったのは，1班と2班のどちらか」を判断したいと思います。どのように考えればよいでしょうか。

考え方 表2でまとめたように，範囲の値は1班と2班は同じだが，平均値や中央値は少しだけ2班の方が70gに近い値である。しかしその値に差はほとんどなく，「目標70gに近いカップケーキを多くつくったのは2班である」と言い切るには判断しにくい。

▶解答 ・**適切な階級の幅を決め，度数分布表やヒストグラムを使い，データの分布を確認して判断する必要がある。**　など

問1 次の表3（表は解答欄）の度数分布表を完成し，図1，図2（図1，図2は解答欄）に，それぞれのデータのヒストグラムをかきましょう。どんなことがいえますか。

▶解答

表3　カップケーキの重さ

階級（g）	度数（個）	
	1班	2班
以上　未満 60 ～ 64	**1**	**4**
64 ～ 68	**4**	**6**
68 ～ 72	**8**	**0**
72 ～ 76	**6**	**7**
76 ～ 80	**1**	**3**
合計	20	20

図1
（個）1班のカップケーキの重さ

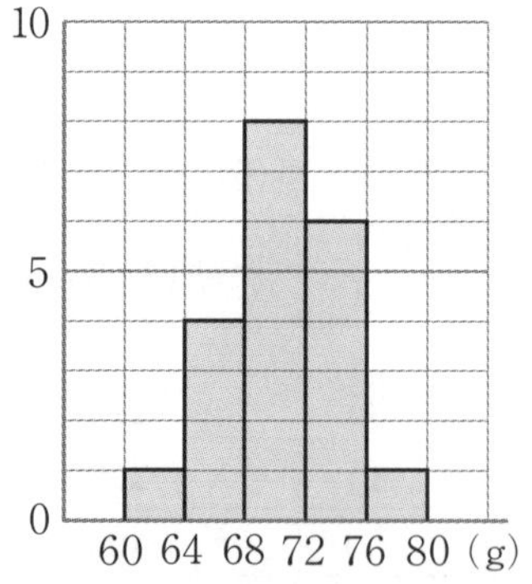

図2
（個）2班のカップケーキの重さ

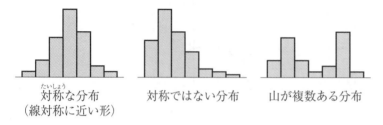

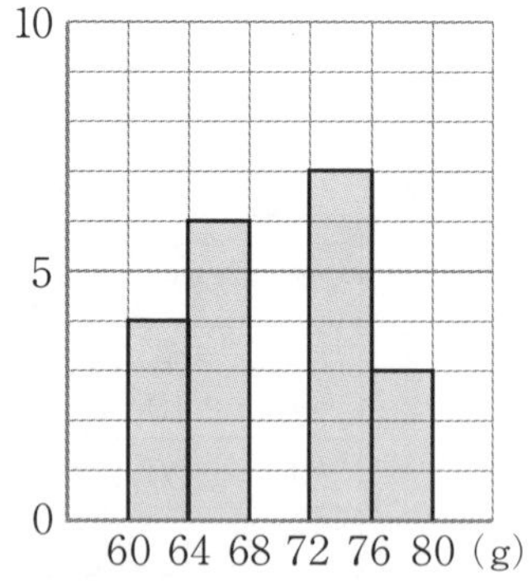

（いえること）

・**1班のヒストグラムは山が1つで，68g以上72g未満の階級の度数が最も多い（山が最も高い）のに対して，2班のヒストグラムは山が2つで，68g以上72g未満の階級の度数は0個である。**　など

問2　真央(まお)さんは，「70gに近い」を「64g以上76g未満」と考えることにしました。この基準で比べるとき，目標の70gに近いカップケーキを多くつくったのはどちらの班といえますか。そのように判断した理由も説明しなさい。

考え方　つくったカップケーキ20個のうち，64g以上76g未満のものがいくつあるか考える。

▶解答　**1班**

（理由）

・つくったカップケーキ20個のうち，64g以上76g未満のものは，1班では18個，2班では13個で，1班の方が多い。したがって，70gに近いカップケーキを多くつくったのは1班であるといえる。

5　相対度数

基本事項ノート

➔相対度数

総度数に対する各階級の度数の割合を，その階級の相対度数(そうたいどすう)という。

$$（ある階級の相対度数）=\frac{（その階級の度数）}{（総度数）}$$

➔度数分布多角形

ヒストグラムの各長方形の上の辺の中点を順に線分で結び，両端(りょうたん)では階級の幅の半分だけ外側に点をとって結んだ折れ線のグラフを，度数分布多角形または度数折れ線という。

Q　右の表1（表は教科書P.238）は，A中学校とB中学校における1年生男子のハンドボール投げの記録を整理した度数分布表です。全体としては，A中学校とB中学校のどちらの記録がよかったといえそうですか。

▶解答　（例）**この表からはわからない。**

問1　B中学校について，それぞれの階級の相対度数を求め，表2を完成しなさい。

考え方　$（ある階級の相対度数）=\frac{（その階級の度数）}{（総度数）}$

▶解答　右の表

表2　ハンドボール投げ

階級(m)	相対度数	
	A中学校	B中学校
以上　未満 9～12	0.07	**0.09**
12～15	0.08	**0.16**
15～18	0.16	**0.19**
18～21	0.20	**0.20**
21～24	0.21	**0.18**
24～27	0.19	**0.13**
27～30	0.09	**0.05**
合計	1.00	**1.00**

問2　次の図3（図は解答欄）は，表2をもとにかいたA中学校の度数分布多角形です。この図にB中学校の度数分布多角形をかき入れると，どんなことがわかりますか。

▶解答　右の表

(わかること)

A中学校の方が全体として右側にある。

図3　ハンドボール投げ

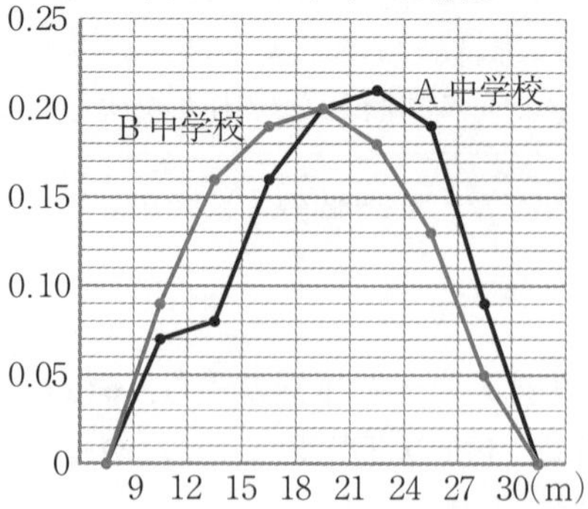

問3　次の枠内の文章(文章は解答欄)は，前ページ(教科書P.238)のQに対する答えと，そのことがいえる理由を説明したものです。□にAまたはBをかき入れて，説明文を完成しなさい。

▶解答

2つの度数分布多角形は同じような形で，
B 中学校のグラフよりも
A 中学校のグラフの方が右側にある。
したがって，全体としては，**B** 中学校よりも
A 中学校の方が，記録がよかったといえる。

6　累積度数と累積相対度数

基本事項ノート

➔累積度数，累積相対度数

最小の階級からある階級までの，度数の合計のことを累積度数(るいせきどすう)といい，相対度数の合計のことを累積相対度数(るいせきそうたいどすう)という。

Q　右の表1は，C中学校の1年生の通学時間を整理した度数分布表です。C中学校の1年生である美和(みわ)さんの通学時間は14分です。美和さんの通学時間は，中央値より短いですか，それとも長いですか。

表1　通学時間(C中学校)

階級(分)	度数(人)
以上　未満 0 ～ 5	20
5 ～ 10	18
10 ～ 15	25
15 ～ 20	35
20 ～ 25	22
25 ～ 30	20
合計	140

考え方　中央値とは，データの値を大きさの順に並べたときの中央の値のこと。

中央値は15分以上20分未満の階級にふくまれる。

美和さんは10分以上15分未満の階級にふくまれる。

▶解答　**短い。**

問1　C中学校の1年生の中で通学時間が10分未満である生徒の割合を，表2をもとに答えなさい。

考え方　表2で，10分未満の累積相対度数すなわち，0分以上5分未満と5分以上10分未満の相対度数の合計である。

▶解答　**0.27**

問2　次の表3（表は解答欄）は，D中学校の1年生の通学時間について整理するためのものです。表3を完成し，下の問いに答えなさい。

(1)　D中学校のデータの中央値は，どの階級にふくまれますか。

(2)　D中学校の1年生である健人（けんと）さんの通学時間は14分です。健人さんの通学時間は，中央値より短いですか，それとも長いですか。

考え方　(1)　データの値を大きさの順に並べたときの中央の値のこと。

(2)　健人さんは10分以上15分未満の階級にふくまれる。

▶解答

表3　通学時間（D中学校）

階級(分)	度数(人)	相対度数	累積度数(人)	累積相対度数
以上　未満 0 ～ 5	12	**0.20**	**12**	**0.20**
5 ～ 10	20	**0.33**	**32**	**0.53**
10 ～ 15	10	**0.17**	**42**	**0.70**
15 ～ 20	8	**0.13**	**50**	**0.83**
20 ～ 25	7	**0.12**	**57**	**0.95**
25 ～ 30	3	**0.05**	**60**	**1.00**
合計	60	**1.00**		

(1)　**5分以上10分未満**

(2)　**長い。**

問3　それぞれの中学校の1年生の中で，通学時間が20分未満である生徒の割合が大きいのは，C中学校とD中学校のどちらですか。そのように判断できる理由も説明しなさい。

考え方　表2と表3で，通学時間が20分未満の階級までの累積相対度数に着目する。

▶解答　**D中学校**

（理由）

15分以上20分未満の階級までの累積相対度数で比べると，C中学校は0.70，D中学校は0.83で，D中学校の方が大きい。したがって，通学時間が20分未満である生徒の割合が大きいのは，D中学校である。

補充問題38　10個入りの卵を買って，1個ずつ重さをはかったところ，右の表のような結果でした。次の問いに答えなさい。（教科書P.286）

(1)　範囲を求めなさい。

(2)　中央値を求めなさい。

(3)　平均値を求めなさい。

卵の重さ(g)

57	60
58	61
60	59
61	57
58	63

考え方　(1)　(範囲)＝(最大値)－(最小値)

(2)　データの値を大きさの順に並べたときの中央の値のこと。値が偶数個ある場合は，中央の2つの値の平均値を中央値とする。

(3)　$(平均値)=\dfrac{(個々の値の合計)}{(値の個数)}$

▶解答　(1)　$63-57=6$　　答　**6g**

(2)　$\dfrac{(59+60)}{2}=59.5$　　答　**59.5g**

(3)　$\dfrac{594}{10}=59.4$　　答　**59.4g**

補充問題39　右の図は，40個のみかんの重さを調べてかいたヒストグラムです。このヒストグラムから，例えば，100g以上105g未満のみかんが13個あったことがわかります。次の問いに答えなさい。（教科書P.286）

(1)　右の図から最頻値を求めなさい。

(2)　105g以上110g未満の階級の相対度数を求めなさい。

(3)　95g以上100g未満の階級までの累積度数と累積相対度数をそれぞれ求めなさい。

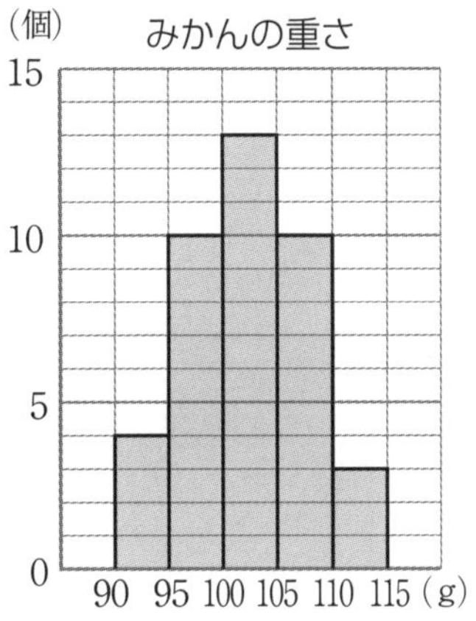

考え方　(1)　データの中で最も多く現れている値のこと。

(2)　$(ある階級の相対度数)=\dfrac{(その階級の度数)}{(総度数)}$

(3)　最小の階級からある階級までの，度数の合計のことを累積度数といい，相対度数の合計のことを累積相対度数という。

▶解答　(1)　$\dfrac{(100+105)}{2}=102.5$　　答　**102.5g**

(2)　$\dfrac{10}{40}=0.25$　　答　**0.25**

(3)　$4+10=14$

$\dfrac{14}{40}=0.35$　　答　累積度数　**14個**，累積相対度数　**0.35**

7 データを集めて活用しよう

（略）

基本の問題

1 ある会社の従業員は全部で7人で，その年齢は次の通りです。

16歳，22歳，28歳，30歳，45歳，60歳，62歳

この会社の従業員の年齢の範囲は何歳ですか。

考え方 （範囲）＝（最大値）－（最小値）

▶解答 62－16＝46　　答　**46歳**

2 ある学級の女子20人のハンドボール投げの記録を整理した次の表（表は解答欄）について，下の問いに答えなさい。

(1) 階級の幅は何mですか。

(2) 次の図に，ヒストグラムをかきなさい。

(3) 上の表から最頻値を求めなさい。

(4) 上の表から平均値を求めなさい。

(5) 各階級の相対度数と各階級までの累積度数，累積相対度数を求め，上の表にかき入れなさい。

(6) このデータの中央値は，どの階級にふくまれますか。

考え方 (3) データの中で最も多く現れている値のこと。

(4) 度数分布表から求める。

$$(\text{平均値})=\frac{(\text{個々の値の合計})}{(\text{値の個数})}$$

(5) $$(\text{ある階級の相対度数})=\frac{(\text{その階級の度数})}{(\text{総度数})}$$

最小の階級からある階級までの，度数の合計のことを累積度数といい，相対度数の合計のことを累積相対度数という。

(6) データの値を大きさの順に並べたときの中央の値のこと。値が偶数個ある場合は，中央の2つの値の平均値を中央値とする。

▶解答 (1) **2m**

(2)

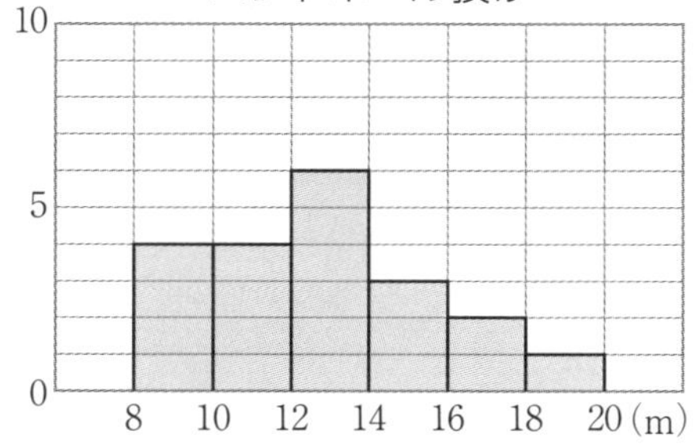

(3)　**13m**

(4)　ハンドボール投げ

階級(m)	階級値(m)	度数(人)	(階級値)×(度数)
以上　未満 8 ～ 10	9	4	36
10 ～ 12	11	4	44
12 ～ 14	13	6	78
14 ～ 16	15	3	45
16 ～ 18	17	2	34
18 ～ 20	19	1	19
合計		20	256

$\frac{256}{20}=12.8$　　答　**12.8m**

(5)　ハンドボール投げ

階級(m)	度数(人)	相対度数	累積度数(人)	累積相対度数
以上　未満 8 ～ 10	4	**0.20**	**4**	**0.20**
10 ～ 12	4	**0.20**	**8**	**0.40**
12 ～ 14	6	**0.30**	**14**	**0.70**
14 ～ 16	3	**0.15**	**17**	**0.85**
16 ～ 18	2	**0.10**	**19**	**0.95**
18 ～ 20	1	**0.05**	**20**	**1.00**
合計	20	**1.00**		

(6)　**12m以上14m未満**

2節　確率

1　ことがらの起こりやすさ

基本事項ノート

➔確率

あることがらの起こりやすさの程度を表す数を，そのことがらの起こる確率（かくりつ）という。

➔ことがらの起こりやすさ

多数回の実験や多数の調査の結果から，あることがらが起こる割合である相対度数を調べることで，そのことがらの起こる確率を考えることができる。

ある実験をn回行って，ことがらAがa回起きたとき，ことがらAが起きた相対度数は$\frac{a}{n}$である。nが大きくなるにつれて$\frac{a}{n}$が一定の値pに近づいていくとき，pをことがらAが起こる確率という。

Q　キャップを10回投げたところ，表向きが4回，裏向きが4回，横向きが2回出ました。このことから，「このキャップを投げたときの表向きと裏向きの出やすさは同じくらいである」といってよいでしょうか。

考え方　キャップを投げたとき，どの向きが出るかは偶然（ぐうぜん）による。10回の実験では，出やすさや出にくさは判断しにくい。

▶解答　**いえない。**

問1　上の表(教科書P.249)から，前ページ(教科書P.248)のキャップを投げると，どの向きが最も出やすいと判断できますか。そのように判断したのはなぜですか。

考え方　多数回の実験を行うと，どの向きが出やすく，どの向きが出にくいか経験的に知ることができる。

▶解答　**裏向き**

(理由)

1000回投げて最も多く出ているのが裏向きだから，裏向きが最も出やすいと判断できる。

問2　投げた回数が多くなるにつれて，表向きの相対度数は，どのように変化していますか。上の表(表は教科書P.249)の空（くう）らんにあてはまる表向きの相対度数をそれぞれ四捨五入で小数第3位まで求めて，その結果をもとに考えてみましょう。

考え方　(表向きの相対度数)$=\frac{(表向きの回数)}{(投げた回数)}$

▶解答　$\frac{30}{100}=0.300$　$\frac{57}{200}=0.285$　$\frac{98}{400}=0.245$　$\frac{151}{600}=0.252$　$\frac{205}{800}=0.256$　$\frac{260}{1000}=0.260$

表(左から)　**0.300，0.285，0.245，0.252，0.256，0.260**

・**回数が多くなるにしたがって，相対度数の変化は小さくなっている。**

・**0.26という一定の値に近づいている。**　など

問3　次㋐，㋑のうち，上の「確率は0.26」の意味の説明として適切なのはどちらでしょうか。
㋐　このキャップを1000回投げると，表向きは必ず260回出る。
㋑　このキャップを1000回投げると，表向きはおよそ260回出る。

▶解答　㋑

問4　このキャップを投げたときに横向きが出る確率と裏向きが出る確率は，それぞれ，どの程度であると考えられますか。前ページ(教科書P.248)の表をもとに，小数第2位までの値で答えなさい。

考え方　1000回投げると，横向きは77回，裏向きは663回である。

▶解答
・横向きが出る確率　$\frac{77}{1000}=0.0\underset{8}{7}7$　　答　**0.08**

・裏向きが出る確率　$\frac{663}{1000}=0.663$　　答　**0.66**

問5　次の表(表は教科書P.251)は，わが国の1年ごとの男女別出生児数と，その相対度数です。この表から判断すると，わが国では，男子と女子のどちらが生まれやすいといえますか。この表の空(くう)らんにあてはまる相対度数を求めて，その結果をもとに考えてみましょう。

考え方　$(\text{ある階級の相対度数})=\frac{(\text{その階級の度数})}{(\text{総度数})}$

▶解答
男子　$\frac{502012}{977242}=0.51\underset{4}{3}7$　　$\frac{484478}{946146}=0.5120$　　$\frac{470851}{918400}=0.51\underset{3}{2}6$

女子　$\frac{475230}{977242}=0.4862$　　$\frac{461668}{946146}=0.48\underset{8}{7}9$　　$\frac{447549}{918400}=0.4873$

表(上から)男子　**0.514，0.512，0.513**　　女子　**0.486，0.488，0.487**

(わが国で生まれやすいのは)**男子**

2　確率の考えの活用

基本事項ノート

➔確率の考えの活用
過去に起こったことがらのデータをもとに，起こりやすさの傾向を予測する。

Q　表1をもとに，より短時間で行けそうなルートを選ぶとき，あなたなら，Aルートと Bルートのどちらを選びますか。

表1　駅前から旅館まで行くのにかかった時間

階級(分)	度数(回)	
	Aルート	Bルート
以上　未満 20 ～ 25	12	32
25 ～ 30	18	4
30 ～ 35	0	2
35 ～ 40	0	2
合計	30	40

▶解答　(略)

問1　表1から，20分以上25分未満の階級の相対度数を，2つのルートについてそれぞれ求めなさい。

考え方　(ある階級の相対度数)$=\dfrac{(\text{その階級の度数})}{(\text{総度数})}$

▶解答　Aルート　$\dfrac{12}{30}=0.4$　　Bルート　$\dfrac{32}{40}=0.8$　　答　Aルート**0.4**，Bルート**0.8**

問2　相対度数を確率とみなすと，前ページ(教科書P.252)のQについて，次のように考えることができます。□にあてはまる数や記号をかき入れなさい。

▶解答
問1で求めた20分以上25分未満の階級の相対度数を比べると，
Aルートの相対度数は **0.4** ，Bルートの相対度数は **0.8** だから，
A ルートより **B** ルートの方が大きい。
この相対度数を，駅前から旅館まで25分未満で行ける確率とみなすと，
A ルートより **B** ルートの方が，その確率が高いといえる。

問3　駅前から旅館まで30分未満で行ける確率が高いのは，AルートとBルートのどちらといえますか。そのように判断した理由を，**問2**にならって説明しなさい。

▶解答　駅前から旅館まで30分未満で行ける確率が高いといえるのは**Aルート**
(理由)
25分以上30分未満の階級までの累積相対度数を比べると，Aルートの累積相対度数は1.0，Bルートの累積相対度数は0.9だから，BルートよりAルートの方が大きい。この累積相対度数を，駅前から旅館まで30分未満で行ける確率とみなすと，BルートよりAルートの方が，その確率が高いといえる。

問4 前ページ(教科書P.252)の Q について，あらためて考えてみましょう。また，ほかの人の考えを聞いて，そのルートを選んだ理由について話し合いましょう。

▶解答 **Aルート**

(理由) **Aルートで行くと30分以上かかることはないのでAルートで行く。**

Bルート

(理由) **25分未満で行ける確率がAルートよりBルートの方が高いから。** など

7章の問題

1 右の表1は，ある中学校の1年生男子36 人の立ち幅(はば)とびの記録です。整理をしやすいように，値(あたい)を小さい順に並べかえてあります。このデータについて，次の問いに答えなさい。

(1) 範囲(はんい)を求めなさい。

(2) 中央値を求めなさい。

(3) 下の表2（表2は解答欄)に，表1のデータを整理しなさい。

表1 立ち幅とび (cm)

136	173	182	189
152	175	183	192
159	178	183	195
161	178	184	196
163	179	185	198
166	180	186	199
170	180	186	199
172	180	188	200
172	181	188	205

考え方 (1) (範囲)=(最大値)−(最小値)

(2) データの値を大きさの順に並べたときの中央の値のこと。値が偶数(ぐうすう)個ある場合は，中央の2つの値の平均値を中央値とする。

▶解答 (1) $205-136=69$ 答 **69cm**

(2) $\dfrac{(181+182)}{2}=181.5$ 答 **181.5cm**

(3) 表2 立ち幅とび

階級(cm)	度数(人)
以上 未満 130 ~ 140	**1**
140 ~ 150	**0**
150 ~ 160	**2**
160 ~ 170	**3**
170 ~ 180	**8**
180 ~ 190	**14**
190 ~ 200	**6**
200 ~ 210	**2**
合計	36

(2) 右の図は，ある中学校の1年生50人が前日の日曜日に学習した時間を調べた結果です。この図から，例えば，0分以上30分未満の生徒が9人いたことがわかります。この図について，次の問いに答えなさい。

(1) 右の図から最頻値(さいひんち)を求めなさい。

(2) 右の図から平均値を求めなさい。

(3) 120分以上150分未満の階級の相対度数を求めなさい。

(4) 30分以上60分未満の階級までの累積(るいせき)度数と累積相対度数をそれぞれ求めなさい。

(5) このデータの中央値は，どの階級にふくまれますか。

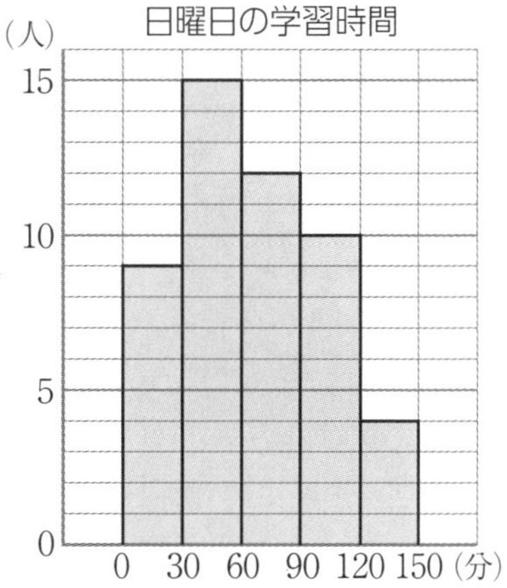

考え方

(1) データの中で最も多く現れている値のこと。

(2) 度数分布表から求める。

$$(\text{平均値})=\frac{(\text{個々の値の合計})}{(\text{値の個数})}$$

(3) $(\text{ある階級の相対度数})=\frac{(\text{その階級の度数})}{(\text{総度数})}$

(4) 最小の階級からある階級までの，度数の合計のことを累積度数といい，相対度数の合計のことを累積相対度数という。

(5) データの値を大きさの順に並べたときの中央の値のこと。

▶解答

(1) **45分**

(2)

階級(m)	階級値(分)	度数(人)	(階級値)×(度数)
以上　未満 0 ～ 30	15	9	135
30 ～ 60	45	15	675
60 ～ 90	75	12	900
90 ～ 120	105	10	1050
120 ～ 150	135	4	540
合計		50	3300

$\frac{3300}{50}=66$　　答　**66分**

(3) $\frac{4}{50}=0.08$　　答　**0.08**

(4) $9+15=24$

$\frac{24}{50}=0.48$　　答　累積度数　**24人**，累積相対度数　**0.48**

(5) **60分以上90分未満**

(3) 右の図は，ある中学校の1年生と3年生が前日にテレビを見た時間を調べた結果です。この図から，例えば，0分以上30分未満と答えた1年生の相対度数が0.05であることがわかります。
この図から読み取ることができることとして適切なものを，次の㋐～㋓の中からすべて選びなさい。

㋐　1年生では，「90分以上120分未満」と答えた生徒が最も多い。

㋑　「60分以上90分未満」と答えた1年生と3年生の人数は同じである。

㋒　3年生の4割以上が「60分未満」と答えた。

㋓　全体の傾向(けいこう)としては，3年生より1年生の方が，長時間テレビを見た生徒の割合が大きい。

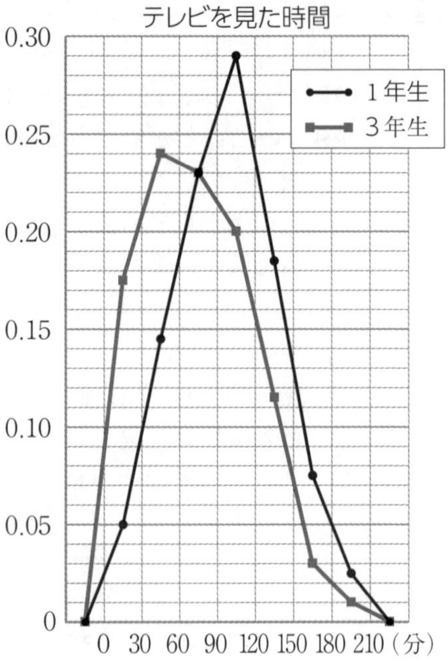

考え方　㋐　1年生では「90分以上120分未満」の相対度数が0.29で最も大きい。

㋑　相対度数は0.23で同じだが，もとの人数が異なる場合がある。

㋒　3年生の相対度数は，「0分以上30分未満」が0.175，「30分以上60分未満」が0.24であるから，「0分以上60分未満」の相対度数は合わせて0.415となる。

㋓　度数分布多角形の山が1年生の方が右にある。

▶解答　**㋐，㋒，㋓**

(4) あるコインを投げたとき，表の出る確率が0.5であるとします。このコインを投げる実験を多数回くり返し，表の出る相対度数を調べます。このとき，相対度数の変化のようすについて，次の㋐～㋓の中から正しいものを1つ選びなさい。

㋐　コインを投げる回数が多くなるにつれて，表の出る相対度数のばらつきは小さくなり，その値は1に近づく。

㋑　コインを投げる回数が多くなるにつれて，表の出る相対度数のばらつきは小さくなり，その値は0.5に近づく。

㋒　コインを投げる回数が多くなっても，表の出る相対度数のばらつきはなく，その値は0.5で一定である。

㋓　コインを投げる回数が多くなっても，表の出る相対度数の値は大きくなったり小さくなったりして，一定の値には近づかない。

▶解答　**㋑**

とりくんでみよう

(1) 上の図(図は下)から，高知市の3 月の平均気温は，20世紀後半より21世紀の最初の18年間の方が高かったといえます。その理由を，度数分布多角形の特徴を比較して説明しなさい。

高知市の3月の平均気温

階級(℃)	度数(回)	
	20世紀後半	2001～2018年
以上　未満 7～ 8	2	0
8～ 9	2	0
9～10	17	2
10～11	14	3
11～12	12	9
12～13	3	4
合計	50	18

高知市の3月の平均気温

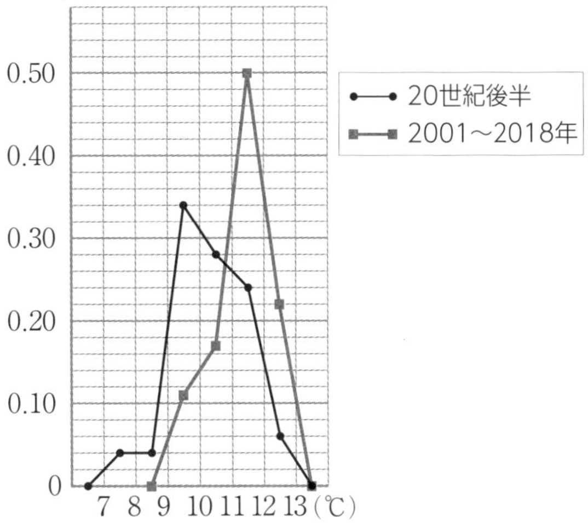

▶解答　**20世紀後半と2001～2018年の度数分布多角形はどちらも山が1つの形で，2001～2018年の度数分布多角形の方が右側にある。**
したがって，20世紀後半よりも2001～2018年の方が高知市の3月の平均気温は高かったといえる。

数学研究室

［小町算］

1　次の計算をしましょう。

(1)　$1+2+3-4+5+6+78+9$

(2)　$1+2\times3+4\times5-6+7+8\times9$

(3)　$1+2+3\times4\times56\div7-8+9$

▶解答

(1)　$1+2+3-4+5+6+78+9=\mathbf{100}$

(2)　$1+2\times3+4\times5-6+7+8\times9=\mathbf{100}$

(3)　$1+2+3\times4\times56\div7-8+9=\mathbf{100}$

2　次の□に記号を入れて，小町算を完成しましょう。

(1)　$1-2\square3+4\times5+6+7+8\times9=100$

(2)　$12+3\square4+5-6-7\square89=100$

(3)　$1+2\square34-56\square78+9=100$

(4)　$123+45\square67+8\square9=100$

▶解答

(1)　$1-2\boxed{\times}3+4\times5+6+7+8\times9=100$

(2)　$12+3\boxed{+}4+5-6-7\boxed{+}89=100$

(3)　$1+2\boxed{\times}34-56\boxed{+}78+9=100$

(4)　$123+45\boxed{-}67+8\boxed{-}9=100$

［地震のP波とS波］

1　①の式から，初期微動継続時間が6秒であった場合の，この地点から震源までのおよその距離を求めましょう。

考え方　$y=\dfrac{x}{4}-\dfrac{x}{7}=\dfrac{3}{28}x$　……①に$y=6$を代入する。

▶解答　$6=\dfrac{3}{28}x$　$3x=6\times28=168$　$x=56$　　答　**約56km**

［三角形の内心と外心］

1　自由に△ABCをかいて，次の手順で作図をすると，どんな円がかけるか試(ため)してみましょう。

①　2辺AB，BCの垂直二等分線をそれぞれひき，その交点をOとする。

②　点Oを中心として，半径OAの円をかく。

▶解答　右の図

△ABCの3つの頂点を通る円がかける。

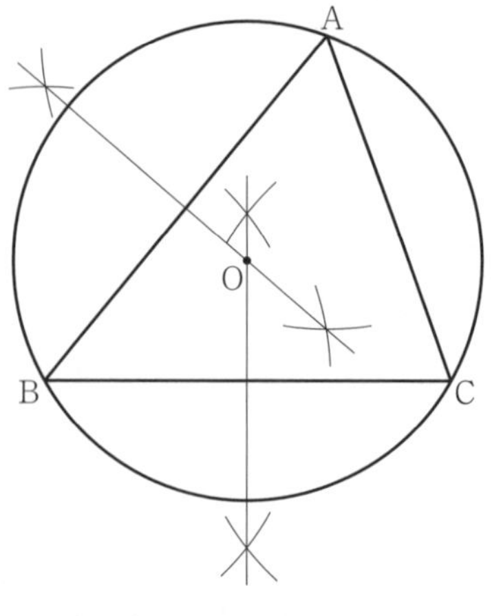

2　直角三角形の外心には，いつでも成り立つ性質があります。それはどんな性質か，いくつかの直角三角形をかいて調べてみましょう。

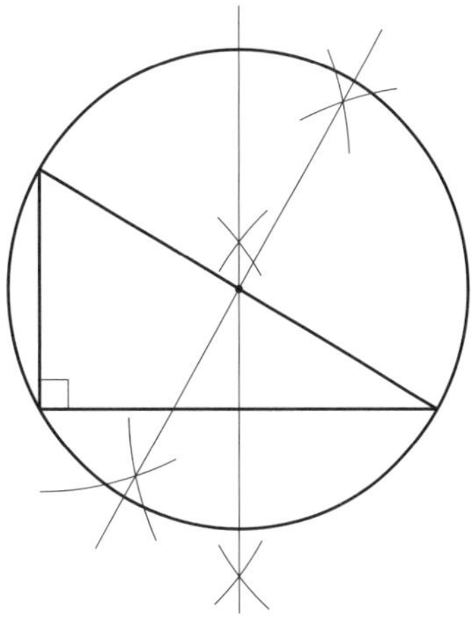

▶解答　右の図
直角三角形の外心は，最も長い辺の中点である。

3　自由に△ABCをかいて，次の手順で作図をすると，どんな円がかけるか試してみましょう。
① 2つの角∠B，∠Cの二等分線をそれぞれひき，その交点をIとする。
② 点Iから辺BCに垂線をひき，その交点をDとする。
③ 点Iを中心として，半径IDの円をかく。

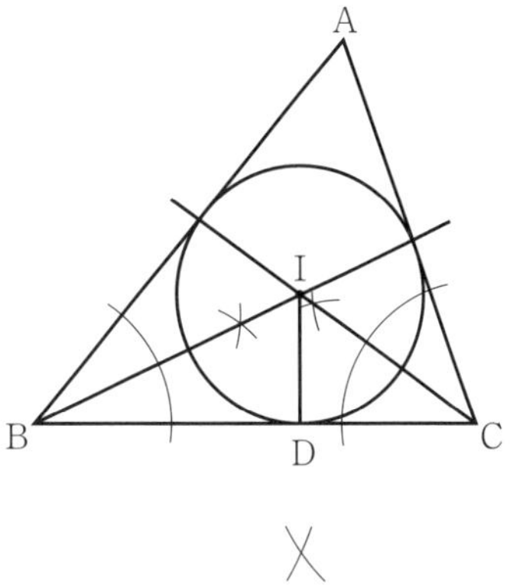

▶解答　右の図
△ABCの3つの辺に内側から接する円がかける。

［正多面体が5種類しかない理由］

1　1つの頂点Pに集まる正三角形の数がそれぞれ4個，5個の場合，どのような正多面体ができるか考えましょう。

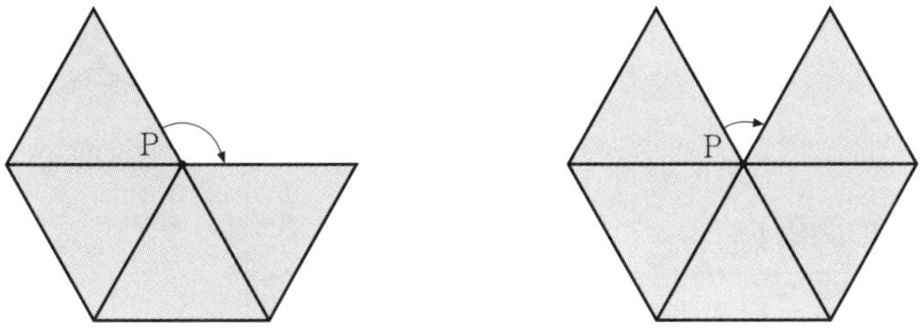

考え方　正多面体…すべての面が合同な正多角形でできていて，1つの頂点に集まる面の数が，どの頂点でも同じで，へこみのない多面体。

▶解答　（4個の場合）　（5個の場合）

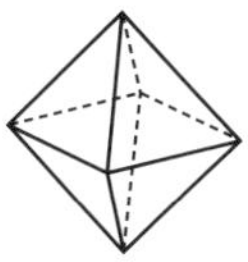

正八面体

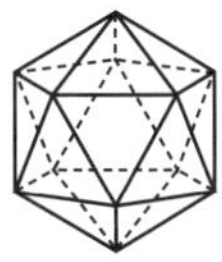

正二十面体

2　面の形が正方形や正五角形である正多面体について，**1**と同じように調べましょう。

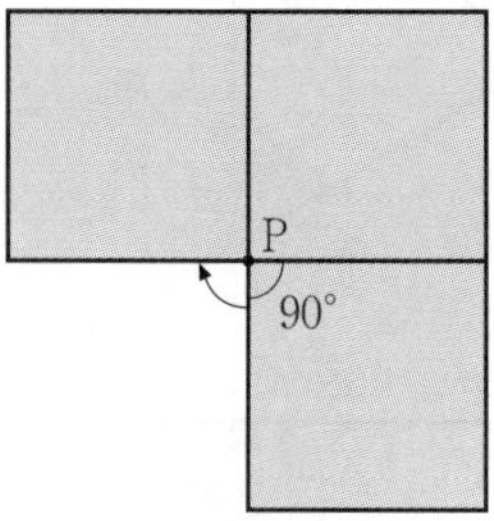

正方形が3個集まる

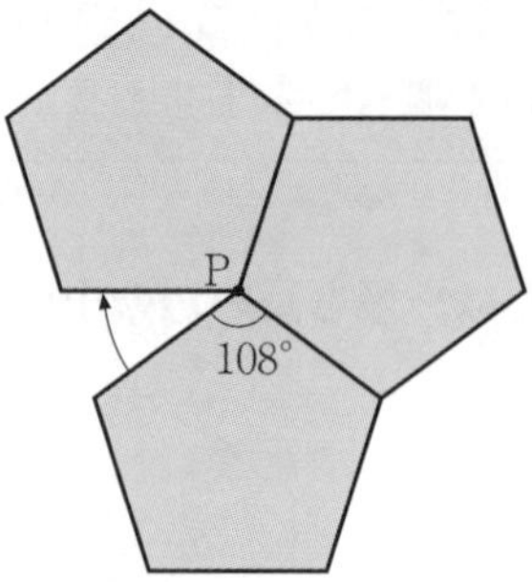

正五角形が3個集まる

▶解答　右の図
1つの頂点には3つ以上の面が集まる。集まる面が正方形の場合は，その1つの内角が90°だから，3つで270°，4つで360°となり，4つ以上集まることはできない。正五角形の場合も同様に，その1つの内角が108°だから，3つで324°となり，4つ以上集まることはできない。

（正方形が3個）

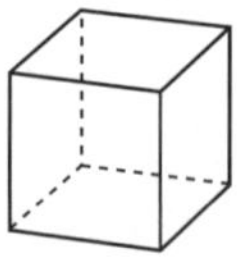

正六面体

（正五角形が3個）

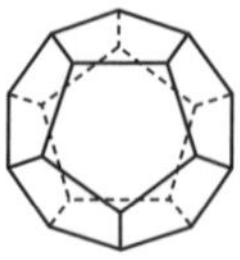

正十二面体

3　面の形が正六角形のとき，点Pが頂点になる正多面体はできますか。

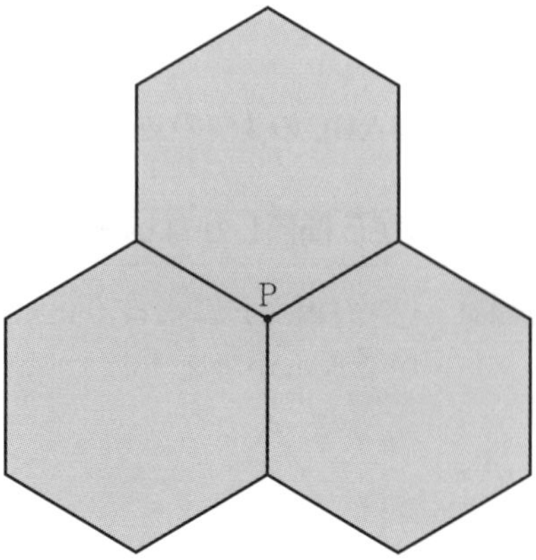

考え方　1つの頂点には3つ以上の面が集まり，展開図がかけるためには，その頂点に集まった内角の合計が360°より小さくないといけない。

▶解答　**できない。**
正六角形の1つの内角は120°であり，3つで360°となり，3つ以上の面が1つの頂点に集まることはできない。

[多面体の面，頂点，辺の数の関係]

1　5つの正多面体について，次の表(表は解答欄)を完成しましょう。

▶解答

	面の形	面の数	頂点の数	辺の数
正四面体	正三角形	4	**4**	**6**
正六面体	正方形	6	**8**	**12**
正八面体	正三角形	8	**6**	**12**
正十二面体	正五角形	12	**20**	30
正二十面体	正三角形	20	**12**	**30**

2　上の表から，5つの正多面体について，それぞれ次の計算をしてみましょう。どんなことがいえますか。

(面の数)＋(頂点の数)－(辺の数)

▶解答　正四面体　4+4−6=2　　正六面体　6+8−12=2　　正八面体　8+6−12=2
正十二面体　12+20−30=2　　正二十面体　20+12−30=2
どの正多面体でも2になる。

3　正多面体以外でも，へこみのない多面体では **2** でいえたことが成り立ちます。このことを，三角柱や四角錐(すい)で確かめてみましょう。

考え方　三角柱や四角錐でも，(面の数)＋(頂点の数)－(辺の数)の計算をする。

▶解答　三角柱　5+6−9=2　　四角錐　5+5−8=2
どちらも2になる。

[コンピュータの活用]

(略)

算数の確かめ　問題編

[分数]

問1　次の各組の数の大小を，不等号を使って表しなさい。

(1) $\frac{8}{9}$　$\frac{7}{9}$　　(2) $\frac{7}{11}$　$\frac{7}{10}$　　(3) $\frac{5}{6}$　$\frac{7}{9}$

考え方　(1) 分母が同じ分数は分子が大きい方が大きい。
(2) 分子が同じ分数は分母が大きい方が小さい。
(3) 通分して分母をそろえて比べる。$\frac{15}{18}$　$\frac{14}{18}$

▶解答　(1) $\mathbf{\frac{8}{9}>\frac{7}{9}}$　　(2) $\mathbf{\frac{7}{11}<\frac{7}{10}}$　　(3) $\mathbf{\frac{5}{6}>\frac{7}{9}}$

問2　次の計算をしなさい。

(1) $\frac{5}{9}+\frac{2}{9}$　　(2) $\frac{4}{7}-\frac{3}{7}$　　(3) $\frac{1}{6}+\frac{5}{12}$　　(4) $\frac{2}{5}-\frac{1}{3}$

▶解答　(1) $\frac{5}{9}+\frac{2}{9}=\mathbf{\frac{7}{9}}$　　(2) $\frac{4}{7}-\frac{3}{7}=\mathbf{\frac{1}{7}}$

(3) $\frac{1}{6}+\frac{5}{12}$
$=\frac{2}{12}+\frac{5}{12}$
$=\mathbf{\frac{7}{12}}$

(4) $\frac{2}{5}-\frac{1}{3}$
$=\frac{6}{15}-\frac{5}{15}$
$=\mathbf{\frac{1}{15}}$

問3 次の計算をしなさい。

(1) $\frac{1}{3}\times\frac{4}{5}$　(2) $\frac{1}{10}\times7$　(3) $\frac{5}{8}\times\frac{8}{9}$　(4) $\frac{4}{7}\times\frac{3}{8}$

(5) $\frac{5}{8}\div\frac{7}{9}$　(6) $\frac{2}{7}\div\frac{5}{14}$　(7) $\frac{1}{6}\div4$　(8) $\frac{3}{5}\div9$

▶解答

(1) $\frac{1}{3}\times\frac{4}{5}$
$=\frac{1\times4}{3\times5}$
$=\mathbf{\frac{4}{15}}$

(2) $\frac{1}{10}\times7$
$=\frac{1\times7}{10}$
$=\mathbf{\frac{7}{10}}$

(3) $\frac{5}{8}\times\frac{8}{9}$
$=\frac{5\times8}{8\times9}$
$=\mathbf{\frac{5}{9}}$

(4) $\frac{4}{7}\times\frac{3}{8}$
$=\frac{4\times3}{7\times8}$
$=\mathbf{\frac{3}{14}}$

(5) $\frac{5}{8}\div\frac{7}{9}$
$=\frac{5\times9}{8\times7}$
$=\mathbf{\frac{45}{56}}$

(6) $\frac{2}{7}\div\frac{5}{14}$
$=\frac{2\times14}{7\times5}$
$=\mathbf{\frac{4}{5}}$

(7) $\frac{1}{6}\div4$
$=\frac{1}{6\times4}$
$=\mathbf{\frac{1}{24}}$

(8) $\frac{3}{5}\div9$
$=\frac{3}{5\times9}$
$=\mathbf{\frac{1}{15}}$

[割合]

問1 割合を表す小数，分数，百分率が等しくなるように，次の表(表は解答欄)を完成しなさい。分数が約分できる場合は，約分をしなさい。

考え方 小数の割合を分数で表すときは，分母が10，100などの分数にしてから約分する。小数を百分率で表すときは，100をかける。

▶解答

小数	0.03	0.17	0.2	**0.5**	**0.75**
分数	$\frac{3}{100}$	$\mathbf{\frac{17}{100}}$	$\mathbf{\frac{1}{5}}$	$\mathbf{\frac{1}{2}}$	$\frac{3}{4}$
百分率	3%	**17%**	**20%**	50%	**75%**

問2 7割を小数と分数で，それぞれ表しなさい。

▶解答 **0.7**，$\mathbf{\frac{7}{10}}$

問3 次の数量を求めなさい。
(1) 600円の80%　(2) 700人の5%
(3) 4Lの5割　(4) 120m²の9割

考え方 (比べる量)＝(もとにする量)×(割合)

▶解答
(1) $600\times\frac{80}{100}=480$ 　答 **480円**
(2) $700\times\frac{5}{100}=35$ 　答 **35人**
(3) $4\times\frac{5}{10}=2$ 　答 **2L**
(4) $120\times\frac{9}{10}=108$ 　答 **108 m^2**

問4 次の数量を求めなさい。
(1) 250g入りのお菓子(かし)が，20%増量して売られるそうです。増量後は何g入りになりますか。
(2) ある店で，定価120円のパンが3割引きで売られているときの売値は何円ですか。

考え方 (1) 20%増量ということは，120%になったと考える。
(2) (代金の割合)＝1－(値引きの割合)

▶解答
(1) $250\times\frac{120}{100}=300$ 　答 **300g**
(2) $120\times\left(1-\frac{3}{10}\right)=84$ 　答 **84円**

[速さ・時間・道のり]

問1 次の速さを求めなさい。
(1) 2時間で100 km進む自動車の時速
(2) 1800mの道のりを12分で進む自転車の分速
(3) 5秒間に35m走る人の秒速

考え方 (速さ)＝(道のり)÷(時間)

▶解答
(1) $100\div2=50$ 　答 **時速50km**
(2) $1800\div12=150$ 　答 **分速150m**
(3) $35\div5=7$ 　答 **秒速7m**

問2 次の道のりを求めなさい。
(1) 時速4kmで3時間進んだときの道のり
(2) 分速70mで10分進んだときの道のり

考え方 (道のり)＝(速さ)×(時間)

▶解答
(1) $4\times3=12$ 　答 **12km**
(2) $70\times10=700$ 　答 **700m**

問3　次の時間を求めなさい。
(1)　1200mの道のりを分速60mで進んだときにかかる時間
(2)　時速30kmの船が150km進むのにかかる時間

考え方　(時間)＝(道のり)÷(速さ)

▶解答
(1)　1200÷60＝20　　答　**20分**
(2)　150÷30＝5　　答　**5時間**

［図形の計量］

問1　次の図形の面積を求めなさい。
(1)　平行四辺形　　(2)　三角形

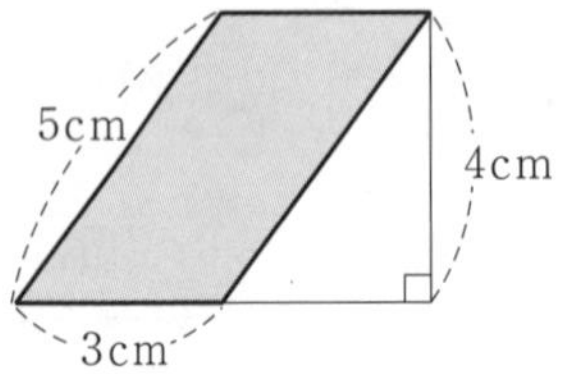

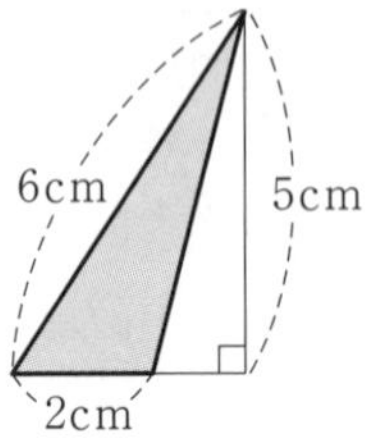

考え方
(1)　(平行四辺形の面積)＝(底辺)×(高さ)
(2)　(三角形の面積)＝(底辺)×(高さ)÷2

▶解答
(1)　3×4＝12　　答　**12cm^2**
(2)　2×5÷2＝5　　答　**5cm^2**

問2　円周率を3.14として，半径が3cmの円の周の長さと面積を求めなさい。

考え方　(円周)＝(直径)×(円周率)＝(半径)×2×(円周率)
(円の面積)＝(半径)×(半径)×(円周率)

▶解答　周の長さ　3×2×3.14＝18.84　面積　3×3×3.14＝28.26
答　周の長さ　**18.84cm**，面積　**28.26cm^2**

問3　次の立体の体積を求めなさい。
(1)　縦が2cm，横が6cm，高さが10cmの直方体
(2)　底面積が15cm^{2}で，高さが3cmの三角柱

考え方
(1)　(直方体の体積)＝(縦)×(横)×(高さ)
(2)　(角柱・円柱の体積)＝(底面積)×(高さ)

▶解答
(1)　2×6×10＝120　　答　**120cm^3**
(2)　15×3＝45　　答　**45cm^3**

活用の問題

1　次の図は，あるきまりにしたがって碁石（ごいし）を並べたものです。

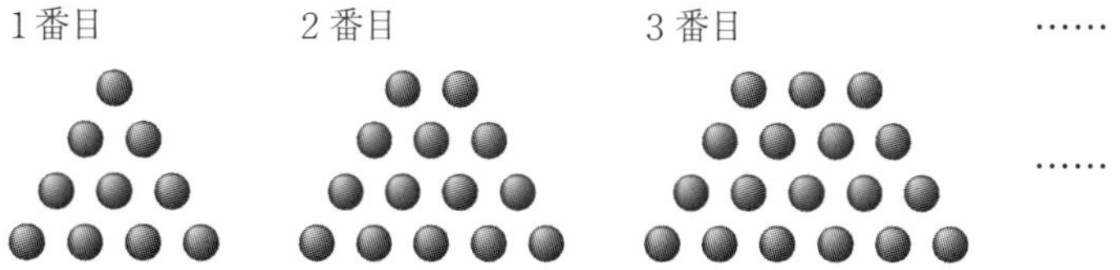

このきまりで碁石を並べていくとき，次の問いに答えなさい。

(1)　5番目の図では，碁石は何個になりますか。

(2)　n番目の図について考えます。

右の図㋐のような囲み方をすると，碁石の総数は，次の式で表すことができます。

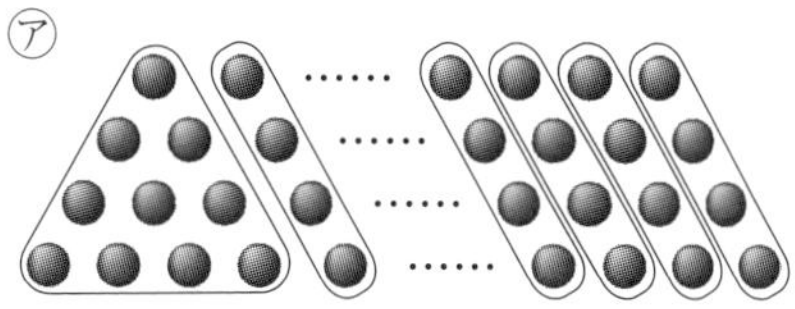

$10+4(n-1)$

碁石の総数がこの式で表される理由は，次のように説明できます。

[説明]

10個のまとまりが1つある。
それとは別に，4個のまとまりが$(n-1)$個ある。
したがって，碁石の個数を求める式は，
次のようになる。
$10+4\times(n-1)=10+4(n-1)$

右の図㋑のような囲み方をすると，碁石の総数は，どんな式で表すことができますか。
また，その式で表される理由を，図㋐の場合の説明を参考にしてかきなさい。

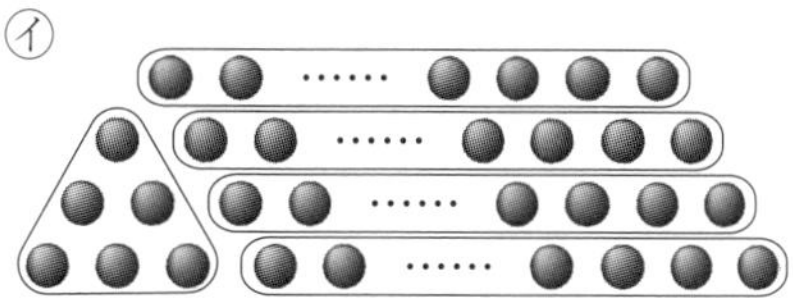

(3)　碁石の総数が90個となるのは，何番目の図ですか。

▶解答

(1)　**26個**

(2)　**$6+4n$**

（理由）**6個のまとまりが1つある。それとは別に，n個のまとまりが4つある。したがって，碁石の総数を表す式は，次のようになる。**

$6+n\times4=6+4n$

(3)　$6+4n=90$　$4n=84$　$n=21$　答　**21番目**

2　あるボウリング場では，貸し出し用のくつを，すべて新しいものに買いかえようとしています。そこで，各サイズのくつを何足くらい買えばよいかを考えるために，過去1年間で貸し出したくつのデータを調べました。調べた結果は，次の通りです。

○貸し出し用のくつの総数　　300足
○貸し出しされた回数の合計　10000回
○貸し出しされたくつのサイズの平均値　24.5cm

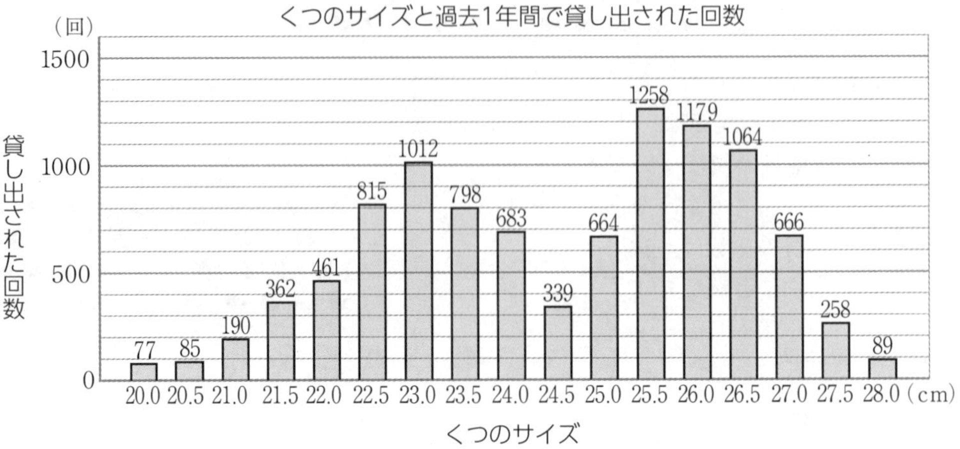

上のグラフから，例えば，20.0cmのくつは，77回貸し出されたことがわかります。
上に示したことをもとに，どのサイズのくつを何足買うかを決めるとき，次の問いに答えなさい。

(1)「貸し出されたくつのサイズの平均値である24.5cmのくつを最も多く買う」という考えは適切ではありません。その理由を，上のグラフをもとに説明しなさい。

(2) 買うくつの総数は300足です。各サイズのくつを貸し出す回数は毎年同じであると考え，「過去1年間で貸し出された回数の相対度数」と「買うくつの総数」の積を，そのサイズのくつを買う数としたとき，23.0cmのくつは何足買えばよいですか。小数点以下を四捨五入した整数で答えなさい。

考え方　(1) このグラフの最頻値は25.5cmである。最頻値とは，データの中で最も多く現れている値のことである。

(2) $(\text{ある階級の相対度数})=\dfrac{(\text{その階級の度数})}{(\text{総度数})}$

▶解答　(1) **最頻値は24.5cmではないので，24.5cmのくつを最も多く買うことは適切ではない。**

(2) $\dfrac{1012}{10000}\times 300=30.36$　　答　**30足**